"十二五"国家重点图书出版规划项目
材料科学研究与工程技术系列

Physical Properties of Materials
材料物理性能

王振廷　李长青　编著

哈尔滨工业大学出版社

内容简介

本书共分6章。第1章简明地论述了固体中的电子能量结构和状态，为读者提供一些基础知识。其余各章分别介绍了材料的电、磁、热、光、弹性和内耗性能及其发展，着重阐述了各种性能的重要原理及微观机制、各种材料成分、组织结构与性能关系及主要制约规律，并介绍了表征物理性能主要参量的重要测试在材料科学与工程中的应用。在有些章节中，介绍了新近发表的研究成果，特别是纳米材料方面的物理性能。

本书可作为高等院校材料科学与工程专业本科生或低年级硕士研究生的教材或参考书，也可供材料科学与工程领域的大专院校教师和科技工作者参考。

图书在版编目(CIP)数据

材料物理性能/王振廷，李长青编著. —哈尔滨：哈尔滨工业大学出版社，2011.5(2022.6 重印)
ISBN 978－7－5603－3268－0

Ⅰ.①材… Ⅱ.①王…②李… Ⅲ.①工程材料-物理性能 Ⅳ.①TB303

中国版本图书馆 CIP 数据核字(2011)第 064744 号

策划编辑	张秀华 杨 桦 许雅莹
责任编辑	范业婷
封面设计	卞秉利
出版发行	哈尔滨工业大学出版社
社　　址	哈尔滨市南岗区复华四道街10号 邮编150006
传　　真	0451－86414749
网　　址	http://hitpress.hit.edu.cn
印　　刷	哈尔滨久利印刷有限公司
开　　本	787 mm×1 092 mm　1/16　印张 14　字数 318 千字
版　　次	2011年7月第1版　2022年6月第5次印刷
书　　号	ISBN 978－7－5603－3268－0
定　　价	26.00元

(如因印装质量问题影响阅读，我社负责调换)

前　言

材料是国民经济发展的三大支柱之一,材料科学也是最活跃的研究领域。在人类社会已进入信息时代的今天,过去那种单一类材料很难满足社会工程对材料性能的需求,结果必然是向材料的功能化甚至智能化方向发展。对材料物理性能的研究则可为发展功能材料提供一些理论基础。

本书共分6章。第1章简明地论述了固体中的电子能量结构和状态,为读者提供一些基础知识。其余各章集中介绍了材料的电、磁、热、光、弹性和内耗(阻尼)性能及其发展;阐述了各种性能的重要原理及微观机制、各种材料成分、组织结构与性能关系及主要制约规律;介绍了表征物理性能主要参量的重要测试方法及其在材料科学与工程中的应用。

本书可供高等院校材料科学与工程专业本科生或低年级硕士生选作教材或参考书,读者应具备有关材料科学的初步知识。本书也可作为材料科学与工程领域的大专院校教师和科技工作者的参考资料。

本书第1章、第4章和第6章由黑龙江科技学院王振廷编写,第2章、第3章和第5章由黑龙江科技学院李长青编写。全书由王振廷统编。

由于学识所限,加之内容涉及面广,疏漏和不妥之处在所难免,敬请读者批评指正。

编　者

2011年2月

目 录

绪 论 ·· 1

第1章 材料的电子理论 ·· 3
   1.1 自由电子理论 ·· 3
   1.2 能带理论 ·· 12
   1.3 原子的电子的状态 ··· 13
   思考题 ·· 19

第2章 电学性能 ·· 20
   2.1 概述 ·· 20
   2.2 导体、绝缘体和半导体的能带 ·· 20
   2.3 金属的导电性 ··· 22
   2.4 金属导电性能的测量及其应用 ··· 32
   2.5 半导体的电学性能 ··· 35
   2.6 绝缘体的电学性能 ··· 40
   2.7 超导电性 ··· 51
   思考题 ·· 55

第3章 材料的磁性 ·· 57
   3.1 概述 ·· 57
   3.2 磁性基本概念 ··· 58
   3.3 抗磁性与顺磁性 ··· 63
   3.4 铁磁性材料的特性 ·· 67
   3.5 晶体磁各向异性和磁晶能 ··· 74
   3.6 磁致伸缩效应和磁弹性能 ··· 77
   3.7 磁畴结构 ·· 79
   3.8 技术磁化 ·· 81
   3.9 金属与合金的铁磁性 ··· 85
   3.10 磁性材料 ··· 91
   3.11 磁性测量 ··· 97

  3.12 铁磁性分析的应用 ······ 101
  思考题 ······ 106

第4章 热学性能 ······ 108
  4.1 概述 ······ 108
  4.2 固体热容理论 ······ 108
  4.3 金属与合金的热容 ······ 113
  4.4 热分析及其应用 ······ 116
  4.5 热膨胀 ······ 120
  4.6 热传导 ······ 137
  4.7 热电性 ······ 144
  思考题 ······ 148

第5章 光学性能 ······ 149
  5.1 概述 ······ 149
  5.2 光的本性 ······ 150
  5.3 介质对光的反射和折射 ······ 152
  5.4 介质对光的吸收和透射 ······ 158
  5.5 晶体光学材料的双折射和二向色性 ······ 166
  5.6 介质的光散射 ······ 171
  5.7 材料的光发射 ······ 172
  思考题 ······ 176

第6章 弹性与滞弹性 ······ 177
  6.1 概述 ······ 177
  6.2 材料的弹性 ······ 178
  6.3 弹性模量的影响因素 ······ 184
  6.4 弹性模量的测定 ······ 192
  6.5 内耗分析 ······ 196
  6.6 内耗产生的机制 ······ 202
  6.7 弹性合金和高阻尼合金 ······ 206
  6.8 内耗测量方法及其应用 ······ 208
  思考题 ······ 212

参考文献 ······ 213

绪　　论

　　材料的使用和发展是标志人类进步的重要里程碑。材料是人类赖以生存和发展的物质基础。人类社会发展史上的石器时代、青铜器时代和铁器时代就是按照人类所使用的主要材料来划分的。在高度文明的今天,材料与信息、能源、生物技术并称为现代文明的四大支柱。

　　材料也有十分悠久的历史。例如,罗盘的使用在我国至少可追溯到公元 2 世纪,并在公元 13 世纪传到欧洲。随着工业革命的兴起,机器制造业、交通、航运、建筑等快速发展,结构材料的发展十分迅速,形成了庞大的生产体系,产量急剧增加。而就功能材料而言,除了电工材料随电力工业的发展有较大的增长外,材料性能的开发相对较为缓慢。但是,随着二战之后高科技的发展,微电子工业、信息产业、新能源、自动化技术、空间技术、海洋技术、生物和医学工程等高技术产业迅速兴起并飞速发展,在国民经济中占据了日益重要的地位。而材料则是支撑这些高技术产业的重要物质基础,因此,功能材料在近几十年来受到日益广泛的重视。功能材料的品种越来越多,材料性能的开发和应用范围越来越广,从其产生的经济效益和在国民经济中的作用来看,在高技术领域其作用与地位十分重要。

　　如果说以往机械工业的发展长期以来追求材料的高强度、高韧性、耐高温、抗腐蚀等主要属于材料结构抗力的性能的话,在人类进入"信息社会"的今天,许多新兴企业正在替代原有的传统工业,音像制品已渗透到社会生活的各个角落,电子计算机和机器人正在努力实现智能化,人类对太空、海洋和人体自身的探索日益深入,这一切对材料提出的则是更高的功能性指标。现代科学技术的迅猛发展,使得适应高技术的各种新型功能材料犹如雨后春笋,不断涌现,它们赋予高技术以新的内涵,促进了高技术的发展和应用的实现。

　　材料是人类社会生活的物质基础,材料的发展导致时代的变迁,推进人类的物质文明和社会进步。为了生存和发展,人类一方面从大自然中选择天然物质进行加工和改造,获得适用的材料;另一方面通过物理化学加工方法研制合金、玻璃、陶瓷、合成高分子材料来满足生产和生活的需要。

　　材料的使用性能通常包括力学性能(如硬度、强度、塑性、韧性和耐磨性等)、物理性能(如磁性、弹性与滞弹性、热学性能和电学性能等)和化学性能(如抗氧化性能和耐腐蚀性能等)。在实际使用时,通常仅侧重应用其某一方面的性能,但有时也要求较高的综合性能,既要求较高的力学性能,又要求一定的物理性能和化学性能。凡在使用时,侧重使用其力学性能的材料,称为结构材料;侧重使用其特殊物理性能的材料,称为功能材料。

　　毫无疑问,材料在工程应用中需要有综合性能,但其中某一项性能往往处于决定性的地位。材料物理性能是功能材料发展中受到特别关注的领域之一,它的进展凝聚着物理、化学、冶金、陶瓷和聚合物等领域科学工作者的成果。人们曾经幻想过能实现大功率的光发射,如今钕玻璃的成功应用使得激光器可以输出 $10^{12} \sim 10^{14}$ W 的脉冲功率。同样,正是由于高透明光导纤维玻璃的研制成功,才使远距离光通信成为现实。

在人类跨入 21 世纪的今天,科技的发展和生活质量的提高从各个领域对材料的性能都提出了新需求。譬如,随着机械功率的增大和速度的提高,有害的振动和噪声不可避免地随之增长,人们为了保护赖以生活的环境,就有必要研制高阻尼和消声材料以防止噪声的污染。可以设想,在不远的将来,港口、机场、泵房、机械加工和铸锻车间也将成为低噪声或无噪声环境。宇宙飞行器在返回大气层时,其前沿局部表面要达到数千摄氏度高温,为了进行太空探索就需要研制更优良的隔热材料和热防护材料。总之,人们需要更多具有电、磁、光、热和声学特殊性能的金属、陶瓷、半导体和聚合物材料。

应当看到,合理地选用物理性能参数是取得预期分析结果的前提。在材料研究中,针对所研究的问题有时可以选用不同参数进行综合分析,并用其他方法的研究结果予以补充和佐证。只有合理地采用不同的研究方法,互相补充,才能有效地解决材料科学研究中提出的问题。

材料的物理性能总是随着实验与使用环境条件而变化。这些环境条件包括温度、外力、磁场、电场、辐射和化学介质等。在研究材料物理性能时,应研究在给定环境条件下的变化过程,如导电过程、磁化过程、施外力的变化过程和加温的变化过程等。材料的物理性能正是在与外界相互作用、在运动过程中表现出来的。没有运动就没有性能。各种外部条件是运动和变化的外因,而由材料的成分和组织结构所确定的内在矛盾是内因,是变化的根据,外因通过内因起作用。如外加电场使电子运动得到定向加速,外加磁场使原子磁矩改变方向,加热使原子热运动加剧等。不同的材料各有不同的内部结构,不同的内在因素。在同样的外因下,如果内因不同,则运动过程不同,表现出来的性能也不同。例如,在同样的电场下,导体、半导体与绝缘体各有不同的表现;在同样的磁场下,铁磁体、顺磁体与抗磁体各有不同的表现等,显示出不同的材料具有不同的性能。由于微观结构的差异,材料的铁磁性又可分为永磁、软磁、矩磁和旋磁等。材料在"非平衡"的情况下能够发光(如彩色显像管中那样的荧光),则是材料的透明基质中掺入微量杂质的电子被激发到高能态,从而成为发光中心的缘故。因此,我们应持运动的观点、变化的观点,理解内因和外因的作用,掌握性能与外部环境之间的相互关系,即用辩证的观点研究材料的物理性能。

研究材料物理性能的基本途径是科学实验。通过科学实验在选定的各种成分、结构、组织状态以及外界环境下得出各种物理性能数据。然后,综合分析实验数据找出它们之间的联系及规律,进而运用基本原理探讨其机理及本质。这正是从实践到理论的认识过程。实验是基础,因此设计好实验方案十分重要。设计方案要运用已有知识采取有效的实验方法及步骤,避免盲目性,以得到最需要的可靠数据。实验数据准确可靠,才有可能得出合乎实际的规律和深入的认识。实验数据中常常会有误差,而且表现的是现象还不是本质,简单地罗列实验数据,尚不能得出对物理性能的系统深入的认识,还必须经过思维加工,去粗取精,去伪存真,找出规律,才能取得比较完整的认识。随着对物理性能本质及其变化规律的深入了解,大量实验数据的积累和电子计算技术的发展,性能设计的技术正在兴起。可以根据材料的成分、制备工艺及使用环境预测性能;也可以依照性能要求对成分、工艺作出设计,它是材料科学与工程中正在形成的先进技术。然而,性能设计的基础仍然是实验工作,况且理论设计是否正确仍要靠实验加以证实。

第1章　材料的电子理论

材料的电子理论以电子理论为基础，从单个原子结构出发，研究原子集合体中电子的能量状态，并用它解释材料的结构和性质。早期电子理论只涉及金属的导电性及导热性，后来这个理论发展了，除了解释金属态的许多重要特性以外，还成为适用于一切固体的普遍理论基础。根据工科材料专业学生的物理基础，本章用量子力学原理着重定性地阐明一些基本物理概念及结论，只选择一些有代表性的问题进行定量推导。

电子理论的发展经历了三个阶段，即古典电子理论、量子自由电子理论和能带理论。古典电子理论假设金属中的价电子完全自由，并且服从经典力学规律；量子自由电子理论也认为金属中的价电子是自由的，但认为它们服从量子力学规律；而能带理论则考虑到点阵周期场的作用。下面主要介绍量子自由电子理论及能带理论。

1.1　自由电子理论

电子理论最初来自于金属，然后才发展到其他材料。金属的电子理论是为了解释金属的良好导电性而建立起来的，后来的进展对认识和开发金属材料起了很大作用，现在已经成为液态和固态等凝聚态的理论基础。

本节将介绍一些在金属原子集合体(非孤立原子)中电子运动规律的重要概念，主要是原子最外层活跃的价电子的运动规律。经典自由电子理论曾取得很重要的成就，随着科学的发展，相继出现了量子自由电子理论和能带理论，使人们对电子运动规律的认识更加深入。本书省略了一些理论中严格的公式推导，着重介绍物理概念。

1.1.1　经典自由电子理论的概念

德鲁特-洛伦兹(Drude-Lorentz)的经典电子理论认为：金属是由原子点阵构成的，价电子是完全自由的，可以在整个金属中自由运动，就好像气体分子能在一个容器内自由运动一样，故可以把价电子看成"电子气"。自由电子的运动遵守经典力学的运动规律，遵守气体分子运动论。这些电子在一般情况下可沿所有方向运动，但在电场作用下它们将逆着电场方向运动，从而使金属中产生电流。电子与原子的碰撞妨碍电子的无限加速，形成电阻。经典自由电子理论把价电子看做共有化的，价电子不属于某个原子，可以在整个金属中运动，它忽略了电子间的排斥作用和正离子点阵周期场的作用。

经典自由电子理论的主要成就之一是导出欧姆定律。根据经典电子理论模型，当金属导体中施加电场 E 时，自由电子所受的力为

$$f = eE$$

式中，e 为电子的电荷。

此力使电子产生一加速度，根据牛顿定律

$$f = eE = am, \quad a = \frac{e}{m}E$$

式中，m 为电子质量；a 为加速度。

对于做无规则热运动的自由电子而言，外加电场给予的加速度 a 为附加的。按照电子与离子机械碰撞模型，电子在金属中运动要与正离子碰撞，碰撞后被弹开再沿其他方向运动，因此只有在两次碰撞之间的电子飞行时间里，定向速度才会累积起来。在每次碰撞后的一瞬间，电子的定向速度可以看做零，而在下一次碰撞前速度为

$$v = \frac{eE}{m} \cdot \bar{\tau}$$

式中，$\bar{\tau}$ 为电子平均自由飞行时间。

如图 1.1 所示，故在两次碰撞间，电子定向速度的平均值为

$$\bar{v} = \frac{1}{2} \frac{eE}{m} \cdot \bar{\tau} \tag{1.1}$$

实验表明，施加电场后电子的定向速度比电子的热运动速度 $\bar{V}$ 小许多，电子两次碰撞的平均自由程 $\bar{l} \approx \bar{V}\bar{\tau}$，代入式(1.1)得

$$\bar{v} = \frac{e\bar{l}}{2m\bar{V}} \cdot E \tag{1.2}$$

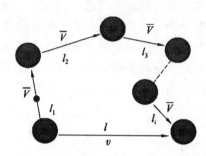

图 1.1　电子的热运动速度和定向速度的关系

式(1.2)表明 $\bar{v}$ 与 E 成正比。如单位体积内的电子数（即电子密度）为 n，则在 1 s 内通过与 E 垂直的单位面积内的电子数（即电流密度）为 $j = ne\bar{v}$，如图 1.2 所示。

图 1.2　电流密度示意图

$$j = \frac{dI}{dS} = \frac{d\left(\frac{Q}{t}\right)}{dS} = \frac{d\left(\frac{neV}{t}\right)}{dS} = \frac{d\left(\frac{neSl}{t}\right)}{dS} = \frac{d(neSv)}{dS} = nev$$

代入式(1.2)，得

$$j = \frac{1}{2} \frac{ne^2}{m} \frac{\bar{l}}{\bar{V}} \cdot E \tag{1.3}$$

对于一定的导体，在一定温度下，$\frac{ne^2}{m} \frac{\bar{l}}{\bar{V}}$ 是常数，故式(1.3)表示电流密度与电场强度成正比，这就是欧姆定律。式(1.3)还包含另一条定律，称为导电定律，其表达式为

$$\sigma = \frac{ne^2}{2m} \cdot \frac{\bar{l}}{\bar{V}} = \frac{ne^2}{2m} \cdot \bar{\tau} \tag{1.4}$$

式中，σ 为电导率。

自由电子理论的另一成就是导出焦耳-楞次(Joule-Lenz)定律。从经典理论知，做热运动的自由电子在外电场的加速下动能增大，直到与荷正电的离子实碰撞，将定向运动的

那部分动能传递给离子点阵使其热振动加剧,导体温度升高。当点阵所获得的能量与环境散失的热量相平衡时导体的温度不再上升。电子经加速到碰撞前的定向运动速度$v = \frac{eE}{m} \cdot \bar{\tau}$,其定向运动动能在碰撞后将全部转化为热能

$$\Delta W = \frac{1}{2} m v^2 = \frac{1}{2} \frac{e^2 E^2}{m} \cdot \bar{\tau}^2 \tag{1.5}$$

单位时间内电子与离子实碰撞$1/\bar{\tau}$次,则单位时间电子总共传给单位体积金属的热能为

$$W = \Delta W \cdot \frac{n}{\tau} = \frac{ne^2}{2m} \cdot \bar{\tau} \cdot E^2 = \sigma \cdot E^2 \tag{1.6}$$

式(1.6)即为焦耳-楞次定律。

此外经典电子理论还可以导出维德曼-弗兰兹(Wiedemann-Franz)定律,证明在一定温度下各种金属的热导率与电导率的比值为一常数,称为洛伦兹常数L,即导热性越好的金属,其导电性也越好。

但是,经典电子理论在解释电子热容、电阻率随温度变化等问题上遇到了不可克服的困难。例如,按经典电子理论模型,自由电子如同理想气体一样遵从"分子运动论"。在平衡态下,电子做无规则热运动,任何运动形式都应是机会均等的,即动能和势能所占机会均等,这就是能量均分定律。一般的说,在平衡态下,相应于每个电子,其平均动能都应等于$\frac{1}{2} k_B T$。简言之,气体处于平衡态时,电子的任何一个自由度的平均动能都相等,均为$\frac{1}{2} k_B T$,这就是能量按自由度均分定理。按照这个定理,电子有3个自由度,在温度T下每个电子的平均动能为$\frac{3}{2} k_B T$,如图1.3所示。

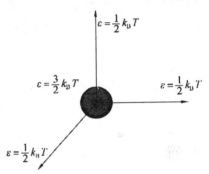

图1.3 电子的3个自由度的平均动能

对于每摩尔一价金属电子气的动能为

$$E_e = N_A \frac{3}{2} k_B T = \frac{3}{2} RT$$

式中,N_A为阿伏加德罗常数,$N_A = 6.022 \times 10^{23}$;$R$为普适常数。

则摩尔热容为

$$C_m^e = \frac{dE_e}{dT} = \frac{3}{2} R \approx 12.47 \text{ J} \cdot \text{mol}^{-1} \cdot \text{K}^{-1} \tag{1.7}$$

然而,实验测得相应的电子热容仅为该值的1%。

同样我们可以根据经典电子理论导出电阻率ρ与温度T的关系。按分子热运动定律,$\frac{1}{2} m \bar{v}^2 = \frac{3}{2} k_B T$,代入式(1.4)得

$$\rho = \frac{1}{\sigma} = \frac{2\sqrt{3 m k_B T}}{n e^2 \bar{l}} \tag{1.8}$$

式中，似乎金属的电阻率应当与$\sqrt{T}$成正比，与价电子数n成反比。但是，实验表明金属的电阻率ρ与温度T的一次方成正比，二价金属($n=2$)的导电性反而比一价金属($n=1$)的更差。

总之，经典自由电子理论取得了重要成就，这是因为它的一些假设基本上是正确的，如价电子能够在整个金属中运动。但是，这一理论基于牛顿力学，在一些方面遇到了困难，而对微观粒子的运动问题，应该用量子理论解决。

1.1.2 量子自由电子理论的概念

量子自由电子理论用量子力学观点研究在金属的大量原子集合体中的价电子分布问题。量子自由电子理论的基本观点是：金属离子所形成的势场各处都是均匀的；价电子是共有化的，它们不束缚于某个原子上，可以在整个金属内自由地运动，电子之间没有相互作用；电子运动服从量子力学原理。量子自由电子理论与经典自由电子理论的主要区别在于电子运动服从量子力学原理。这一理论克服了经典自由电子理论所遇到的一些矛盾，成功地处理了金属中若干物理问题。

电子是具有质量和电荷的微观粒子，电子在运动中既有粒子性又有波的性质。这种波为物质波，并以提出此创见的科学家德布罗意(图1.4)的名字命名为德布罗意波。物质波的波长(λ)与粒子的质量(m)和运动速度(v)的关系为

$$\lambda = \frac{h}{mv} = \frac{h}{p} \tag{1.9}$$

式中，p为mv的乘积，即粒子的动量；h为普朗克常数，$h=6.626\times10^{-34}$ J·s。

粒子能量E与频率ν的关系为

$$E = h\nu \tag{1.10}$$

由于电子运动既有粒子性又有波的性质，致使电子的运动速度、动量、能量都与普朗克常数相关。德国物理学家普朗克(图1.5)在研究晶体辐射时首先发现了物质辐射或吸收的能量只能是某一最小能量单位($h\nu$)的整数倍。微观粒子的某些物理量不能连续变化，而只能取某些分立值，相邻两分立值之差称为该物理量的一个量子。电子运动的能量变化是不连续的，是以量子为单位进行变化的，这是量子自由电子理论的一个基本观点。

图1.4 德布罗意

图1.5 普朗克

电子运动具有物质波的性质，其状态表现为t时刻在空间(x,y,z)位置出现的概率，这是一种服从统计规律的概率波，可用波函数$\Psi(x,y,z,t)$表示，$|\Psi|^2$代表粒子的概率。

由物理学知,频率为 ν,波长为 λ,沿 x 方向(一维)传播的平面波可以表示为

$$\Psi(x,t) = A\cos(Kx-\omega t) = A\cos\left[2\pi i\left(\frac{x}{\lambda}-\nu t\right)\right]$$

但是经常将平面波处理成复数的形式,根据欧拉公式得出,即

$$\Psi(x,t) = A[\cos(Kx-\omega t) + i\sin(Kx-\omega t)] = A\exp[i(Kx-\omega t)] = A\exp\left[2\pi i\left(\frac{x}{\lambda}-\nu t\right)\right] \tag{1.11}$$

式中,A 为振幅;K 为波数,$K=\frac{2\pi}{\lambda}$,考虑方向时 K 为矢量,称为波矢量(简称波矢);$|K|=\frac{2\pi}{\lambda}$,$\omega=2\pi\nu$ 为角频率。

将式(1.9)、式(1.10)代入式(1.11)得

$$\Psi(x,t) = A\exp\left[\frac{2\pi i}{h}(px-Et)\right] = A\exp\left[\frac{i}{\hbar}(px-Et)\right] \tag{1.12}$$

式中,$\hbar = \frac{h}{2\pi} = 1.05\times10^{-34}$ J·s。

式(1.12)对应的二阶偏微分方程为

$$i\hbar\frac{\partial\Psi}{\partial t} = -\frac{\hbar^2}{2m}\frac{\partial^2\Psi}{\partial x^2} \tag{1.13}$$

即为一维空间自由运动粒子德布罗意波(物质波)的薛定谔(Schrödinger)方程。式(1.13)的形式可以用到三维空间。当粒子处在不随时间变化的势能场 $U(x,y,z)$ 中时,粒子的总能量由动能和势能两部分组成

$$E = \frac{p^2}{2m} + U(x,y,z) \tag{1.14}$$

这时式(1.13)可推广为

$$i\hbar\frac{\partial\Psi}{\partial t} = -\frac{\hbar^2}{2m}(\nabla^2-U)\Psi \tag{1.15}$$

这就是薛定谔(图1.6)建立的微观粒子运动状态随时间变化的普遍方程,式中 ∇^2 为拉普拉斯(Laplace)算符,$\nabla^2 = \frac{\partial^2}{\partial x^2} + \frac{\partial^2}{\partial y^2} + \frac{\partial^2}{\partial z^2}$。这时可以得到定态薛定谔方程

$$\nabla^2\varphi + \frac{2m}{\hbar^2}(E-U)\varphi = 0 \tag{1.16}$$

式中,φ 只是空间坐标的函数,与时间无关。当势能场 U 不随时间变化时,微观粒子的运动状态一般能用定态薛定谔方程来解决。

图1.6 薛定谔

电子在金属中运动可看做在势阱中运动,电子要从势阱中逃出必须克服"逸出功"。为便于说明,先分析一维势阱的情况,如图1.7所示。势能 U 满足

$$U(x) = \begin{cases} \infty, & x \leq 0 \\ 0, & 0 < x < L \\ \infty, & x \geq L \end{cases} \quad (1.17)$$

这样的势场相当于一个无限深的势阱,电子在势阱内时 U 为 0,此时电子运动定态薛定谔方程为

$$\frac{d^2\varphi}{dx^2} + \frac{2mE}{\hbar^2}\varphi = 0 \quad (1.18)$$

利用式(1.18)的边界条件及波函数的归一化条件,解方程(1.18)得出

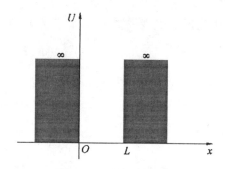

图 1.7 一维势阱示意图

$$\varphi(x) = \sqrt{\frac{2}{L}} \sin\left(\frac{\pi n}{L} x\right) \quad (1.19)$$

$$E = \frac{n^2 h^2}{8mL^2} \quad (1.20)$$

其中 $n = 1, 2, 3, \cdots$ 这表明金属中运动着的电子所具有的能量是量子化的,分成不同的能级,由整数 n 确定,n 称为量子数。$n = 1$ 时,能量最低,是电子的基态,其他 n 值下为激发态。能量的间隔为

$$\Delta E = E_{n-1} - E_n = \frac{h^2}{8mL^2}(n+1)^2 - \frac{h^2}{8mL^2}n^2 = (2n+1)\frac{h^2}{8mL^2}$$

可见 ΔE 依赖于一维金属(势阱)尺寸 L,L 越大间隔越小,即能级相差越小。

从式(1.20)可知,被关在长度为 L 的一维势阱内的电子能量是量子化的。如 $L = 4$ Å,则可算出:$E_1 \approx 2.3$ eV,$E_2 = 4E_1$,$E_3 = 9E_1$……可见,能量的不连续十分明显,两个能级相差几个 eV,这在实验上易于测定,这时能量处于 40 eV 以下只有 4 个能级。以基态能量 E_1 计算出来的速度接近光速。如果把这种量子化推广到宏观尺度,假设粒子质量 $m = 9.1$ mg,$L = 4$ cm,则可算出能量为

$$E_1 = \frac{1}{2}mv^2 = 2.3 \times 10^{-41} \text{ eV}$$

这个能量小得无法测定,E_1,E_2,E_3 等间隔也微乎其微,各能级几乎连成一片。被关在 $L = 4$ cm 的箱内,$m = 9.1$ mg 的粒子处于 40 eV 以下的能量有 1.3×10^{21} 个能级,粒子动能 $E = 2.3 \times 10^{-41}$ eV 算出的速度 $v = 9.0 \times 10^{-28}$ m·s^{-1},因此在经典力学中该宏观粒子被看成静止不动。但是,从量子力学的观点看,物质的存在本身就伴随着运动。宏观世界中的"静止"只不过是因为粒子的质量大,运动的范围广,以至于量子效应太小而不易被观察到。

当电子处在边长为 L 的三维无限深的势阱中时,电子在三维坐标 (x, y, z) 的所有方向运动,有在三个相互垂直的 x, y, z 轴上的分量。因此有三个量子数:n_x, n_y, n_z。解薛定谔方程得到

$$E = \frac{h^2}{8mL^2}(n_x^2 + n_y^2 + n_z^2) = \frac{h^2}{8mL^2}n^2 \quad (1.21)$$

式中，$n^2 = n_x^2 + n_y^2 + n_z^2$，$n_x$，$n_y$ 和 n_z 每一个都可以独立取整数列 $1,2,3,\cdots$ 中的任意数值，而与另外两个所取的数值无关。即

$$n_x = 0, \pm 1, \pm 2, \cdots$$
$$n_y = 0, \pm 1, \pm 2, \cdots$$
$$n_z = 0, \pm 1, \pm 2, \cdots$$

电子除了可以在空间运动之外，还可以有绕某一轴线自转的运动形式，称为自旋。电子的自旋轴取向也是量子化的，且可以有、也只能有自旋方向相反的两种运动状态，任意两个电子不能处在完全相同的运动状态，称为泡利不相容原理。因此，除了三个量子数外，电子的运动状态还要由自旋量子数 $m_s = \pm 1/2$ 来确定。能量最低的状态称为基态，因此，$n_x = n_y = n_z = 0$ 和 $m_s = \pm 1/2$ 为系统的基态：两种能量状态可容纳两个电子。随着量子数取值的增加，能态数目同样增加，电子依能量由低向高占据相应的能态。

综上所述，只要我们承认电子的波粒二象性，就必须考虑能量的量子化。不但在一维和三维势阱中是量子化的，而且在其他微观尺度的原子、分子势场中也必然是量子化的。每一种定态分别对应于一种德布罗意驻波，所不同的只是用来描述各种德布罗意驻波的"量子数"的数目不同。例如，被关在一维深势阱中电子的状态只需式（1.21）中的量子数 n 和自旋量子数 $m_s = \pm 1/2$ 就能确定；对于原子核势场中的电子状态却需要 4 个量子数才能确定。

1.1.3 费米电子

在 $T = 0\,\text{K}$ 时，大块金属中的自由电子从低能级排起，直到全部价电子均占据了相应的能级为止。具有能量为 $E_F(0)$ 以下的所有能级都被占满，而在 $E_F(0)$ 之上的能级都空着，$E_F(0)$ 称为费米能，是由费米（图1.8）提出的，相应的能级称为费米能级。

在大块金属中，自由电子并不是处在无限深的势阱中，这时要采用周期性边界条件的假设来求解，电子能量为

$$E = \frac{h^2}{2mL^2}(n_x^2 + n_y^2 + n_z^2) = \frac{h^2}{2mL^2}n^2 \tag{1.22}$$

图1.8　费米

从式（1.22）知，电子的能量 E 与三维量子数 $n^2 = n_x^2 + n_y^2 + n_z^2$ 成正比。显然，只要 n 值相同，对应不同 n_x, n_y, n_z 的值，具有相同的能量。例如，$n_x = 1, n_y = 0, n_z = 0$ 或 $n_x = 0, n_y = 1, n_z = 0$ 或 $n_x = 0, n_y = 0, n_z = 1$ 对应于 n 空间坐标 $(1,0,0)$、$(0,1,0)$ 和 $(0,0,1)$ 的点有相等的量子能级，但方向不同，每个量子能级可容纳自旋量子数 $m_s = \pm 1/2$ 两个状态的电子。零点 $(0,0,0)$ 确定一个基态。如果 n 以空间的零点为球心作一个球面，则球面是等能面，即球面上每个能级代表点所代表的能级有相同的能量。能量在 E 和 $E + \mathrm{d}E$ 之间的能级数 $4\pi n^2 \mathrm{d}n$ 就是在球壳中的代表点数，每个能级可以容纳自旋反平行的两个电子，能量在 $E \sim E + \mathrm{d}E$ 之间的状态数为

$$\mathrm{d}N = 8\pi n^2 \mathrm{d}n \tag{1.23}$$

由式（1.22）得

$$dE = \frac{h^2}{mL^2}n\,dn \tag{1.24}$$

式(1.23)和式(1.24)联立,消去 n,经整理得

$$dN = 4\pi V \cdot \frac{(2m)^{3/2}}{h^3} E^{1/2} dE \tag{1.25}$$

式中,$V = L^3$ 为金属的体积。

dN/dE 称为状态密度,用 $Z(E)$ 表示为

$$Z(E) = 4\pi V \cdot \frac{(2m)^{3/2}}{h^3} E^{1/2} \tag{1.26}$$

显然,$Z(E)$ 和 E 有抛物线关系,如图1.9所示。图中影线部分是 0 K 时被电子占有的能级,$E_F(0)$ 是 0 K 时能量最低的占有态的动能,称为 0 K 时的费米能。设与费米能 E_F 相对应的量子数为 n_F,单位体积中价电子数为 N_0,则金属中价电子总数 $N = N_0 V$。这些价电子对应于 n 空间以 n_F 为半径的球体中所有点阵状态,由式(1.23)得

$$N = \int_0^{n_F} dN = \int_0^{n_F} 8\pi n^2 dn = \frac{8}{3}\pi n_F^3$$

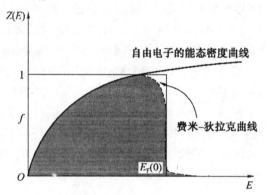

图1.9 电子的能态分布和费米-狄拉克分布曲线

$$n_F^3 = \frac{3}{8\pi} N_0 V \tag{1.27}$$

由式(1.24)和式(1.27)得

$$E_F(0) = \frac{h^2}{2mL^2} n_F^2 = \frac{h^2}{8m}\left(\frac{3N_0}{\pi}\right)^{2/3} \tag{1.28}$$

式(1.28)表明,费米能乃电子密度的函数。据此,我们可以计算费米能。比如,以一价体心立方点阵的金属锂(Li)为例,已知 bcc 晶胞中有两个 Li 离子,对应于两个价电子,点阵常数为 0.351 nm,电子质量 $m = 9.11 \times 10^{-28}$ g,故每 cm³ 锂中的价电子数为

$$N_0 = 4.62 \times 10^{20}$$

代入式(1.28)得

$$E_F(0) = 4.70 \text{ eV}$$

对于锌(Zn)来说,密排六方的点阵(HCP)有 6 个 Zn 离子,对应于 12 个价电子,点阵常数 a 轴为 0.267 nm,c 轴为 0.495 nm,电子质量 $m = 9.11 \times 10^{-28}$ g,故每 cm³ 锌中的价电子数为

$$N_0 = 13.1 \times 10^{20}$$

并相应得

$$E_F(0) = 9.45 \text{ eV}$$

表1.1列出了几种金属在绝对零度时的费米能。典型的金属单质的费米面如图1.10所示。

表1.1　金属的费米能 $E_F(0)$

金属元素	Li	Na	K	Rb	Cs	Cu	Ag	Au	Zn	Cd	Al	Ga
费米能/eV	4.7	3.1	2.1	1.8	1.5	7.0	5.5	5.5	9.45	7.5	11.6	10.3

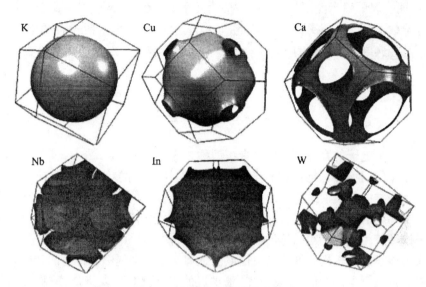

图1.10　典型金属单质的费米面

当温度 T 高于 0 K 时，自由电子服从费米-狄拉克(Fermi-Dirac)分布率，即在热平衡情况下自由电子处于能量状态 E 的概率为

$$f = \frac{1}{\exp\left(\frac{E-E_F}{kT}\right)+1} \tag{1.29}$$

式中，f 为费米-狄拉克分布函数；E_F 为 T 时的费米能——体积不变时系统中增加一个电子的自由能增量；k 为玻耳兹曼常数。

式(1.29)所示分布函数表明，在 0 K 温度下若 $E<E_F$，则 $f=1$；若 $E>E_F$，则 $f=0$。这意味着，在绝对零度时能量小于 E_F 的状态均被电子填满($f=1$)，而能量大于 E_F 的状态皆不出现电子($f=0$)。图1.9中直线表示自由电子在 0 K 时的能态分布规律。根据泡利原理，每个能级可以容纳正反自旋的两个电子。为使系统总能量最低，费米气体也倾向于占据低能级，而费米能 E_F 则是绝对零度下自由电子的最高能级。当 $T>0$ K 时自由电子的能量分布如图1.9中虚线所示。分布函数的变化表明，由于温度升高有少量能态和 E_F 接近的电子可以吸收热能而跃迁到能量较高的能态，即高于 E_F 原来的空能级中也有一部分被电子占据：$E>E_F$ 处 $f>0$，而 $E<E_F$ 处 $f<1$。但是，可以吸收热能的电子很有限，能量比 E_F 低更多的电子不能吸收热能。

设每摩尔金属的自由电子数为 N，则从 0 到 $E_F(0)$ 的能量区间共有能级数为 $N/2$。若忽略能级密度的差别，则能级间距为

$$\Delta E = \frac{E_F(0)}{N/2} = \frac{2E_F(0)}{N}$$

因为只有 kT 能量范围里的电子被热激活,其能级数目为 $\frac{kT}{\Delta E} = \frac{kTN}{2E_F(0)}$,电子数为 $\frac{kTN}{E_F(0)}$。假定被热激活到 $E_F(0)$ 以上的电子 ΔN 为这个数目的一半,即 $\Delta N = \frac{kTN}{2E_F(0)}$,因 $kT \approx 0.025$ eV,而金属的费米能(见表1.1)一般为几个 eV,在 1 mol 金属中能跃迁到费米能级以上的电子数不到 1%。换言之,按照量子电子理论参与热激活过程的自由电子只有 1%,而不是经典电子理论中的 100%。所以量子理论解决了经典电子理论在热容问题上的困难。

1.2 能带理论

求解晶体中电子的容许能态的能带模型称为能带理论(Energy Band Theory),能带理论是讨论晶体(包括金属、绝缘体和半导体的晶体)中电子的状态及其运动的一种重要的近似理论。一类能带模型是近自由电子近似,对于金属经典简化假设是将价电子考虑成可在晶体中穿越的自由电子,仅仅受到离子晶格的弱散射和扰动,这种近自由电子近似比自由电子模型较为接近真实晶体的情况,这种方法就是要承认晶体是由离子点阵构成的,并且考虑到离子点阵的周期性。近自由电子近似构成了金属电子传输的理论基础。另一类能带模型包括紧束缚近似、克隆尼克-潘纳近似、瓦格纳-塞茨近似、原胞法和原子轨道线性组合等,这些近似都是计算能带的方法,而且能够给出明显的物理意义。

近自由电子近似是考虑晶体点阵中势场 $V(x) \neq 0$ 的情况。晶体点阵的性质之一是有平移对称性,点阵势场 $V(x)$ 是个周期性函数,电子在这种周期势场中运动。对于一维晶体,薛定谔方程为

$$\left[-\frac{\hbar^2}{2m}\frac{d^2}{dx^2} + V(x)\right]\varphi = E\varphi \tag{1.30}$$

将 $V(x)$ 展开成级数

$$V(x) = V_0 + \sum_{n=1}^{n} V_n e^{i2\pi nx/a} \tag{1.31}$$

式中,右侧第二项随 x 的坐标变化而周期变化,变化周期为 a,即 $V(x) = V(x+a)$。这一项比 V_0 小,可以当做微扰项。

一维能带理论导出下述结论:当 $K = \pm \frac{n\pi}{a}$ 时,电子总能量为

$$E = \frac{\hbar^2}{2m}\left(\frac{n\pi}{a}\right)^2 + V_0 \pm |V_n| = E_n \pm |V_n| \tag{1.32}$$

式(1.32)的物理意义是当 $K = \pm \frac{n\pi}{a}$,由于周期场的影响,总能为 $E_n - |V_n|$ 的能级被占有以后,再增加一个电子,这个额外的电子只能占有总能为 $E_n + |V_n|$ 的能级,在两个能级之间的能态是禁止的。这表明在周期场的影响下,在允许带之间出现了禁带。禁带宽度为 $2|V_n|$,V_n 是周期场微扰项级数展开式的系数;禁带出现的位置在 $K = \pm \frac{n\pi}{a}$,a 是点阵常数,

n 是正整数值。一维能带理论导出的 E-K 曲线如图 1.11 中的粗实线，在 $K=\pm\dfrac{n\pi}{a}$ 附近不同于自由电子近似图中的细虚线，其余部分和自由电子模型完全相同。

电子运动具有波的性质，它与 X 射线的性质一样。因此，可以把金属中价电子的运动看做 X 射线在金属晶体中的运动。X 射线服从布拉格衍射定律，即当 X 射线的光程差等于波长的整数倍 $n\lambda$ 时发生反射，无论入射波进入点阵多远，它都被反射掉。电子波在

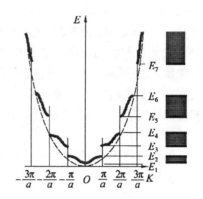

图 1.11　晶体中电子的 E-K 曲线

晶体中运动也是一样，当电子波长的整数倍 $n\lambda$ 等于点阵周期常数 a 的两倍 ($2a$) 时，电子波便遭到原子面的反射。布拉格反射条件为

$$n\lambda = 2d\sin\theta \tag{1.33}$$

式中，d 为晶面间距；θ 为电子波与晶面的夹角。

在禁带处，有 $K=\dfrac{n\pi}{a}$，而波数 $K=\dfrac{2\pi}{\lambda}$，则 $n\lambda=2a$，满足布拉格反射条件，即当 $K=\pm\dfrac{n\pi}{a}$ 时，电子遭到反射。这样，在 E-K 曲线上与此临界 K 值相应的 E 值出现中断。当 K 增大到第一个临界值，即当 $K=\pm\dfrac{\pi}{a}$ 时，能量要跳过 $2|V_1|$ 能隙，进入第二个允带。由第二个允带到第三个允带，中间要跳过能隙 $2|V_2|$，依此类推。

1.3　原子的电子状态

按卢瑟福 (Rutherford) 模型，自由原子由带正电荷的原子核和围绕它的电子云构成。各种元素原子的电子数等于周期表中元素的原子序数。电子带负电荷 ($-e$, $e=1.6\times 10^{-19}$ C)，电子质量为 9.11×10^{-31} kg。在一个原子序数为 Z 的原子中，原子核的正电荷等于 $+Ze$，正好与核外电子的电量相等，但符号相反，所以原子是电中性的。原子核外的所有电子都在不停地运动着。下面对电子的运动状态作简要介绍。

1.3.1　量子数

由以上分析已知，一维深势阱中电子的波函数是一种定态。在中心势场中运动的核外电子，其波函数有什么特征呢？

以最简单的氢原子为例，这种原子由一个质子的核心和一个绕核运动的电子组成，如图 1.12 所示。对这种单电子波函数进行精确的求解表明，它也是一种定态

$$\Psi(r,\theta,\varphi,t) = \varphi(r,\theta,\varphi)\mathrm{e}^{-\mathrm{i}\frac{E}{\hbar}t}$$

式中，电子的能量 $E=-\dfrac{me^4}{8\varepsilon_0^2 h^2}\cdot\dfrac{1}{n^2}$, $n=1,2,3,\cdots$，这里，n 为决定氢原子中电子能量的主量

子数;ε_0 为真空介电常数。

但是,为了表达中心势场(核外)的电子状态只用一个主量子数 n 是不够的。由于核外电子存在绕核运动的轨道角动量 L,并可能有外磁场,故必须考虑角动量的大小及其方向的变化对电子能量的影响。换言之,对于核外电子能量的确定,除了前述的主量子数 n 以外还需要有其他的量子数。

与一维深势阱不同,质子的库仑中心势场对电子是一个无底的负势垒

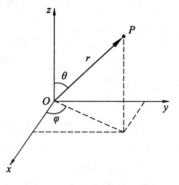

图 1.12 电子的空间坐标

$$U(r) = -\frac{e^2}{r} \quad (1.34)$$

式中,e 为电子电量;r 为电子离核的距离。

当 $r \to 0$ 时,势能 $U \to -\infty$;当 $r \to \infty$ 时,$U \to 0$。把这一势场代入式(1.18)的定态薛定谔方程

$$\nabla^2 \varphi + \frac{2m}{\hbar^2}\left(E + \frac{e^2}{r}\right)\varphi = 0 \quad (1.35)$$

通过求解可以知道单电子的定态波函数要由下列量子数决定。

1. 主量子数 n

主量子数 n 就是式(1.24)中出现的用来描述电子状态能量高低的主要数字,即为从 1 到 ∞ 的正整数:1,2,3,4,5,…,也可以依次用 K,L,M,N,O,… 符号来表示。依据玻尔理论,电子在稳定轨道运动时,既不吸收,也不辐射光子。电子在外层电子的动量矩与主量子数成比例,主量子数 n 决定了电子某一状态总能量的绝大部分,可以认为它与电子在空间出现的有效体积相关。$n=1$,对应于离核最近、能量最低的电子云,有时也称 K 主壳层;$n=2$ 对应于离核次近,能量次低的电子云或 L 主壳层;$n=3,4,5,\cdots$,依此类推。

$$L = mvr = n \cdot \frac{h}{2\pi} = n\hbar, \quad n = 1,2,3,\cdots \quad (1.36)$$

2. 角量子数 l

角量子数 l 是一个决定角动量 L 大小的量子数

$$|L| = \sqrt{l(l+1)}\,\hbar \quad (1.37)$$

这里

$$l = 0,1,2,\cdots,n-1$$

由于具有同一主量子数 n 的电子云形状不同,能量的高低也不完全相同。角量子数 l 代表电子云的形状,不同角量子数的电子云形状如图 1.13 所示。对于同一主量子数的电子究竟可以分为几个能量状态,应根据能量的差别由角量子数 l 来决定,故角量子数又称副量子数。值得注意的是,最小的 l 值不是 1 而是 0。在经典力学中角动量越小的粒子,其运动的椭圆轨道越扁。当 $|L|=0$ 时,轨道退化成一条通过中心的直线,这样,电子就要与原子核相碰撞而湮灭。但是,在量子力学中不仅 $L=0$ 的状态存在,而且是球对称状态。

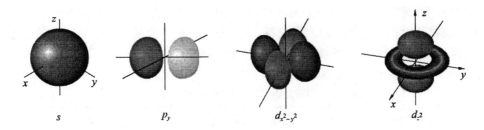

图 1.13 不同角量子数的电子云形状

$n=1$ 时,$l=0$;$n=2$ 时,l 可以等于0,也可以等于1;$n=3$ 时,$l=0,1,2$;依此类推。通常 $l=0$ 的电子运动状态称为 s 状态;$l=1$ 称为 p 状态;$l=2$ 称为 d 状态;$l=3$ 称为 f 状态。为了区分该状态各电子所处的主壳层,应在 s,p,d,f 符号前面写上主量子数,见表1.2。

表 1.2 不同主量子数对应电子的运动状态

主量子数	角量子数	相应电子的运动状态
$n=1$	$l=0$	1s
$n=2$	$l=0$	2s
	$l=1$	2p
$n=3$	$l=0$	3s
	$l=1$	3p
	$l=2$	3d
$n=4$	$l=0$	4s
	$l=1$	4p
	$l=2$	4d
	$l=3$	4f

3. 磁量子数 m

式(1.37)表示了角动量的大小,但未指出其方向,即粒子轨道平面法线对空间固定方向 z 轴的夹角。经典力学中这一夹角可以连续变化,即角动量沿 z 轴的投影分量 L_z 可以连续变化。然而,事实上量子力学体系的 L_z 也是不连续的,应取

$$L_z = m\hbar \tag{1.38}$$

这里 m 即为磁量子数。

磁量子数 m 决定外磁场作用下电子角动量沿磁场方向的分量,即决定电子云在空间的伸展方向,其取值为 $+l$ 到 $-l$ 间的整数(包括零)。所以,对于一个固定的 l 值有 $2l+1$ 个不同的 m 值。

图 1.14 表示角动量 L 沿 z 轴分量(投影值)的量子化。这里的角动量好比一个在地面上高速旋转的陀螺,当其转轴与垂直方向(z 轴)倾斜一个角度时,在重力的作用下受到一个垂直于原来角动量的力矩作用。陀螺

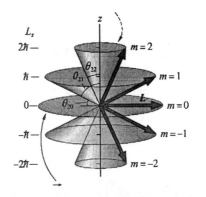

图 1.14 $l=2$ 时角动量的矢量关系

的转轴会绕 z 轴缓慢地旋转,保持夹角不变,这种运动称为"进动"。所不同的是,角动量的这种进动角速度取决于沿 z 轴的外磁场。我们知道,定态的粒子运动对应于德布罗意驻波,而绕 z 轴转动的德布罗意波要形成驻波,就必然导致 L_z 的量子化,即磁量子数 m 必须为整数则转一圈后才能回复原状并形成驻波,具体的数目见表 1.3。

表 1.3 不同角量子数对应磁量子数的取值

角量子数	相应磁量子数的取值	磁量子数的个数
$l=0$	$m=0$	$2l+1=1$
$l=1$	$m=+1,0,-1$	$2l+1=3$
$l=2$	$m=+2,+1,0,-1,-2$	$2l+1=5$
$l=3$	$m=+3,+2,+1,0,-1,-2,-3$	$2l+1=7$

电子在核外空间所处的主量子数、角量子数和磁量子数都确定的运动状态具有确定的能量。由于电子轨道及其取向的量子化,允许存在的能量状态也是分立的,称为"能级"。考虑到对每个 l 最多只能有 $2l+1$ 个轨道,因此同一 n 值的主壳层中电子可占有的轨道数目最多只能是

$$\sum_{l=0}^{n-1}(2l+1)=n^2 \qquad (1.39)$$

4. 自旋量子数 m_s

自 1922 年的斯特恩-盖拉赫实验发现,如图 1.15 所示,原子束通过不均匀磁场后,分离成朝相反方向的两束,后来科研人员在分析许多实验之后,肯定电子的确有某种"自旋"。开始曾以为电子真的像某种高速旋转的小陀螺,后来发现问题远非如此简单。实际上至今还不知道如何具体地描述这种自旋。

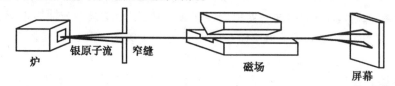

图 1.15 电子自旋实验示意图

电子自旋角动量的量子数不是正整数,而是一个确定的半整数 $s=1/2$,即自旋角动量的大小为

$$\sqrt{s(s+1)}\hbar=\frac{\sqrt{3}}{2}\hbar \qquad (1.40)$$

自旋沿空间某方向(取 z 轴)的投影值为 $m_s\hbar$,而这里的量子数 m_s 只能取两种可能的数值:$m_s=\left(+\frac{1}{2}\right)$ 和 $\left(-\frac{1}{2}\right)$,两者的间隔是 1。这一点与描述轨道角动量的角量子数类似。但是,磁量子数有 $2l+1$ 个,对应奇数,而自旋量子数只有两个,对应偶数。

1.3.2 原子的壳层结构与元素周期律

与轨道角动量和自旋角动量相对应,存在着轨道磁矩和自旋磁矩,它们之间的相互作用将产生附加能量。这种自旋与轨道的"耦合"导致原子能级的差异已由原子光谱的"精细结构"得到证明。与之相联系的另一个事实是,电子只愿意单独占据一个状态,而不可能有两个或两个以上的电子处在同一状态。在一个原子中有 Z 个电子(Z 为原子序数),这意味着不可能有任何两个电子有相同的一组 4 个量子数(n,l,m,m_s)。这一性质是泡利(Pauli)首先从原子光谱的分析中得到的,称为"泡利不相容原理"。换言之,已占据一个状态的电子排斥其他电子进入这一状态。电子(还有质子、中子等自旋为 1/2 的粒子,统称"费米子")这种严格排他性的"怪脾气"至今还令人费解。我们把同一能级上两个不同状态的自旋看成顺时针方向(正)和逆时针方向(反)的自旋。通常用箭头"↑"代表正方向的自旋,箭头"↓"代表负方向的自旋。这样就可以推算出每一主壳层中可容纳的最多电子数。例如,主量子数 $n=1$(K 主壳层)时,l 只能是 $n-1=0$。因此,K 层的轨道总数为 1,每个轨道可容纳正反自旋两个电子,故其可容纳的最多电子数为 2。当 $n=2$ 时(L 主壳层),l 可以是 0 和 1,即有两个分层。第一分层的磁量子数 m 只能是 0,第二分层的 m 可以是 1,0 和 -1,加在一起共有 4 个轨道各容纳正反 2 个电子,共 8 个电子。依此类推,一个主壳层中(n 值相同)可容纳的电子数最多只能是 $2n^2$。

表 1.4 列举了各电子层可能有的轨道数和电子数。从泡利原理出发可以说明原子核外的 Z 个电子是按照一个能态填充一个电子的规则,能量由低到高填充。在同一主壳层中电子的能级依 s,p,d,f 的次序增高。原子中电子的填充将从能量最低的 1s 轨道开始,然后是 2s,2p,…依照每个轨道中只能容纳自旋相反两个电子的原则逐渐填充到能级较高的轨道中。假如主量子数和角量子数确定后有几个等价轨道(如 3 个 p 轨道、5 个 d 轨道和 7 个 f 轨道),则自旋方向相同的电子将优先分占不同的等价轨道,然后再填入自旋方向相反的电子。例如,C(碳)原子的电子式为 $1s^22s^22p^2$,表示在 1s 和 2s 轨道中各有 2 个自旋相反的电子,还有 2 个电子去占据 2p 的 3 个等价轨道。这时电子不是以相反的自旋去填充 3 个等价轨道中的 1 个,而是以相同的自旋去占据 3 个等价轨道中的 2 个。N(氮)原子的电子式为 $1s^22s^22p^3$,表示 1s 和 2s 填充完后余下的 3 个电子以相同的自旋方向分别填入 2p 的 3 个等价轨道中,而不是先填满一个轨道。O(氧)原子的电子式为 $1s^22s^22p^4$,有 8 个电子,在 2p 中有 4 个电子,它们在先占据 2p 的 3 个等价轨道后第 4 个去填满其中的一个轨道,见表 1.5。电子填充的这一规律称为洪特(Hund)规则,或称为最多轨道原则。量子力学从理论上证明了这样的填充过程可以使原子保持最低的能量。因为当一个轨道中已有一个电子时,另一个电子要继续填入并和前一个电子成对,就必须克服它们之间的相互排斥作用,所提高的这部分能量称为配对能。所以,电子单个分别填充等价轨道有利于体系能量的降低。作为洪特规则的特例,对于角量子数相同的等价轨道而言电子次壳层全充满(如 p^6,d^{10},f^{14})、半充满(如 p^3,d^5,f^7)或全空(如 p^0,d^0,f^0)的情况是比较稳定的。

表1.4　各电子层可能有的轨道数和电子数

主量子数 (n)	电子层	角量子数 (l)	轨道符号	磁量子数 (m)	轨道数 (n^2)	电子数 ($2n^2$)
$n=1$	K	0	1s	0	□1	2
$n=2$	L	0	2s	0	□1	2
		1	2p	+1,0,−1	□□□3	6
$n=3$	M	0	3s	0	□1	2
		1	3p	+1,0,−1	□□□3	6
		2	3d	+2,+1,0,−1,−2	□□□□□5	10
$n=4$	N	0	4s	0	□1	2
		1	4p	+1,0,−1	□□□3	6
		2	4d	+2,+1,0,−1,−2	□□□□□5	10
		3	4f	+3,+2,+1,0,−1,−2,−3	□□□□□□□7	14

表1.5　碳、氮、氧的核外电子结构

原子序数	元　素	电子式	电子轨道填充
6	C	$1s^22s^22p^2$	↑↓　↑↓　↑　↑
7	N	$1s^22s^22p^3$	↑↓　↑↓　↑　↑　↑
8	O	$1s^22s^22p^4$	↑↓　↑↓　↑↓　↑　↑

此外,影响电子填充次序的还有屏蔽效应和穿透效应。在多电子的原子中,不但原子核对电子有吸引作用,还有电子间的相互排斥。内层电子对外层电子的排斥意味着核电荷对外层电子的引力减弱,相当于屏蔽作用。主壳层中的s电子对同壳层其他能态电子有较大的屏蔽作用表明,它们靠原子核近,有穿透到内部空间更靠近核的作用。例如4s电子由于穿透作用,其能量不仅低于4p而且还略低于3d。这些效应造成电子填充时的能级交错现象,即能量顺序变为4s<3d<4p。同样的原因造成的交错还有5s<4d<5p和6s<4f<5d<6p。电子填充原子轨道的顺序如图1.16所示。

显然,电子的填充并不完全按照主量子数的次序,有时内壳层电子尚未填满,而添加的电子却填充了外层。有时外壳层的建立暂时中止,而新添电子却回过来填充了内壳层。这里遵循的是能量的顺序:$1s^2,2s^2,2p^6,3s^2,3p^6,4s^2,3d^{10},4p^6,5s^2,4d^{10},5p^6,6s^2,4f^{14},5d^{10},6p^6,7s^2,5f^{14},\cdots$

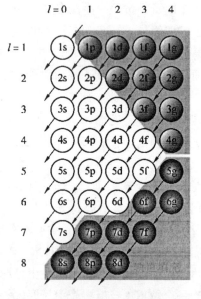

图1.16　电子填充原子轨道的顺序

电子按照上述原则由低能级逐个填充,构成我们周围世界的所有化学元素。元素性质的周期性正是原子中电子壳层结构存在周期性的反映。表 1.5 列出了周期表中某些元素原子的电子壳层结构。可以看出,原子中只有一个电子填充最低能级 1s 的是元素氢(H)。两个电子填充 1s 能级(自旋相反)时 K 主壳层($n=1$)已经填满,与惰性气体的氦(He)元素相对应。H 和 He 已构成第一周期。第三个电子填入 L 主壳层($n=2$)的 2s 能级,对应于元素锂(Li)。第四个电子填满 2s 能级,对应于元素铍(Be)。随着电子的增多电子先占据 2p 的三个等价能级,它们是硼(B)、碳(C)和氮(N),接着以反向自旋的电子依次填满 2p 各能级,它们是氧(O)、氟(F)和氖(Ne)。至此 L 主壳层已经填满 8 个电子,而且每个能级中电子自旋配对,得到稳定的电子结构($1s^2$,$2s^2$,$2p^6$),故氖又是惰性元素。第三周期从钠(Na)到氩(Ar)是在 K 和 L 主壳层已填满的基础上依次填充 M 主壳层($n=3$)中 3s 和 3p 能级,最后完全填满 M 主壳层的氩也是惰性元素($1s^2$,$2s^2$,$2p^6$,$3s^2$,$3p^6$)。第四周期已进入 N 主壳层,电子按 4s,3d,4p 的次序填入。这一周期第一个元素钾(K)的最外层是 $4s^1$,钙(Ca)的最外层是 $4s^2$。然后才开始填充 3d 能级,出现从钪(Sc)到镍(Ni)8 个"过渡族元素",其 3d 能级都没有填满。电子结构的这一特点不但在化学性能上使原子价易变而且在物理性能上有许多特征。第五周期各元素的原子有 K,L,M,N,O 五个主壳层,从碱金属铷(Bb)到惰性元素氙(Xe)电子的填充过程与第四周期类似,其中从钇(Y)到钯(Pd)是 4d 能级未填满的过渡族元素。第六周期有六个主壳层,共 32 个元素,其外层电子按 6s,4f,5d,6p 次序填入,其中从铪(Hf)到铂(Pt)为 5d 能级未填满的过渡族元素,从铈(Ce)到镥(Lu)则为 4f 和 5d 能级未填满的稀土元素。第七周期的元素有七个电子主壳层,都是放射性元素,主要是 5f 和 6d 能级未填满的锕系元素。

思 考 题

1. 一电子通过 5 400 V 电位差的电场。
(1)计算它的德布罗意波;
(2)计算它的波数。
2. 有两个原子,基态电子壳层是这样填充的:
(1)$1s^2$、$2s^22p^6$、$3s^23p^3$;
(2)$1s^2$、$2s^22p^6$、$3s^23p^63d^{10}$、$4s^24p^64d^{10}$。
请分别写出 $n=3$ 所有电子的四个量子数的可能组态。
3. 根据量子自由电子理论中费米能与电子密度的关系式,计算铜在 0 K 时的费米能。
4. 用量子自由电子理论概念解释电子运动状态的波函数 $\varphi(x)=\sqrt{\dfrac{2}{l}}\sin\dfrac{n\pi}{l}$ 及能量 $E=\dfrac{h}{8ml^2}\cdot n^2$ 的物理意义(l 为一维金属长度,n 为整数)。
5. 试用布拉格反射定律说明晶体电子能谱中禁带的产生原因。
6. 过渡族金属物理性能的特殊性与电子能带结构有何联系?

第2章 电学性能

2.1 概述

材料的电学性能与人类的日常生活密不可分,是材料物理性能的重要组成部分,具有非常重要的理论和实际意义。

材料的电学性能是指材料在外电场等物理作用下的行为,及其所表现出来的各种物理现象。按对外电场的响应方式,材料的电学性能可分为导电性能和介电性能。材料的导电性能是指以电荷长程迁移,即传导的方式对外电场作出的响应。对材料来说,只要其内部有电荷的迁移就意味着有带电粒子的定向运动,这些带电粒子称为"载流子"。载流子可以是电子、空穴,也可以是离子、离子空位。材料所具有的载流子种类不同,其导电性能也有较大的差异,金属与合金的载流子为电子,半导体的载流子为电子和空穴,离子类导电的载流子为离子、离子空位。而超导体的导电性能则来自于库柏电子对的贡献。材料的介电性能是指以感应方式对外电场等物理作用作出的响应,即产生电偶极矩或电偶极矩的改变。材料的介电性能主要包括电介质的极化性质、铁电性、热释电性、压电性等。特别应当看到的是,作为20世纪十大发明之一,半导体材料的发展导致了大规模集成电路的出现,推动了电子计算机技术的进步,使人类社会的生产和生活发生了深刻的变化。

除了电介质以外,材料在电场中的行为由欧姆定律用正比的关系把试样两端的电势差 U 和沿试样流动的电流强度 I 联系起来,其比例常数 R 表示试样的特性(电阻),其关系式为

$$U = R \cdot I \tag{2.1}$$

电阻 R 除了决定于材料的导电性外还与试样的几何尺寸有关,即与试样的长度 l 成正比,与试样的截面积 S 成反比,由此引出了只与材料性质有关的物理常数 ρ,则

$$R = \rho \frac{l}{S} \tag{2.2}$$

式中,ρ 称为电阻率或比电阻,可作为材料导电性的量度,单位符号为 $\Omega \cdot m$。

与电阻率 ρ 相对应,有时也用电导率 σ 来表示材料的导电性,二者的关系为

$$\sigma = \frac{1}{\rho} \tag{2.3}$$

σ 的单位符号为 $\Omega^{-1} \cdot m^{-1}$,有时还用西门子每米($S \cdot m^{-1}$)作为单位。

2.2 导体、绝缘体和半导体的能带

不同材料的导电性与其能带结构相联系。下面分析金属和绝缘体的电子能带。图2.1表示了不同单质可能的能带,水平线为可能的电子能级,而垂直线为填满电子的能带

区域。图2.1(a)和图2.1(b)的情况对应于能带的重叠,图2.1(c)和图2.1(d)的情况对应于能带间存在脱节的能隙禁带。此外图2.1(a)和图2.1(c)的情况表明,电子仅部分地填充第一允带。

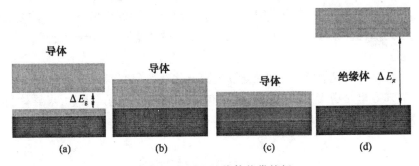

图2.1　金属和绝缘体能带特征

在任何物体中电的迁移总是和准自由电子沿外加场方向的定向移动有关,和它们从能带低能级向未填充高能级的迁移有关,这种迁移的可能性决定于与指数因子 $e^{-E_g/kT}$ 成正比的概率。这里 E_g 为一个电子越过禁带所需要的能量,禁带越宽,这种迁移的概率就越小。计算表明,在禁带宽度 $E_g>3$ eV 时这个概率在所有可以达到的温度下都微乎其微。如果把具有图2.1(a)、(b)和(c)能带结构的物质置于电场中,那么电子将沿电场的方向加速,且可能迁移到更高的未填充能级,因为对于它们的迁移不需要增加很大的能量。由于电子在本身的运动中将经受碰撞,而在非弹性碰撞时它们将转移到低的自由能级,这一转移的能量差将以焦耳热的形式释放。把外场作用下能保证电子在能量不明显变化的情况下,从一个能级向另一个能级定向迁移的能带称为导带。图2.1(a)、(b)和(c)就是金属(导体)的主要能带结构。以金属 Na 为例,每个原子有 11 个电子,分别处于 $1s^2$、$2s^2$、$2p^6$ 和 $3s^1$ 能级上,其中 3s 能级上的一个电子是价电子。在 N 个钠原子组成的金属钠晶体中,3s 能级还与能量较高但未填充电子的 3p 空能带发生部分交叠。根据泡利不相容原理,在 3s 能带中能容纳 $2N$ 个电子。但由于每个钠原子只有一个 3s 电子,整个晶体材料只有 N 个 3s 电子,所以 3s 能带仅被填满一半。根据能量最低原理,它们将占据 3s 能带中能量较低的一半。在 0 K 时,费米能级以上都是空能级。因此,只需要很少的能量就可以把能量较高的电子激发到空能级中,变成自由电子,所以金属钠是良导体。

图2.1(d)的情况对应于填充第一允带的饱和,而在第一和第二允带间存在禁带 E_g。显然,对于这种情况电子在外场的作用下很难迁移到更高的能级。因为对于这样的迁移必须从外场得到比 kT 大得多(几千 eV 数量级)的能量,因此在这些材料中不存在导带,也就没有沿外场方向的电子流,所有电子处于第一满带而与外场的存在无关。

可见电子在外场的作用下经过能隙迁移的概率决定于满带与空带之间的禁带宽度,即 E_g 的大小。如果 $E_g \gg kT$,那么电子迁移到下一个允带未填充能级的概率很小,有这种能带结构的材料就是绝缘体,尽管它也有大量共有化的电子,却不参加导电。通常绝缘体的禁带宽度 E_g 约为 5～10 eV。

半导体的能谱接近于绝缘体的能谱,禁带宽度 E_g 约为 0.2～3 eV。在绝对零度下第一允带完全填满,而由第一能隙 E_g 分开的第二允带空着,导电性等于零。由于半导体的带与带之间能隙大小 E_g 比绝缘体小得多,虽然对于某些半导体在常温下依靠外场的激发电子也不能跃迁到空带,造成电子的迁移,但提高温度却能够使某些数目的电子跃迁到空带中未填充的低能级上,这样跃迁的结果是晶体获得了导电能力。

Δn 个电子跃迁到上一个空带中就使得下面原来的满带空出 Δn 个电子态,这些空出的态可以作为晶体能谱中的"空穴"。依靠空穴移到更低能级的电子交换位置,同样决定着电子迁移。

由于半导体中有两种电子迁移的机制,因此往往要研究两种导电类型:电子导电和空穴导电。空穴导电是由带有等效正电荷的空穴移动来提供的。因些,半导体材料也分为两类:N 型半导体(电子导电)和 P 型半导体(空穴导电)。

2.3 金属的导电性

2.3.1 金属导电机制

在经典自由电子理论中导出式(1.4)电导率的表达形式

$$\sigma = \frac{j}{E} = \frac{ne^2}{2m} \cdot \bar{\tau} \tag{2.4a}$$

或

$$\sigma = \frac{ne^2}{2m} \cdot \frac{\bar{l}}{\bar{V}} \tag{2.4b}$$

并可得到电流密度为

$$j = \sigma E = \frac{ne^2 E \bar{\tau}}{2m} \tag{2.5}$$

从量子理论看到,只有费米能级附近的电子才能对导电作出贡献,也就是说实际参与导电的电子密度远小于 n。利用量子理论能够严格推导出电导率的表达式

$$\sigma = \frac{n_{有效} e^2}{2m} \bar{\tau} \tag{2.6a}$$

或

$$\sigma = \frac{n_{有效} e^2}{2m} \cdot \frac{\bar{l}}{\bar{V}} \tag{2.6b}$$

可以看到,式(2.6a)和式(2.4b)有相似的形式,n 被 $n_{有效}$ 代替,而 $\bar{l}$ 也比经典理论的平均自由程长很多。量子力学可以证明,当电子波在绝对零度下通过一个完整的晶体点阵时,将不受到散射而无阻碍地传播,这时电阻率 $\rho=0$,而 σ 和 $\bar{\tau}$ 应为无穷大。只有在晶体点阵的完整性遭到破坏的地方电子波才受到散射,因而产生电阻。由温度引起点阵离子的振动、点缺陷和位错的存在都会使理想晶体的周期性遭到破坏,从而产生各自的附加电阻。如取自由行为 10^{-6} cm(数百个原子间距),则按式(2.6b)的计算与电导率的实验数据能量级是很相符的。

如果用电阻率 ρ 表示晶体点阵完整性破坏的程度,则式(2.6b)可写成

$$\rho = \frac{2m\overline{V}}{n_{\text{有效}}e^2} \cdot \frac{1}{\overline{l}} \tag{2.7}$$

令 $1/\overline{l}=\mu$，称为散射系数，则式(2.7)变为

$$\rho = \frac{2m\overline{V}}{n_{\text{有效}}e^2} \cdot \mu \tag{2.8}$$

式中，$\overline{V}$ 应理解为在费米面附近实际参加导电电子的平均速度。

若电子波的散射系数 μ 与绝对温度成正比，则金属电阻率也与温度成正比，这是因为导电电子的数目和速度都与温度无关。

2.3.2 纯金属的电阻

各金属元素电阻率随原子序数变化规律示于图 2.2 中，在同一张图上把稀土金属的电阻率单独表示在左上角。从三个大周期的元素对其 s-, p-, d- 和 f- 壳层的填充程度可以看到，电阻率 ρ 变化的总趋势是：碱金属具有低的电阻率，当过渡到填充 s- 壳层的 ⅡA 族，特别是过渡到出现新的 d- 和 f- 壳层的 ⅢA 族时，电阻率显著增高。然后，从 ⅢA 到 ⅥA 族，每当填充 d- 壳层时电阻值减小，到 ⅦA 族又重新增大。从 ⅦA 到 ⅠB 族，根据 p- 壳层电子的填充电阻率减小后又重新增大。可以看出，内壳层填满而具有一个 s- 电子的 ⅠA(碱金属)和 ⅠB 族(贵金属)具有最小的电阻率。与普通金属相比，过渡金属(特别是稀土金属)有高得多的电阻率(多数为 55~95 $\mu\Omega \cdot cm$，Gd 则为 140 $\mu\Omega \cdot cm$)。与邻族过渡金属相比，Mn 的高电阻率与其具有反常的晶体结构有关。

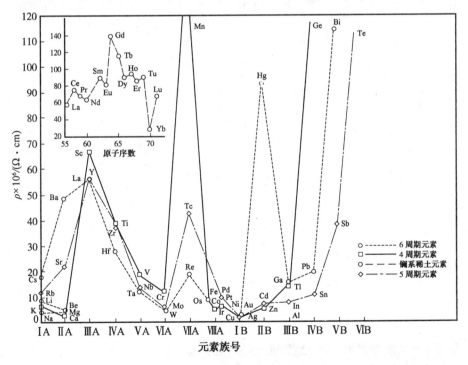

图 2.2 周期系各金属的电阻率

B族的电阻率有宽广的数值范围。从 Ag 的 1.46 μΩ·cm 到金刚石的 10^{22} μΩ·cm。与第一周期和两个短周期相比,第二三长周期的各族元素以更明显的金属性为特征。以ⅣB族为例,当原子量增加时,(C→Si→Ge→Sn→Pb)元素的非金属特性为金属特性所代替,离子半径增加并改变原子间结合键的特性。比较前四个元素是很方便的,因为包括灰锡在内,所有这些元素都有金刚石的晶体结构。在锗及灰锡中共价键的大部分为金属键所代替,而在金刚石中共价键则非常明显。因此,它们有相应的电学性能:金刚石为绝缘体,硅、锗和灰锡为半导体,白锡和铅按其结构和导电性则是导体。ⅤB族(P→As→Sb→Bi)及ⅥB族(S→Se→Te→Po)元素中也发现类似的变化。

一些金属材料的导电特性列于表2.1中。

表2.1 一些金属的导电特性(20 ℃)

金属名称	电阻率/(μΩ·cm)	电导率/%	电阻温度系数/(℃$^{-1}$)	密度/(g·cm^{-3})
银	1.62	106	0.003 8	10.5
铜	1.72	100	0.009 39	8.9
金	2.40	71.6	0.003 4	19.3
铝	2.82	61.0	0.003 9	2.7
镁	4.34	39.6	0.004 4	1.74
钼	4.76	36.1	0.004 7	10.2
钠	4.88	33.0	—	0.972
钨	5.48	31.4	0.004 5	19.3
锌	6.10	28.2	0.003 7	7.14
钴	6.86	25.0	0.006 6	8.8
镍	6.90	24.9	0.006	8.9
镉	7.50	22.9	0.003 8	8.65
铁	10.00	17.2	0.005 0	7.86
铂	10.50	16.4	0.003	21.45
锡	11.40	15.1	0.004 2	7.35
钢	20.60	8.4	0.005	7.86
铅	21.90	7.9	0.003 9	11.37
汞	95.80	1.8	0.000 89	13.55

2.3.3 缺陷对金属电阻的影响

若金属中含有杂质和合金元素,而且还存在晶体缺陷,则金属正常结构发生畸变,它对电子波的作用如同空气中尘埃对光的传播影响一样,引起额外的散射。

马西森(Matthissen)和沃格特(Vogt)早期根据对金属固溶体中溶质原子的浓度较小,

以致可以略去它们之间的相互影响,把固溶体的电阻看成由金属的基本电阻 $\rho(T)$ 和残余电阻 $\rho_{残}$ 组成。这实际上表明,在一级近似下不同散射机制对电阻的贡献可以加法求和。这一导电规律称为马西森定则,表达式为

$$\rho = \sum_i \rho_i = \rho' + \rho(T) \tag{2.9}$$

式中,$\rho(T)$ 为与温度有关的金属基本电阻,即溶剂金属(纯金属)的电阻;ρ' 为决定于化学缺陷和物理缺陷而与温度无关的残余电阻。这里所指的化学缺陷为偶然存在的杂质原子以及人工加入的合金元素原子。物理缺陷系空位、间隙原子、位错以及它们的复合体。显然,马西森定则忽略了电子各种散射机制间的交互作用,给合金的导电性做了一个简单而明了的描述,很好地反映了低浓度固溶体的实验事实。

从马西森定则可以看出,在高温时金属的电阻基本上决定于 $\rho(T)$,而在低温时则决定于残余电阻 ρ'。既然残余电阻是电子在杂质和缺陷上的散射引起的,那么 ρ' 的大小可以用来评定金属的电学纯度。与化学纯度不同,电学纯度考虑了点阵物理缺陷的影响。考虑到残余电阻测量上的麻烦,实际上往往采用相对电阻 $\rho_{300\,K}/\rho_{4.2\,K}$ 的大小评定金属的电学纯度,也称剩余电阻比(Residual Resistivity Ratio, RRR)。许多完整的金属单晶得到的相对电阻 ($\rho_{300\,K}/\rho_{4.2\,K}$) 值很高,大于 2×10^4。

1. 晶体缺陷对电阻的影响

空位、间隙原子以及它们的组合、位错等晶体缺陷使金属电阻率增加。根据马西森定律,在极低温度下,纯金属电阻率主要由其内部缺陷(包括杂质原子)决定,即剩余电阻率 ρ'。因此,研究晶体缺陷对电阻率的影响,对于评价单晶体结构完整性有重要意义。掌握这些缺陷对电阻的影响,可以研制具有一定电阻值的金属。半导体单晶体的电阻值就是根据这个原则进行人为控制的。

不同类型的晶体缺陷对金属电阻率影响程度不同。通常,分别用1%原子空位浓度或1%原子间隙原子、单位体积中位错线的单位长度、单位体积中晶界的单位面积所引起的电阻率变化来表征点缺陷、线缺陷、面缺陷对金属电阻率的影响,它们相应的单位分别为 $\Omega\cdot cm/$原子%;$\Omega\cdot cm/cm/cm^3$;$\Omega\cdot cm/cm^2/cm^3$。表2.2 列出了一些金属的空位、位错对电阻率的影响。

表2.2 空位、位错对一些金属电阻率的影响

金属	$\Delta\rho_{位错}/\Delta N_{位错}$ /($10^{-19}\,\Omega\cdot cm^3$)	$\Delta\rho_{空位}/C_{空位}$ /[$10^6\,\Omega\cdot cm\cdot$(原子%)$^{-1}$]	金属	$\Delta\rho_{位错}/\Delta N_{位错}$ /($10^{-19}\,\Omega\cdot cm^3$)	$\Delta\rho_{空位}/C_{空位}$ /[$10^6\,\Omega\cdot cm\cdot$(原子%)$^{-1}$]
Cu	1.3	2.3;1.7	Pt	1.0	9.0
Ag	1.5	1.9	Fe		2.0
Au	1.5	2.6	W		29
Al	3.4	3.3	Zr		100
Ni		9.4	Mo		11

在范性形变和高能粒子辐射过程中,金属内部将产生大量缺陷。此外,高温淬火和急冷也会使金属内部形成远远超过平衡状态浓度的缺陷。当温度接近熔点时,由于急速淬

火而"冻结"下来的空位引起附加电阻率为

$$\Delta\rho = Ae^{-E/kT} \tag{2.10}$$

式中,E 为空位形成能;T 为淬火温度;A 为常数。大量的实验结果表明,点缺陷所引起的剩余电阻率变化远比线缺陷的影响大(参见表2.2)。

对多数金属,当形变量不大时,位错引起的电阻率变化 $\Delta\rho_{位错}$ 与位错密度 $\Delta N_{位错}$ 之间呈线性关系,如图2.3所示。实验表明,在4.2 K时,对铁,$\Delta\rho_{位错} \approx 10^{-18} \Omega \cdot cm^3 \Delta N_{位错}$;对钼,$\Delta\rho_{位错} \approx 5.0 \times 10^{-16} \Omega \cdot cm^3 \Delta N_{位错}$;对钨,$\Delta\rho_{位错} \approx 6.7 \times 10^{-17} \Omega \cdot cm^3 \Delta N_{位错}$。

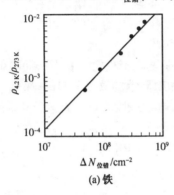
(a) 铁

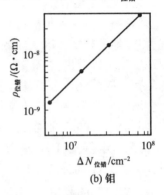
(b) 钼

图2.3 4.2 K时位错密度对电阻的影响

一般金属在变形量为8%时,位错密度 $\Delta N_{位错} \approx 10^5 \sim 10^8 \text{ cm}^{-2}$,位错影响电阻率增加值 $\Delta\rho_{位错}$ 很小($10^{-11} \sim 10^{-8} \Omega \cdot cm$)。当退火温度接近再结晶温度时,位错对电阻率的影响可忽略。

2. 冷加工引发的晶格缺陷对金属电阻的影响

冷加工变形后纯金属(如铁、铜、银、铝)的电阻率比未变形的增加2%~6%。只有金属钨、钼例外,当冷变形量很大时,钨电阻可增加30%~50%,铂电阻增加15%~20%。一般单相固溶体经冷加工后,电阻可增加10%~20%,而有序固溶体电阻增加100%,甚至更高。

冷加工引起金属电阻率增加,这同晶格畸变(空位、位错)有关。冷加工引起金属晶格畸变也像原子热振动一样,增加电子散射概率。同时也会引起金属晶体原子间键合的改变,导致原子间距的改变。

当温度降到0 K时,未经冷加工变形的纯金属电阻率将趋向于零,而冷加工的金属在任何温度下都保留有高于退火态金属的电阻率。在0 K时,冷加工金属仍保留某极限电阻率,称为剩余电阻率。

根据马西森定律,冷加工金属的电阻率可写成

$$\rho = \rho' + \rho_M \tag{2.11}$$

式中,ρ_M 为与温度有关的退火金属电阻率;ρ' 为剩余电阻率。

实验证明,ρ' 与温度无关,换言之,$d\rho/dT$ 与冷加工程度无关。总电阻率越小,ρ'/ρ 比值越大,所以,ρ'/ρ 的比值随温度降低而增高。显然,低温时用电阻法研究金属冷加工更为合适。

冷加工金属的退火,可使电阻回复到冷加工前金属的电阻值,如图 2.4 所示。

2.3.4 温度对金属电阻的影响

如前所述,在绝对零度下化学上纯净又无缺陷的金属,其电阻等于零。随着温度的升高,金属电阻也在增加。无缺陷理想晶体的电阻是温度的单值函数,如图 2.5 中曲线 1 所示。如果在晶体中存在少量杂质和结构缺陷,那么电阻与温度的关系曲线将要变化,如图 2.5 中曲线 2 和 3 所示。在低温下微观机制对电阻的贡献主要由式(2.9)中的 ρ' 表示。缺陷的数量和类型决定了与缺陷有关的电阻,因而也决定了图 2.5 中曲线的位置。

在低温下"电子-电子"散射对电阻的贡献可能是显著的,但除了最低的温度以外,在所有温度下大多数金属的电阻都决定于"电子-声子"散射。必须指出,点阵的热振动在不同温区存在差异。根据德拜(Debye)理论,原子热振动的特征在两个温度区域存在本质的差别,划分这两个区域的温度 θ_D 称为德拜温度或特征温度。由于在 $T<\theta_D$ 和 $T>\theta_D$ 时电阻与温度有不同的函数关系,因此,当研制具有一定电阻值和电阻温度系数值的材料时知道金属在哪个温区工作,怎样控制和发挥其性能是很重要的。

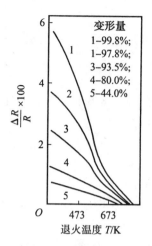

图 2.4 冷加工变形铁的电阻在退火时的变化

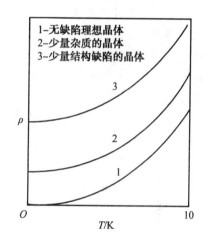

图 2.5 杂质和晶体缺陷对金属低温比电阻的影响

研究表明,在各自的温区有各自的电阻变化规律

$$\frac{\rho(T)}{\rho(\theta_D)} \propto \begin{cases} \left(\dfrac{T}{\theta_D}\right)^5 & T \ll \theta_D \\ \dfrac{T}{\theta_D} & T > \dfrac{3}{2}\theta_D \end{cases} \quad (2.12)$$

式中,$\rho(\theta_D)$ 为金属在德拜温度时的电阻。

若以 ρ_0 和 $\rho(T)$ 分别表示材料在 0 K 和 T K 下的电阻率,则它们总可以表示成一个温度的升幂函数

$$\rho_T = \rho_0(1+\alpha T+\beta T^2+\gamma T^3+\cdots) \quad (2.13)$$

实验表明,对于普通的非过渡族金属,德拜温度一般不超过 500 K。当 $T>\dfrac{2}{3}\theta_D$ 时,β、γ 及其他系数都较小,线性关系足够正确,即在室温和更高一些温度可以写成

$$\rho_T = \rho_0(1+\alpha T) \tag{2.14}$$

式中,α 为电阻温度系数,表示成

$$\alpha = \frac{\rho_T - \rho_0}{\rho_0 T} \tag{2.15}$$

显然 α 只是 $0\sim T$ K 温区的平均电阻温度系数。若使温度间隔趋于零,得到在温度 T 时的真电阻温度系数

$$\alpha_T = \frac{1}{\rho_0} \cdot \frac{\mathrm{d}\rho}{\mathrm{d}T} \tag{2.16}$$

在低温下决定于"电子-电子"散射的电阻可能占优势,这是由于在这些温度下决定于声子散射的电阻大大减弱。这时电阻与温度的平方成正比

$$\rho_{\text{电-电}} \propto \alpha T^2 \tag{2.17}$$

普通非过渡族金属电阻率与温度的典型关系如图 2.6 所示。

过渡族金属中电阻与温度间有复杂的关系,莫特认为这是存在几种有效值不同的载体所引起的。由于传导电子有可能从 s-壳层向 d-壳层过渡,这就对电阻带来了明显的影响。此外在 $T \ll \theta_D$ 时,s-态电子在具有很大有效值的 d-态电子上的散射变得很可观。总之,过渡族金属的电阻可以认为是由一系列具有不同温度关系的成分叠加而成的。

可以推测,过渡族金属 $\rho(T)$ 的反常往往是由两类载体的不同电阻与温度关系决定的,这已经在 Ti、Zr、Hf、Ta、Pt 和其他过渡族金属中得到证实。钛和锆电阻与温度的线性关系只保持到 350 ℃,在进一步加热到多晶型转变温度之前由于空穴导电的存在,线性关系被破坏。这是由于在过渡族金属中 s-壳层基本被填满,这当中电流的载体是空穴,而在 d-壳层却是电子。

多晶型金属不同的结构变体导致了对于同一金属存在不同的物理性能,其中包括电阻与温度的关系。

由于不同结构变体的电阻温度系数变化显著,在 ρ-T 曲线上多晶型转变可以显示出来。无论在低温变体区还是在高温变体区随着温度的提高,多晶型金属的电阻都要增加。钛和锆的 ρ-T 曲线如图 2.7 所示,其中 850~900 ℃ 温区存在的反常可以用多晶型转变来解释。多晶型金属变体存在不同的温度关系和电阻温度系数,使得有可能创造出工作在一定温度区间,以一个金属为基且具有预期电学性能的合金。

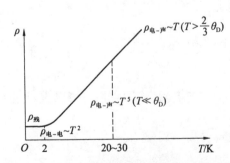

图 2.6 非过渡族金属电阻率与温度的关系

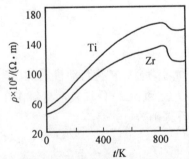

图 2.7 多晶型金属电阻率和温度的关系

2.3.5 压力对导电性的影响

流体静压力对金属电阻率有显著影响,目前几乎对纯金属都进行了研究。$\frac{1}{\rho_0}\frac{d\rho}{dp}$ 为电阻压力系数,它几乎不随温度而变化,说明电阻温度系数不随压力 p 而变化。在压力作用下,大多数金属的电阻率减少,即正常的电阻压力系数 $\frac{1}{\rho_0}\frac{d\rho}{dp}$ 为负值。这可以解释为晶体中原子在压力作用下相互靠近所致,Fe、Co、Ni、Pt、Cu、Ag、Ti、W 等即属于此。但有些元素在压力作用下电阻率增大,这应看做反常现象。例如碱金属 Na、K、Rb、Cs,碱土金属 Ca、Sr,VA 族的半金属 Sb、Bi 及若干稀土元素即属于此。在压力作用下电阻率发生变化不单纯是由于原子间距的变化,强大的压力可以改变系统的热力学平衡条件,它可以促进相变的发生。有人做过这样的统计,约 30 种纯金属在温度变化时会发生相变;而有 40 种在压力作用下会发生相变。在压力作用下相变的规律是:压力使更致密的金属相稳定化。例如 Fe 在压力作用下,阻碍 γ→α,但加速 α→γ,如图 2.8 所示。更有甚者,压力还可以改变物质的类型,在压力作用下物质朝金属化方向变化,变化的次序为:绝缘体→半导体→金属→超导体。

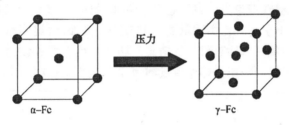

图 2.8　Fe 在压力作用下的 α→γ 相变

表 2.3 为几种半导体与绝缘体元素变为金属导电型物质的临界压力。

表 2.3　几种半导体、绝缘体变为金属态的临界压力

元素	$p_{临界}$/MPa	ρ/(μΩ·cm)	元素	$p_{临界}$/MPa	ρ/(μΩ·cm)
S	40 000		H	200 000	
Se	12 500		金刚石	60 000	
Si	16 000		P	20 000	60±20
Ge	12 000				

上述结果充分说明高压下改变了物质的电子组态及电子与声子相互作用,从而改变了费米能及能带结构。从实用角度看,在高压下改变物质结构为研制新型材料开辟了一个方向。

2.3.6 电阻的尺寸效应

当金属样品或器件的尺寸与电子的平均自由程可以比拟时,金属的电阻率将依赖于样品的尺寸与形状,这种现象称为电阻的尺寸效应。电阻的尺寸效应有实用意义,随着仪器的小型化,电阻合金元件常做成极细丝、薄膜的形式,故在生产及使用中都要考虑尺寸效应。

材料的纯度越高,外界温度越低,电阻的尺寸效应越大,这是因为电子的平均自由程加大了。例如在室温下,电子平均自由程一般为 $10^{-6} \sim 10^{-9}$ m;而在 4.2 K 时,极纯金属的电子平均自由程可达几个毫米。当 $d<L$ 时(d 为样品厚度,L 为电子平均自由程),电子在样品体内及表面均遭受散射,故导致平均自由程减小,电阻增大。假定电子在体内及在表面所受散射彼此无关,则

$$\frac{1}{L_{有效}} = \frac{1}{L} + \frac{1}{L_d} \tag{2.18}$$

式中,L_d 为样品表面受到散射的电子平均自由程。假定 $d \approx L_d$,则薄样品的电阻率 ρ_d 可表示为

$$\rho_d = \rho_\infty \left(1 + \frac{L}{d}\right) \tag{2.19}$$

式中,ρ_∞ 为大块样品的电阻率。

由式(2.19)可见,尺寸因素可作为提高材料电阻率的一种方法。例如在生产上采用沉积、溅射等方法做成的薄膜电阻材料就是应用电阻尺寸效应的一个方面。薄膜电阻的另一个优点是可以把不能加工的而又具有极高电阻值化合物(例如 σ 相等)做成电阻元件,从而大大提高了电阻值。

研究电阻尺寸效应在理论方面也有意义。例如,利用式(2.19)测量金属的电阻对尺寸的依赖关系是测量电子平均自由程最简便的方法。另外,通过测量金属的电阻尺寸效应,还可以得到有关金属费米面有价值的信息。图 2.9 给出钨和钼单晶体厚度对电阻率的影响。由图可见,随钨和钼单晶体厚度变薄,4.2 K 的相对电阻($R_{273\,K}/R_{4.2\,K}$)增大。

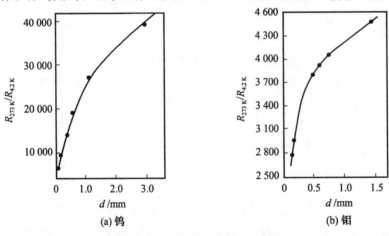

图 2.9 单晶体厚度对电阻的影响

2.3.7 固溶体的电阻率

当形成固溶体时,合金导电性能降低。即使是在导电性好的金属溶剂中溶入导电性很高的溶质金属时,也是如此。这是因为在溶剂晶格中溶入溶质原子时,溶剂的晶格发生扭曲畸变,破坏了晶格势场的周期性,从而增加了电子散射概率,电阻率增高。但晶格畸变不是电阻率改变的唯一因素,固溶体电性能尚取决于固溶体组元的化学相互作用(能带、电子云分布等)。

库尔纳科夫指出,在连续固溶体中合金成分距组元越远,电阻率也越高,在二元合金中最大电阻率常在溶质原子分数为50%处,而且可能比组元电阻率高几倍。铁磁性及强顺磁性金属组成的固溶体情况有异常,它的电阻率一般不在溶质原子分数为50%处,如图2.10、图2.11所示。

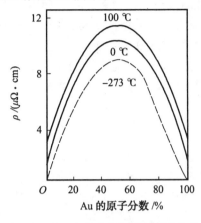

图2.10　银-金合金电阻率与成分的关系　　图2.11　铜、银、金与钯组成合金的电阻率与成分的关系

根据马西森定律,低浓度固溶体电阻率表达式为

$$\rho = \rho_0 + \rho' \tag{2.20}$$

式中,ρ_0 为固溶体溶剂组元电阻率;ρ' 为剩余电阻率,$\rho' = C\Delta\rho$,此处 C 是杂质原子含量,$\Delta\rho$ 表示1%原子杂质引起的附加电阻率。

应该指出,马西森定律早在1860年就已提出,但目前已发现不少低浓度固溶体(非铁磁性)偏离这一定律。考虑到这种情况,现把固溶体电阻率写成三部分

$$\rho = \rho_0 + \rho' + \delta \tag{2.21}$$

式中,δ 为偏离马西森定律的值,它与温度和溶质原子分数有关。随溶质原子增加,偏离越严重。目前,对这一现象还没有圆满的解释。

实验证明,除过渡族金属外,在同一溶剂中溶入1%原子溶质金属所引起的电阻率增加,由溶剂和溶质金属的价数而定,它们的价数差越大,增加的电阻率越大,其数学表达式为

$$\Delta\rho = a + b(\Delta Z)^2 \tag{2.22}$$

式中,a,b 是常数;ΔZ 表示低原子分数合金溶剂和溶质间价数差。

式(2.22)称为诺伯里-林德(Norbury-Lide)法则。表2.4给出杂质(1%原子)对某些金属电阻率的影响。

表2.4　杂质(1%原子)对某些金属电阻率的影响(μΩ·cm/1%原子)

金属基(溶剂)	金属杂质(溶质)														
	Zn	Cd	Hg	In	Tl	Sn	Pb	Bi	Co	V	Fe	Ti	Mn	Cr	Al	Cu	Au
Al	0.35	0.6				0.9	1.0	1.3									
Cu	0.30	0.30	1.0	1.1		3.1	3.3										
Cd	0.08		0.24	0.54	1.3	1.99	4.17										
Ni									0.22	4.3	0.47	3.4	0.72	4.8	2.1	0.98	0.39

2.3.8 化合物、中间相、多相合金电阻

1. 化合物和中间相的电阻率

当两种金属原子形成化合物时,其电阻率要比纯组元的电阻率高很多。原因是原子键合方式发生质的变化,至少其中一部分由金属键变成共价键或离子键,因此电阻率增高。在一些情况下,金属化合物是半导体,也说明键合性质的改变。

一般来讲,中间相的导电性介于固溶体与化合物之间。电子化合物的电阻率都比较高,而且在温度升高时,电阻率增高,但当超过熔点时,电阻率反而下降。间隙相的导电性与金属相似,部分间隙相还是良导体。

2. 多相合金电阻率

由两个以上的相组成的多相合金的电阻率应当是组成相电阻率的组合。但是,计算多相合金的电阻率十分困难,因为电阻率对于组织是敏感的。例如,两个相的晶粒度大小对合金电阻率就有很大影响。尤其是当一种相(夹杂物)的大小与电子波长同一数量级时,电阻率升高可达 10% ~ 15%。

如果合金是等轴晶粒组成的两相混合物,并且两相的电导率相近(比值为 0.75 ~ 0.95),那么,当合金处于平衡状态时,其电导率 σ 可以认为与组元的体积分数成直线关系

$$\sigma_C = \sigma_\alpha V_\alpha + \sigma_\beta (1 - V_\alpha) \tag{2.23}$$

式中,σ_α、σ_β 和 σ_C 分别为各相和多相合金的电导率;V_α、V_β 为各相的体积分数,并且 $V_\alpha + V_\beta = 1$。图 2.12 为合金电导率与状态图关系的示意图。

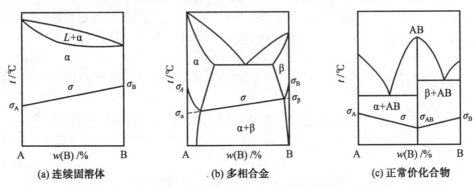

图 2.12 电导率与状态图关系示意图

2.4 金属导电性能的测量及其应用

2.4.1 金属电阻的测量

1. 双电桥

双电桥(亦称双臂电桥)用于测量小电阻($10^{-1} \sim 10^{-6}\ \Omega$)。图 2.13 是双电桥测量原理图。由图可见,待测电阻 R_x 和标准电阻 R_N 相互串联,并串联于有直流恒流源 E 的回路中。由可调电阻 R_1,R_2,R_3,R_4 组成的电桥臂线路与 R_x,R_N 线路并联,并在其间的 B、D

点连接检流计 G。待测电阻的测量归结为调节可变电阻 R_1,R_2,R_3,R_4,使电桥达到平衡,即此时检流计 G 指示为零($U_B = U_D$,B 与 D 点电位相等)。由此可写出

$$\begin{cases} I_3 R_x + I_2 R_3 = I_1 R_1 \\ I_3 R_N + I_2 R_4 = I_1 R_2 \\ I_2(R_3 + R_4) = (I_3 - I_2)r \end{cases} \quad (2.24)$$

解以上方程得

$$R_x = \frac{R_1}{R_2} R_N + \frac{rR_4}{R_3 + R_4 + r}\left(\frac{R_1}{R_2} - \frac{R_3}{R_4}\right) \quad (2.25)$$

式中 $\frac{rR_4}{R_3 + R_4 + r}\left(\frac{R_1}{R_2} - \frac{R_3}{R_4}\right)$ 为附加项。为了使该项等于零或接近于零,必须满足的条件是可调电阻 $R_1 = R_3$,$R_2 = R_4$,即 $\frac{R_1}{R_2} - \frac{R_3}{R_4} = 0$,这样 $R_x = \frac{R_1}{R_2} R_N = \frac{R_3}{R_4} R_N$。

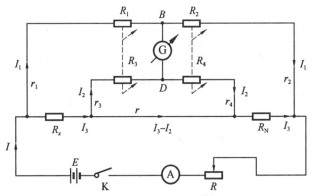

图 2.13 双电桥测量原理图

为了满足上述条件,在双电桥结构设计上有所考虑:无论可调电阻处于何位置,可调电阻 $R_1 = R_3$,$R_2 = R_4$(使 R_1 与 R_3 和 R_2 与 R_4 分别做成同轴可调旋转式电阻)。R_1,R_2,R_3,R_4 的电阻不应小于 10 Ω,只有这样,双电桥线路中的导线和接触电阻 r_1,r_2,r_3,r_4 及 r 可忽略不计(为使 r 值尽量小,选择连接 R_x 和 R_N 的一段铜导线应尽量短而粗)。

熟练的操作者在双电桥上能以 0.2% ~ 0.3% 精确度测量大小为 10^{-4} ~ 10^{-3} Ω 的金属电阻。

2. 电位差计法

电位差计法测量金属电阻线路的原理图如图 2.14 所示。精密的电位差计可测试 10^{-7} V 的微小电势。由原理图可看出,电位差计法测电阻的原理在于:当一恒定直流电通过试样和标准电阻时,测定试样和标准电阻两端的电压降 U_x 和 U_N,可得 $R_x/R_N = U_x/U_N$,若 R_N 已知,则由此式可得

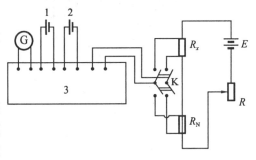

图 2.14 电位差计法测电阻线路的原理图
1—标准电池;2—电位计恒流源;3—电位差计;
G—检流计;K—双刀开关;R_N—标准电阻;
R_x—待测电阻;R—可变电阻;E—直流电源

$$R_x = R_N \frac{U_x}{U_N} \tag{2.26}$$

比较双电桥法和电位差计法可知,当待测金属电阻随温度变化时,用电位差计法比双电桥法精度高,这是因为双电桥法在测高温和低温电阻时,较长的引线和接触电阻很难消除。电位差计法的优点在于导线(引线)电阻不影响电位差计的电势 U_x, U_N 测量。

2.4.2 电阻法在金属材料研究中的应用

通过测量金属材料电阻率变化来研究金属组织结构等变化的方法,通称电阻法。

1. 测量固溶体溶解度曲线

以镁-锰合金为例,为确定 Mn 在 α 固溶体中的溶解极限曲线,选定一系列不同成分的合金,分别在不同温度下淬火(300~630 ℃),并测量其电阻值,给出不同淬火温度下的电阻率与合金成分的关系,如图 2.15(a)所示。一定成分的合金电阻率随淬火温度升高而增加,因为淬火温度升高,Mn 在 α 固溶体中的溶解度也增加。由图可看出,630 ℃淬火合金的电阻率最高。电阻率 CDE 段表示 630 ℃淬火的 α 固溶体电阻率变化,而 EF 段电阻率呈直线变化,表示 α+Mn 二相合金电阻率变化,其点 E 为曲线与直线的交点。同样,400 ℃淬火的电阻变化由 CDG 曲线表示,其中 CD 段为 α 固溶体电阻率变化,DG 段是 α+Mn 二相合金电阻率变化,曲线与直线的交点为 D。因此,直线段与曲线交点即表示在该温度下的固溶体中最大溶解度。对所有淬火温度,作出电阻率-成分关系曲线,找出相应的直线与曲线交点,即为相应的最大溶解度,将这些点在温度-成分坐标中连接起来,就得到了如图 2.15(b)所示的 Mn 在 α 固溶体中的溶解极限曲线。

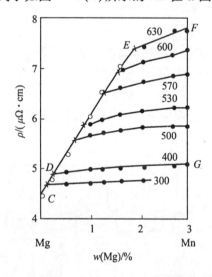
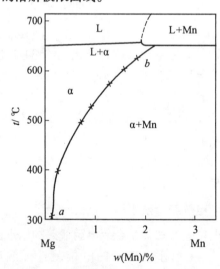

图 2.15 电阻率测定 Mg-Mn 合金的溶解度极限

图 2.16 表示用电阻法确定稀土元素钐、钕、镨、铈、镧在镁合金中的溶解极限(500 ℃淬火)。最初随镁固溶体中稀土元素含量增加,合金电阻率明显升高,当形成第二相时,合金的电阻率增加缓慢。同理,双曲线与直线的交点分别表示上述稀土元素在镁合金中

的溶解极限。

2. 研究合金时效

从固溶体电阻变化特性可知,随温度升高,固溶体溶解度增加。如果进行高温淬火,使得到过饱和固溶体,其电阻也将升高。当进行时效处理时,从过饱和固溶体中析出新相,此时合金电阻率下降。这样,便可根据电阻率变化特性研究合金时效过程,建立合金的时效动力学曲线。

从图2.17可见,铝-硅-铜-镁合金的时效初期电阻率反常升高,这同形成G.P.区有关。当固溶体开始脱溶析出新相θ相和β相时,合金电阻率也开始下降。随时效温度升高和时间延长,θ相和β相析出量增加,合金电阻率下降幅度巨大。根据合金的综合性能研究表明,该合金最佳时效温度区间为160~170 ℃。从电阻率变化曲线不难看出,正是在这一温度区间,合金形成大量G.P.区,从而强化基体,使其有良好的机械性能。

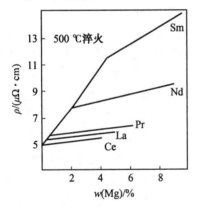
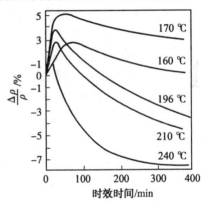

图2.16 500 ℃淬火镁合金电阻率同稀土金属含量的关系

图2.17 铝-硅-铜-镁铸造合金时效电阻率的变化(原始状态490 ℃/8 h+520 ℃/8 h水淬)

2.5 半导体的电学性能

2.5.1 半导体

半导体的能带结构类似于绝缘体,只因它们的禁带宽度较小(一般在2 eV以下),在室温下有一定的电导率。不过半导体电导率的一个显著特点是对纯度的依赖性极为敏感。例如,含量为百万分之一的硼或磷就能使硅的电导率增高上万倍。假设半导体中不存在任何杂质原子,且原子在空间严格遵循周期排列,这时半导体中的载流子只能是从满带激发到导带的电子和满带中留下的空穴。这种激发可借助于任何能给满带电子提供大于禁带宽度能量 E_g 的物理作用,其中最常见的是热激发。如果用 n 和 p 分别代表导带中电子和满带中空穴的浓度,显然在本征激发的情况下 $n=p$。这表明,半导体的导电本领未受到任何杂质或点阵缺陷的影响。我们把只有本征激发过程的半导体称为本征半导体。

对于热激发而言,最易发生的本征激发就是使"价带顶"附近的电子跃迁到"导带底"

附近。因此,通常认为导带中的电子处在"导带底"附近,而价带中的空穴则处在"价带顶"附近,如图2.18所示。如果对纯净的半导体掺入适当杂质,载流子的浓度将大大增加。根据元素的化学性质杂质可以分为两类:一种是作为电子供体提供导带电子的发射杂质,称为"施主";另一种是作为电子受体提供价带空穴的收集杂质,称为"受主"。例如,在周期表第Ⅳ族的元素半导体锗(Ge)和硅(Si)中所含第Ⅲ族的杂质硼(B)、铝(Al)、镓(Ga)、铟(In)等为受主杂质,而含第Ⅴ族的杂质磷(P)、砷(As)、锑(Sb)等则为施主杂质。这些含有杂质原子的半导体称为杂质半导体或非本征半导体。

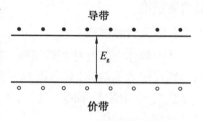

图2.18 本征半导体的载流子

以应用最广、最重要的半导体材料锗和硅为例,它们都有金刚石型结构,配位数为4,每个原子有四个最近邻原子,形成四面体型共价键。现在设想有一个锗原子为第Ⅴ族的砷原子所取代,于是与近邻锗原子形成共价键后尚多余一个价电子,这个多余的电子不在共价键上,而仅受到砷离子实(As^+)的静电吸引,束缚作用相当微弱,只需提供不大的能量即可使该电子脱离As^+的束缚,成为在晶体中自由运动的导带电子。可见,束缚于As^+上的这个"多余"电子的能级,在能带图上的位置应处于禁带中而又极接近导带底,称为杂质能级。每个施主引进的能级称为施主能级,用E_D表示。束缚于As^+周围的电子,即处于施主能级上的电子可以进入导带,表明施主能级具有向导带提供电子的能力,"施主"亦因此得名。"导带底"E_C与施主能级E_D的差$E_I = E_C - E_D$称为施主电离能。施主能级为电子占据对应于电中性的施主原子,而施主能级"出空"则对应于施主电离成正离子。图2.19表示半导体锗的一个原子被第Ⅴ族杂质原子(As)置换的情形及其能带示意图。由于杂质原子间的距离远远大于基体点阵常数,相邻杂质原子所束缚的电子波函数不发生交叠,它们的能量相同,因此表现在能带图上便是位于同一水平的分立能级。显然,掺入施主杂质后在热激发下半导体中电子浓度增加($n>p$),电子为多数载流子,简称"多子",空穴为少数载流子,简称"少子"。这时以电子导电为主,故称为n型半导体。施主杂质有时也就称为n型杂质。

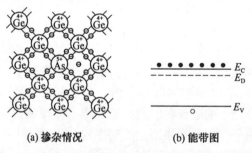

(a) 掺杂情况　　　　(b) 能带图

图2.19 n型半导体

假定在半导体硅中掺入第Ⅲ族的杂质硼,由于硼原子只有3个价电子,与邻近硅原子组成共价键时尚缺少一个电子,附近硅原子共价键上的电子不需要增加多大能量,就可以很容易地填补硼原子周围价键的空缺,而在原先的价键上留下空位。换言之,在价带中缺少了电子而出现一个空穴,硼原子则因接受一个电子而成为负离子。由于这类杂质能接受电子因而称为受主。与施主类似,受主的存在也在禁带中引进能级 E_A,只是 E_A 的位置接近价带顶 E_V,E_A-E_V 即受主的电离能。图 2.20 表示半导体硅中一个原子被第Ⅲ族杂质原子硼(B)置换的情形,图 2.21 为其能带示意图。显然受主能级被电子占据,对应于受主原子电离成荷负电的离子,而受主能级出空则对应于中性的受主原子。在掺入受主的半导体中由于受主电离($p>n$),空穴为多子,电子为少子,因而以空穴导电为主,故称为 p 型半导体。受主杂质也称为 p 型杂质。表 2.5 列出锗、硅中一些重要施主与受主浅能级杂质的电离能。

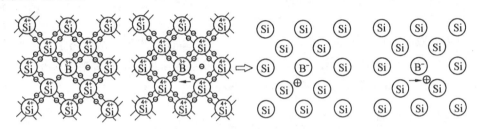

图 2.20　p 型半导体掺杂情况

表 2.5　锗和硅中浅能级杂质原子的电离能　　　　　　　　　　　　　　　　eV

基体 \ 杂质	施主($E_I=E_C-E_D$)			受主($E_I=E_A-E_V$)			
	磷(P)	砷(As)	锑(Sb)	硼(B)	铝(Al)	镓(Ga)	铟(In)
锗(Ge)	0.012 0	0.012 7	0.009 6	0.010 4	0.010 2	0.010 8	0.011 2
硅(Si)	0.045	0.049	0.039	0.045	0.057	0.065	0.16

总而言之,晶体中存在杂质时,出现在禁带中的能级乃是由于杂质置换基体原子后改变了晶体的局部势场,使一部分能级从允带中分离出来。例如,N_D 个施主的存在使得导带中有 N_D 个能级下移到 E_D 处,而 N_A 个受主的存在则使 N_A 个能级从价带上移到 E_A 处。把电离能很小,距能带边缘(导带底或价带顶)很近的杂质能级称为"浅能级";其他一些距能带边缘较远而接近禁带中央的杂质能级称为"深能级"。表 2.6 中列出了锗、硅中一些深能级杂质的电离能。这些深能级杂质在基体中的行为存在很大差异,可能与杂质复合体、杂质-空位复合体或杂质原子产生的点阵畸变,特别是当杂质原子处于间隙位置时的畸变有关。

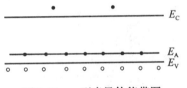

图 2.21　p 型半导体能带图

表 2.6　锗、硅中深能级杂质的电离能　　　　　　　　　　　　　　　　eV

基体 \ 杂质	施主($E_I=E_C-E_D$)			受主($E_I=E_A-E_V$)			
	硒(Se)	碲(Te)	硫(S)	铁(Fe)	钴(Co)	镍(Ni)	锰(Mn)	锌(Zn)
锗(Ge)	0.14	0.11		0.34	0.25	0.22	0.16	
	0.28	0.30		0.47	0.43	0.44	0.37	
硅(Si)			0.18	0.35	0.23		0.31	
			0.52	0.58	0.70		0.55	

必须指出,在同一种半导体材料中往往同时存在两种类型的杂质,这时半导体的导电类型主要取决于掺杂浓度高的杂质。例如,硅中磷的浓度比硼高,则表现为 n 型半导体,这时施主能级上的电子除填充受主外,余下的激发到导带。由于受主的存在使导带电子数减少的作用称为杂质补偿,如图 2.22 所示。

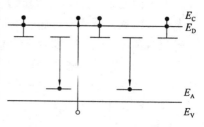

图 2.22 能带中的杂质补偿

一般半导体在常温下靠本征激发提供的载流子甚少,如室温硅的本征载流子浓度约为 $1.5\times10^{16}/m^3$。当磷含量为百万分之一时,掺杂提供的导带电子约 $10^{22}/m^3$ 数量级,使载流子浓度增加为原来的几十万倍。可见,半导体的导电性质主要取决于掺杂水平。然而,随着温度的升高本征载流子的浓度将迅速增加,而杂质提供的载流子浓度却不随温度而改变。因此,在高温时即使是杂质半导体也是本征激发占主导地位,呈现出本征半导体的特征($n\approx p$)。

2.5.2 电导率

根据霍尔定律,电流密度 j 与外加的电场强度 E 成正比,其中的比例常数 σ 即为电导率

$$j=\sigma E \tag{2.27}$$

当半导体中同时存在两种载流子时,按照电流密度的定义可将 j 写成

$$j=peV_h-neV_e \tag{2.28}$$

式中,V_h 和 V_e 分别为空穴和电子在电场中获得的平均漂移速度,与电场强度 E 有如下关系

$$\begin{cases} V_h=\mu_h E \\ V_e=-\mu_e E \end{cases} \tag{2.29}$$

式中,比例常数 μ_h 和 μ_e 分别为空穴和电子的迁移率,均取正值。将式(2.29)代入式(2.28)并与式(2.27)比较可得半导体的电导率为

$$\sigma=ne\mu_e+pe\mu_h \tag{2.30}$$

通常必须考虑两种散射机制,即点阵振动的声子散射和电离杂质散射。由于点阵振动使原子间距发生变化而偏离理想周期排列,引起禁带宽度的空间起伏,从而使载流子的势能随空间变化,导致载流子的散射。显然,温度越高振动越激烈,对载流子的散射越强,迁移率下降。电离杂质对载流子的散射是由于随温度升高载流子热运动速度加大,电离杂质的散射作用也就相应减弱,导致迁移率增加。半导体的导电性随温度的变化之所以与金属不同而呈现复杂的变化,正是由于这两种散射机制作用的结果。图 2.23 表示了 n 型半导体的电阻率在不同温区的变化规律。

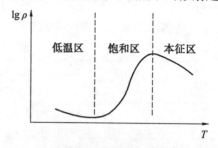

图 2.23 n 型半导体电阻率随温度的变化

显而易见,在低温区费米能级高于施主能级,施主杂质并未全部电离。随着温度的升高,电离施主增多使导带电子浓度增加。与此同时,在该温度区内点阵振动尚较微弱,散射的主要机制为杂质电离,因而载流子的迁移率随温度的上升而增加。尽管电离施主数量的增多在一定程度上也要限制迁移率的增加,但综合效果仍然使电阻率下降。当温度升高到费米能级低于施主能级时,杂质全部电离,称为饱和区。由于本征激发尚未开始,载流子浓度基本上保持恒定。然而,这时点阵振动的声子散射已起主要作用而使迁移率下降,因而导致电阻率随温度的升高而增高。温度的进一步升高,由于本征激发,载流子随温度而显著增加的作用已远远超过声子散射的作用,故又使电阻率重新下降。

2.5.3 温度的影响

在 0 K,本征半导体的价带是全部充满的,导带是完全空的。在 0 K 以上,价带中有一些电子被热激发到导带中去,从而产生导电的电子与空穴对,所以本征半导体的电导率随温度的上升而提高。这一点与金属电导率对温度的依赖性正好相反。

本征半导体的电导率 σ 与温度 T 之间的关系可用数学公式表示为

$$\ln \sigma = C - \frac{E_g}{2kT} \tag{2.31}$$

式中,C 为与温度无关的常数;E_g 为禁带宽度;k 为玻耳兹曼常数。

将本征半导体的 $\ln \sigma$ 对 $1/T$ 作图,可得到如图 2.24 所示的一条直线,斜率为 $-E_g/2k$。E_g 越大,电导率对温度变化越敏感。

非本征半导体的电导率与温度的关系如图 2.25 所示。由图可见,在温度较低的非本征区域,$\ln \sigma$ 随 $1/T$ 线性地减小,但斜率比 $-E_g/2k$ 小得多,其原因是:非本征半导体的电导率取决于单位体积内被激活(离子化)的杂质原子数。温度越高,被激活的杂质原子数越多,从而参与导电的电子或空穴数就越多,因而其电导率随温度的上升而增加。但是,由于使杂质原子离子化所需的能量 E_C-E_D(n 型)或 E_A-E_V(p 型)远远比本征半导体的禁带宽度量 E_g 小,因此,尽管在相同的温度下非本征半导体的电导率比本征半导体的大得多,但它们的电导率对温度的依赖性却要小得多。

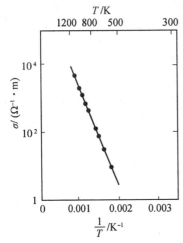

图 2.24 本征硅的电导率与温度的关系

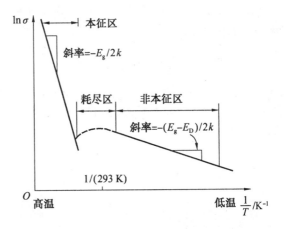

图 2.25 n 型本征半导体的电导率与温度的关系

当温度高到一定的程度,从而热量已足以激活所有的杂质原子使之离子化,但还不足以在本征基材中激发出大量的电子空穴对时,非本征半导体的电导率基本上与温度无关。这个温度范围,对 n 型半导体来说称为耗尽区,因为所有的施主杂质原子都因失去电子而离子化了;对 p 型半导体来说,称为饱和区,因为所有的受主杂质原子都因得到电子而离子化了。这个温度范围对非本征半导体元件是十分重要的一个特征参数,因为在这个温度范围内,非本征半导体的电导率基本保持恒定,不随工作温度的变化而变化。非本征半导体中掺杂物的浓度越高,则不仅在相同的温度下其电导率越高,而且其耗尽区(或饱和区)的上限温度也高,后者标志着这种非本征半导体的使用温度较高。

当温度超过了非本征半导体的耗尽区(或饱和区)的上限温度时,则由于热能已足以激发本征基材价带中的电子越过禁带进入导带,而由掺杂物决定的非本征电导率又基本维持恒定值,所以在非本征半导体的电导率与温度的关系中,本征基材的电导率与温度的关系占统治地位,即 $\ln \sigma - 1/T$ 曲线的斜率与本征半导体材料的相同,为 $-E_g/2k$,这个区称为本征区。

2.6　绝缘体的电学性能

如前所述,绝缘体的电子能带结构是完全被电子充满的价带与完全空的导带之间被一个较宽的禁带(一般为 5~10 eV)所隔开,在常温下几乎很少有电子可能被激发越过禁带,因此电导率很低。随着温度的升高,热激发的能量增加,越过禁带的电子数目增加,参与导电的电子和空穴对数目增多,因而绝缘体的电导率随温度的上升而提高。这一性质与半导体的性质类似。

绝缘体作为材料使用可以分为绝缘材料和介电材料两类。比较常见的介电材料是电容器介质材料、压电材料等。绝缘材料的主要功能是实现电绝缘,如高压绝缘电瓶所用的氧化铝陶瓷就是一种绝缘材料。绝缘材料和介电材料两者在电子和电气工程中都起重要作用。它们都可以定义为具有高电阻率的材料,但两者是有区别的。很显然,好的介电材料一定是好的绝缘材料,但反过来就不一定成立。

描述绝缘材料和介电材料的主要性能指标有体积电阻率、表面电阻率、介电常数、介电损耗和介电强度等。

2.6.1　体积电阻率和表面电阻率

图 2.26 给出了测定绝缘材料电阻率的装置示意图。把试样置于两个电极之间,在直流电压 U 的作用下,通过测定流过试样体积内的电流 I_V(图 2.26(a)),可得到试样的体积电阻 R_V,即

$$R_V = \frac{U}{I_V} \tag{2.32}$$

体积电阻率 ρ_V 为

$$\rho_V = R_V \frac{S}{d} \tag{2.33}$$

式中,S 为测量电极面积;d 为试样厚度。

如果在试样的一个表面上放置两个电极,在电极之间施加直流电压 U,测定两个电极

之间试样表面上流过的电流 I_S，则可求得试样的表面电阻

$$R_S = \frac{U}{I_S} \tag{2.34}$$

对于如图 2.26(b) 所示的平行电极，试样的表面电阻率 ρ_S 为

$$\rho_S = R_S \frac{L}{b} \tag{2.35}$$

式中，L 为平行电极的宽度；b 为平行电极之间的距离。

对于如图 2.26(c) 所示的环电极，试样的表面电阻率 ρ_S 为

$$\rho_S = R_S \frac{2\pi}{\ln\frac{D_2}{D_1}} \tag{2.36}$$

式中，D_2 为环电极的内径；D_1 为芯电极的外径。

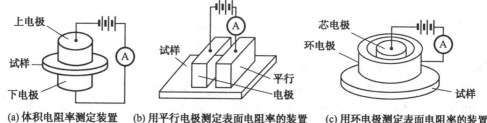

(a) 体积电阻率测定装置　(b) 用平行电极测定表面电阻率的装置　(c) 用环电极测定表面电阻率的装置

图 2.26　绝缘体材料电阻率测定装置示意图

绝大多数陶瓷材料和高聚物材料都属于绝缘体。表 2.7 给出了几种非金属材料的室温体积电阻率。根据理论计算，高聚物的体积电阻率应该大于 10^{20} $\Omega \cdot m$，但实测值往往比理论值小几个数量级。这是因为在实际高聚物的合成与加工中总会残留或引进一些小分子杂质，例如少量没有反应的单体、残留的引发剂和其他助剂以及高聚物吸附的水分等。这些杂质在电场作用下电离(例如水能电离为 H^+ 和 OH^- 离子)，从而增加了高聚物材料中的载流子，而降低了高聚物的电阻率。水对高聚物和陶瓷材料的绝缘性影响很大，特别是当材料有极性时，在潮湿空气中会因吸水而使它的电阻率，特别是表面电阻率大幅度下降。

表 2.7　几种非金属材料的室温电阻率

材　料	体积电阻率/($\Omega \cdot m$)
石墨	10^{-5}
氧化铝	$10^{10} \sim 10^{12}$
瓷	$10^{10} \sim 10^{15}$
酚醛树脂	$10^{9} \sim 10^{10}$
尼龙 66	$10^{8} \sim 10^{12}$
聚甲基丙烯酸甲酯	$>10^{12}$
聚乙烯	$10^{12} \sim 10^{17}$
聚苯乙烯	$>10^{14}$
聚四氟乙烯	10^{16}

2.6.2 电极化机制

前面介绍了导体(主要介绍了金属)、半导体在电场作用下都会产生电荷的自由运动,而绝缘体在有限电场作用下几乎没有自由电荷迁移。人们常用介电性来描述绝缘材料的这种效应,故也把绝缘体称为电介质。介电性的一个重要标志是材料能够产生极化现象,材料的介电系数是综合反映介质内部电极化行为的一个主要宏观物理量。属于介电性的有压电性、电致伸缩性和铁电性。

根据分子的电结构,电介质可分为两大类:极性分子电介质,例如 H_2O、CO 等;非极性分子电介质,例如 CH_4、He 等。它们结构的主要差别是分子的正、负电荷重心是否重合,即是否有电偶极子。极性分子存在电偶极矩,其电偶极矩为

$$\mu_0 = ql \tag{2.37}$$

式中,q 为所含的电量;l 为正负电荷重心距离。

电介质在外电场作用下,无极性分子的正、负电荷重心将产生分离,产生电偶极矩。所谓极化电荷,是指和外电场强度相垂直的电介质表面分别出现的正、负电荷,这些电荷不能自由移动,也不能离开,总值保持中性。

电介质的极化包括电子极化、原子(离子)极化和取向极化。

电子极化是指在外电场作用下每个原子中价电子云相对于原子核位移(见图 2.27(a))。原子极化是指外电场引起的原子核之间的相对位移(见图 2.27(b))。这两类极化又称为变形极化或诱导极化,由此引起的偶极矩称为诱导偶极矩。诱导偶极矩 μ_1 的大小与电场强度 E 成正比:

$$\mu_1 = \alpha_d E \tag{2.38}$$

式中,比例系数 α_d 称为变形极化率,它等于电子极化率 α_e 和原子极化率 α_a 之和

$$\alpha_d = \alpha_e + \alpha_a \tag{2.39}$$

α_d 不随温度而变化,仅取决于分子中电子云的分布情况。

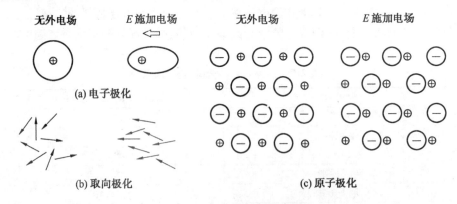

图 2.27 分子极化机理示意图

当具有永久偶极矩的分子被置于外电场中时,除诱导极化外还能发生取向极化,即偶极子沿电场方向择优排列(见图 2.27(c))。偶极子的取向与温度有关。在不很高的静电场中由取向极化产生的偶极矩 μ_2 与温度 T 成反比、与电场强度 E 成正比,与极性分子的

永久偶极矩 μ_0 的平方成正比,即

$$\mu_2 = \frac{\mu_0^2}{3kT}E = \alpha_0 E \tag{2.40}$$

$$\alpha_0 = \frac{\mu_0^2}{3kT} \tag{2.41}$$

式中,α_0 称为取向极化率;k 为玻耳兹曼常数。

非极性分子在外电场作用下只产生诱导偶极矩,而极性分子在外电场作用下所产生的偶极矩是诱导偶极矩和取向偶极矩之和:

$$\mu = \mu_1 + \mu_2 = \alpha E \tag{2.42}$$

极性分子的极化率 α 等于电子极化率、原子极化率和取向极化率之和:

$$\alpha = \alpha_e + \alpha_a + \alpha_0 \tag{2.43}$$

即

$$\alpha = \alpha_e + \alpha_a + \frac{\mu_0^2}{3kT} \tag{2.44}$$

此外,在陶瓷类电介质中,极化机制除上述介绍的三种方式外,还有空间电荷极化机制。在实际应用的电介质材料中,由于材料纯度和制造工艺的影响,不可避免地存在晶体缺陷、微区夹层等不均质结构。在外场作用下介质中的少量载流子会发生漂移并为势阱捕获,也可能在不均匀的夹层界面上堆积起来而形成空间电荷的积累。由这种介质中空间电荷的移动形成的极化称为空间电荷极化。

必须指出,分子的极化过程是弛豫过程。电子极化、原子极化和取向极化的弛豫时间 τ_e、τ_a 和 τ_0 分别为 $\tau_e < 10^{-15}$ s,$\tau_a = 10^{-13} \sim 10^{-14}$ s,$\tau_0 > 10^{-9}$ s。空间电荷极化过程所需的时间最长,其弛豫时间约为 10^{-2} s。

2.6.3 电介质极化

从基础电学可知,一个平板电容器的容量 C 与平板的面积 A 成正比,而与板间的距离 d 成反比。比例常数 ε 称为静态介电常数,代表板间电介质的性能,表达式为

$$C = \varepsilon \frac{A}{d} \tag{2.45}$$

1837 年法拉第首先研究了在两板间填充电介质时所引起的效应。他用两个同样的电容器做实验:在一个电容器中放入电介质,而另一个电容器则含有标准气压的空气。当两个电容器充电到相同的电位差时发现,含有电介质的电容器上的电荷比另一个电容器上的电荷多些,如图 2.28 所示。根据 $C = Q/U$ 可知,如果在电容器两极板间放入电介质,则电容器的电容就要增加。带有电介质的电容 C 与不带有电介质(真空)的电容 C_0 之比称为介质的相对介电系数 ε_r,表示为

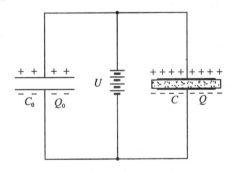

图 2.28 静电场中介质的极化

$$\varepsilon_r = \frac{C}{C_0} \tag{2.46}$$

因此,式(2.45)可以写成

$$C = \frac{\varepsilon_0 \varepsilon_r A}{d} \tag{2.47}$$

式中,ε_0 称为真空介电系数。

它们都是无量纲的正数,反映了电介质材料在静电场中的极化特性。根据定义,介质的极化强度 P 应等于束缚电荷的面密度,而两个电容器极板电荷的差值($Q-Q_0$)即相当于电介质极化的束缚电荷数。放电极化强度为

$$P = \frac{Q-Q_0}{A} = (\varepsilon_r - 1)\frac{Q_0}{A} \tag{2.48}$$

而 Q_0/A 为无电介质的真空电容器电荷面密度

$$\frac{Q_0}{A} = \frac{C_0 U}{A} = \frac{\varepsilon_0 (A/d) \cdot U}{A} = \varepsilon_0 \cdot \frac{U}{d} = \varepsilon_0 E \tag{2.49}$$

将上式代入式(2.48)得

$$P = (\varepsilon_r - 1)\varepsilon_0 E = x_e \varepsilon_0 E \tag{2.50}$$

式中,x_e 为电极化率。

可见,电介质的极化强度 P 不但随外电场强度 E 加大而增高,而且取决于材料的相对介电系数 ε_r。

电位移(电容器上自由电荷的面密度)可表示为

$$D = \varepsilon_0 E + P = \varepsilon E \tag{2.51}$$

式(2.51)说明在各向同性的电介质中,电位移等于场强的 ε 倍。如果是各向异性的电介质,如石英单晶体等,则 D、E 和 P 的方向一般并不相同,电极化率 x_e 也不能只用数值来表示,但式(2.51)仍成立。

必须看到,各种电介质都有一定的介电强度,不允许外电场无限加大。当电场足够高时,通过电介质的电流是如此之大,致使电介质实际上变为导体,有时还能造成材料的局部熔化、烧焦和挥发,这种现象称为介电击穿。"介电强度"也称击穿强度,是指电介质不发生电击穿条件下可以存在的最大电位梯度,通常以 V/mm 来表示。通常在两导电极板之间放置电介质是为了使极板间可承受的电位差能比空气介质承受的更高。表2.8列出了一些普通电介质材料的相对介电系数和介电强度。

简单说来,电介质的极化是在电场的作用下,介质内部正、负电荷重心不重合被感应而传递和记录电的影响,静态介电系数大体上反映了这一过程的性质。但是,当外加电场的频率增高时,极化过程却显示出很不相同的特征,这时的静态介电系数已不能作为表征内部过程的参数。因为电极化过程内部存在着不同的微观机制,它们对高频电场有不同的响应速度。了解极化过程的微观机制将有助于揭示电介质有关效应的物理本质。如前所述,电子极化、原子极化和取向极化都是弛豫过程,因此电介质的极化强度、介电常数必定是电场频率的函数。在静电场中,三种极化机制都能充分实现,介电常数最大。

表2.8 一些材料的介电性能

材料	相对介电系数		介电强度/(V·mm^{-1})
	60 Hz	10^6 Hz	
真空	1.000 00	1.000 00	∞
空气	1.000 54	1.000 54	80
云母	5.4	5.4~8.7	4 000~7 900
瓷器	6.0	6.0	160~1 600
钛酸钙陶瓷	130	130~10 000	200~1 200
滑石(Mg-Si$_2$O)		5.5~7.5	790~1 400
钠钙玻璃	6.9	6.9	1 000
聚乙烯	2.3	2.3	1 800~2 000
聚苯乙烯	2.6	2.6	2 000~2 800
特氟隆	2.1	2.1	1 600~2 000
尼龙66	4.0	3.6	1 600

在交变电场中,介电常数和频率的关系如图2.29所示。当交变电场频率 $f \ll 10^8$ Hz 时,由于三种极化都能跟上电场的变化,介电常数与静电场中的介电常数相等,而且基本不随频率而变化。当电场频率增加到 10^8 Hz 以上时,首先是取向极化逐渐跟不上电场的变化,因而介电常数随频率的提高而发生明显的跌落。当频率增加到 10^{10} Hz 以上时,取向极化已根本不可能实现,这时的介电常数仅仅是电子极化和原子极化的贡献。通常把介电常数跌落的频率范围称为反常色散区。从以上的讨论可知,取向极化在 $10^8 \sim 10^{10}$ Hz 范围内发生色散。同理,由于原子极化的弛豫时间为 $10^{-12} \sim 10^{-14}$ s,将在 f 为 $10^{12} \sim 10^{14}$ Hz 范围(红外光谱区)内发生色散;由于电子极化的弛豫时间 $<10^{-15}$ s,将在更高的频率范围内(即 $f > 10^{15}$ Hz 的可见光、紫外光等区域)发生色散。

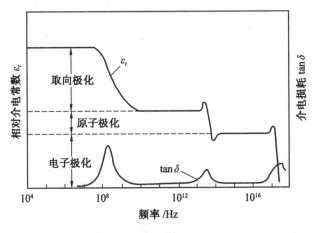

图2.29 介电常数和介电损耗随交变电场频率的变化示意图

电介质的介电常数不仅与电场频率有关,而且与温度有关。不过在三种极化机制中,只有取向极化与温度有关。式(2.44)表明,在静电场作用下取向极化率随温度提高而降低,所以电介质的静电介电常数必然随温度的提高而减小。但是在交变电场作用下,介电常数与温度的关系如图 2.30 所示。温度较低时,介电常数随温度的提高而增大;温度较高时,介电常数又随温度的提高而减小。这是因为热对取向极化有两方面的作用:一方面热有利于分子运动,缩短取向极化的弛豫时间,有利于取向极化跟上电场的变化,使介电常数增大;另一方面,热有对抗外电场的作用,破坏分子沿电场方向取向的趋势,使介电常数减小。在温度较低时前者起主导作用;而温度较高时,后者起主导作用。

图 2.30 在交变电场作用下,电介质的介电常数随温度变化的示意图

值得指出的是,以上介绍的是一般情况,由于电介质材料结构的复杂性,特别是由于高分子链结构及高分子热运动的复杂性,一些材料的介电常数与频率和温度的关系要比以上讨论的情况更为复杂。

2.6.4 介电损耗

一个理想的电容器在充电时储存电能,放电时又将储存的电能全部释放出来,它在交变电场作用下没有能量的损耗。但是介质电容器一般不是理想电容器,当它受交变电场作用时,由于偶极子取向需要克服分子间的摩擦力等原因,在每一周期中获得的电场能量必定有一部分以热的形式损耗掉。

如果以复数形式表示交变电场强度

$$E^* = \hat{E} e^{i\omega t} \tag{2.52}$$

式中,$\hat{E}$ 表示交变电场强度的振幅。

由于取向极化落后于电场的变化,则电位移为

$$D^* = \hat{D} e^{i(\omega t - \delta)} \tag{2.53}$$

式中,δ 为相位角。

根据静电场理论 $D = \varepsilon_r \varepsilon_0 E = \varepsilon E$,这时电介质的介电常数应有复数形式

$$\varepsilon^* = \frac{D^*}{E^*} \tag{2.54}$$

$$\varepsilon^* = \frac{\hat{D}}{\hat{E}} e^{-i\delta} \tag{2.55}$$

$$\varepsilon^* = |\varepsilon^*|(\cos\delta - i\sin\delta) \tag{2.56}$$

$$\varepsilon^* = \varepsilon' - i\varepsilon'' \tag{2.57}$$

式中,ε' 为介电常数的实部,与电介质在每一周期内储存的最大电能有关;ε'' 为介电常数的虚部,与电介质在每一周期内以热的形式消耗的电能有关。

$$\tan\delta = \frac{\varepsilon''}{\varepsilon'} \tag{2.58}$$

式中,$\tan\delta$ 为介电损耗,对于理想电容器,$\tan\delta = 0$。

从介电损耗的本质可知,介电损耗的大小不仅与介电材料有关,而且与电场频率有关。当电场频率较低时,偶极取向容易跟上电场的变化,即取向中所受的内摩擦力较小,因而以热的形式损耗的能量少。当电场频率很高以致偶极取向几乎不能实现时,以热的形式损耗的能量必然也很小。而当电场频率处于反常色散区时,偶极取向虽然能够进行,但取向中需克服较大的内摩擦力,因而总是不能及时跟上电场的变化,这时损耗的能量最多。图2.29中下面的曲线表示了电介质的介电损耗与电场频率的关系。由图可见 $\tan \delta$ 总是在反常色散区达到极大值。

2.6.5 压电性、热释电性和铁电性

电介质共有的重要特性之一是在电场作用下表现为极化现象,但由于电介质晶体结构不同,它们的极化特性表现不同,从而产生压电性、热释电性和铁电性,它们构成电介质材料实际应用的基础。

1. 压电材料

1880年居里兄弟(Pierre-Curie 和 Jacques-Curie)发现了 α 石英晶体的压电性。在晶体的某个方向上施以力的作用,则电介质会产生极化,亦即通过纯粹机械的作用而产生极化,并在介质的两个端面上出现符号相反的束缚电荷,其面密度与外力成正比。这种由于机械力的作用而激起表面电荷的效应称压电效应。

压电晶体产生压电效应的机理可用图2.31来说明。图2.31(a)表示晶体中的质点在某方向上的投影,此时晶体不受外力作用,正电荷的重心与负电荷的重心相重合,整个晶体的总电矩为零,晶体表面的电荷亦为零。这里是简化的假设,实际上是会有电偶极矩存在的。当沿某一方向上施以机械力时,晶体就会由于形变导致正、负电荷重心分离,亦即晶体的总电矩发生变化,同时引起表面荷电现象。图2.31(b)和图2.31(c)分别为受压缩力与拉伸力的情况,这两种受力情况所引起晶体表面带电的符号正好相反。反之,如将一块压电晶体置于外电场中,由于电场的作用也会引起晶体的极化,正、负电荷重心的位移将导致晶体形变。这种现象称为逆压电效应。

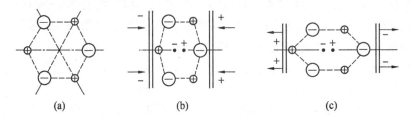

图2.31 压电晶体产生压电效应机理

衡量压电材料的主要指标有压电系数、介质损耗、机械品质及机电耦系数。

(1)压电系数(d)

$$P = d\sigma \tag{2.59}$$

式中,P 是压电晶体在应力 σ 作用下产生的极化强度;d 是材料压电效应的大小,d 是一个张量,材料的压电性能一般是各向异性的。

(2) 介质损耗(tan δ)

在交变电场下,压电材料所积累的电荷有两种分量:一种是有功部分;另一种是无功部。前者由电导过程引起,后者由介质的弛豫过程引起,二者的比值用 tan δ 表示,tan δ 与压电材料的能量损失成正比,所以也称损耗因子。

(3) 机械品质(Q_m)

$$Q_m = 2\pi \frac{E_0}{E_s} \quad (2.60)$$

式中,E_0、E_s 分别为谐振时振子储存的机械能量及谐振一周振子机械损耗的能量。

压电晶片加上一定频率的交变信号电压时会发生机械振动,当外加信号频率与晶片的机械谐振频率一致时振动最大。晶片的机械谐振又可以因压电效应而输出电信号,这种压电晶片称为压电振子,Q_m 即是表征着压电振子在谐振时的能量损耗程度。

(4) 机电耦合系数(k)

$$k^2 = \frac{E_d}{E_{0j}} = \frac{E_j}{E_{0d}} \quad (2.61)$$

其中,E_d、E_j 分别为通过压电效应转换的电能和通过逆压电效应转换的机械能;E_{0j}、E_{0d} 分别是贮入的机械能总量与贮入的电能总量。

20 世纪 70 年代以来,随着高新技术的发展,压电材料作为一种新型功能材料占有重要地位。压电材料的应用领域日益扩大,就其应用特征大致可分为压电振子和压电换能器两大类。前者主要利用振子本身的谐振特点,要求压电、介电、弹性等性能的温度变化、经时变化稳定,机械品质因素高,如制作滤波器、谐振器、振荡器、信号源等;后者主要将一种形式的能量转换成另一种形式的能量,要求换能效益(即机电耦合系数和机械品质)高,如地震传感器,测量力、速度和加速度的元件等。在工业上获得广泛应用的压电晶体主要是 α 石英(α-SiO_2)、铌酸锂($LiNbO_3$)、钽酸锂($LiTaO_3$)和四硼酸锂(LiB_4O_7)等。目前使用比较多的还是各种压电陶瓷,如钛酸钡陶瓷、锆钛酸铅、铌酸盐类等。

2. 热释电性

热释电材料也是压电材料中的一类,它主要的特点是因温度的变化会引起介质极化。如均匀加热电气石晶体时,在它的三重旋转对称轴二端会产生数量相等符号相反的电荷,如将晶体冷却,电荷的极性与加热时恰好相反。晶体的这种性质称为热释电性。

热释电效应是由于晶体中存在着自发极化所引起的。自发极化与感应极化不同,它不是由外电场作用而发生的,而是由于物质本身的结构在某个方向上正、负电荷重心不重合而固有的。自发极化矢量方向由负电荷重心指向正电荷重心。当温度变化时,引起晶体结构上正、负电荷重心产生相对位移,从而使晶体的自发极化改变。一般情况下,晶体自发极化所产生的表面束缚电荷被来自大气中而附着于晶体外表面上的自由电荷所屏蔽,晶体的电偶极矩显现不出来。只有当温度变化时,所引起的电矩改变不能被补偿的情况下,晶体二端才表现出荷电现象。

晶体具有热释电性的必要条件是要有自发极化,所以它与压电材料一样要求晶体不具有对称中心。但是具有压电性的晶体不一定就具有热释电性。因为在产生压电效应时,力可以沿一定的方向作用引起正、负电荷重心的位移,而晶体在受热时膨胀是在各个方向上同时发生的,所以一定要具有与其他方向不同的唯一的极轴时,才会引起总电矩的变化。

热释电材料对温度十分敏感。例如,一片热释电瓷片,电容量 $C=1\,000$ pF,面积 $S=1$ cm^2,自发极化 $P_S=30$ μF/cm^2,温度变化 1 ℃引起的电矩变化 $\Delta P_S=0.01P_S=0.3$ μF/cm^2,则二端产生的电位差为 $\Delta U=\Delta Q/C=(\Delta P_S \cdot S)/C$,以上的数据代入得 $\Delta U=300$ V。可见在 1 cm^2 的瓷片两端由于环境变化 1 ℃即可产生 300 V 的电位差,而现在电压测量技术完全可以测量微伏级的信号,因此能测得 $10^{-6} \sim 10^{-7}$ ℃的温度变化。

在应用热释电材料时,大多制成薄片,其切片方向垂直于 P_S,如图 2.32(a)所示。晶片的正面镀上透明电极以利于晶片接收红外线辐照,晶片的背面也镀上电极材料。工作之前 K 先打到"1"位进行放电,使晶片二面电荷中和,经红外辐射 f 照射到热释电晶片上时,电荷会释放出来,此时 K 接至"2"位,电流经 R 放电。其等效电路如图 2.32(b)所示。因为晶片本身有电导 σ,所以相当于一只电阻 R_0 与电容 C 并联,红外辐照的频率 f 必须大于 $1/R_0C$。若是仅为温度的一次性变化,那么只能测得一次放电。热释电材料的固有时间常数为

$$\tau = R_0 C = \frac{1}{\sigma} \cdot \frac{l}{S} \cdot \frac{\varepsilon S}{l} = \frac{\varepsilon}{\sigma} = \varepsilon \rho \tag{2.62}$$

式中,l 为晶片的厚度;S 为面积;ε 为介电常数;ρ 为材料的电阻率。

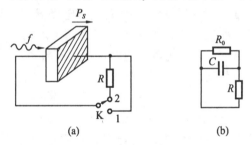

图 2.32 热释电探测的工作原理

仅当 $f>l/\tau$ 时,可以在 R 二端测到交流信号。现在已有的热释电材料 τ 为 1~1 000 s,所以热释电测量温度必须用交流电。它的特点是只要一种材料即可做成探测器,这一点与热电偶完全不同,而且它的体积小,响应频率已可达纳秒级。

受到激光或红外线辐照的热释电体可以很灵敏地测量辐照剂量,从而可制成各种红外探测器件,还可以大面积接收信号做成热摄像管。目前已广泛用于防火和防盗报警器、非接触开关、气体分析、环境污染监测、激光功率检测、夜视军事设备、医疗诊断和电子线路热故障检测等方面。

3. 铁电性

与压电性、热释电性相关的电介质的一个重要特征是极化强度与电场关系是线性的,而具有铁电性的电介质,其极化强度与电场变化的关系是非线性的。因此,有人按这种特性把电介质分为线性电介质(线性介电材料)和非线性电介质(非线性介电材料)。

在热释电晶体中,有若干种晶体不但在某些温度范围内具有自发极化,而且其自发极化强度可以因外电场的作用而重新取向,得到如图 2.33 所示形状的极化强度与电场强度

的关系曲线。这类晶体被称为铁电体。因为它同铁磁体具有的磁滞回线形状相似,而且有某些相对应的类似性质。所以历史上将这些具有电滞回线的晶体称为铁电体,其实晶体中并不一定有铁。应该注意的是自发极化仅仅是晶体具有铁电性的必要条件,判断铁电性行为必须根据晶体是否具有电滞回线和其他微观电矩结构特点这一实验事实。

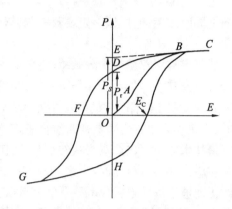

图 2.33　电滞回线

为什么铁电体会有电滞回线呢?主要是因为铁电体是由铁电畴组成的。研究表明,铁电体并不是在一个方向上单一地产生自发极化,而是在许多小区域内自发极化并具有不同的极化方向。每一极化方向相同的小区域称为铁电畴,而畴之间的界壁称为畴壁。现代技术有许多方法可以观察铁电畴。电畴的结构与磁畴结构很类似,只是其畴壁比磁畴壁要薄,厚度在点阵常数量级。畴的线性尺寸为 10 μm,对于 180°畴壁,畴壁能为 7~10 erg/cm²,而对于 90°为 2~4 erg/cm²。

铁电体在相当强的电场作用下,可以使一多畴铁电体变为单畴铁电体或者可以使单畴铁电体的自发极化反向,这样的动力学过程称为畴的反转(或称开关过程)。由图 2.33 可见,铁电体重要物理特性是它的极化强度 P 表现为电场 E 的双值函数。为简化起见,我们假设铁电体为单晶体,而且电畴的极化方向只有两种取向(沿某轴的正向或负向)。在没有外电场存在时,晶体的总电矩为零。当电场施加于晶体时,含有沿电场方向分量极化强度的那些电畴变大,而与其反平行的电畴变小。这样,宏观极化强度随外电场增加,如图中的 OA 段曲线所示。电场强度继续增大,最后可使铁电体成为单畴,其极化强度便达到饱和。将这个线性部分外推至外场为零的情形,在纵轴 P 上所得截距为饱和极化强度 P_S。当电场由图中 C 点开始降低时,铁电体极化强度也随之减小。但在电场为零时,仍存在剩余极化强度 P_r,加上反向电场使剩余极化强度降为零时的反向电场值 E_c 称为矫顽电场强度。继续增加反向 D 电场可以得到反向饱和极化强度——P_S。电滞回线通常是对称的。早期人们曾把出现电滞回线作为判断铁电性的依据,但是作为铁电体,这一判据并不是唯一的。因为有些铁电体因电阻率太低或其他原因,根本无法加上足够电场来观察滞回线。

铁电晶体的介电系数随温度的变化,通常存在一临界温度。通过实验可以测得如图 2.34 所示的曲线。在外界温度接近材料的居里温度 T_C 时,ε_r 有一个尖锐的峰值,达 $10^4 \sim 10^5$。在温度高于 T_C 后,材料处于顺电相,ε_r 与 T 的关系符合居里-外斯定律

$$\varepsilon_r = \frac{C}{T - T_C} \quad (2.63)$$

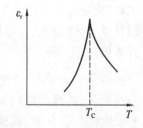

图 2.34　ε_r 与温度的关系

ε_r 产生突变的理论解释涉及晶格动力学和统计理论,在此不再深究。从 ε_r-T 曲线可以看出 ε_r 在 T_C 处发生突变。事实上居里温度是个相变温

度,了解这一点对正确使用铁电材料十分重要。

20世纪50年代后,铁电体的介电性、压电性和热电性为铁电体在电子器材方面提供了广泛而重要的应用。铁电体在外场作用下出现的双折射现象(又称电光效应)可用于光调制、光阀和电光开关。$LiNbO_3$和$LiTaO_3$等铁电晶体还可用于光信息的存储、处理和激光技术。KNO_3等超薄、超低驱动电压的铁电薄膜基片在只读固定存储器(ROM)、动态随机存储器(DRAM)和铁电随机存储器(FRAM)中得到新的应用。铁电陶瓷的高介电常数已被用来制成各种高性能电容器。利用半导体陶瓷的晶界效应,可制成各种超高介电常数、小体积、大容量电容器。20世纪80年代以来,铁电半导体、铁电铁磁体、铁电超导体、铁电液晶和光铁电体等新型铁电材料的出现,导致许多新型高效的功能器件的出现,在现代科学技术,特别在高、新技术领域得到了广泛的应用。

2.7 超导电性

大多数高纯金属冷却到0 K附近时,电阻逐渐减小到一个表征该金属特性的微小值。也有一些材料在很低的温度下电阻突然从某个值降到零,再进一步降温,电阻仍保持为零。如图2.35所示,汞在接近4.2 K时电阻突然降低为零,具有这种性质的材料称为超导体。普通金属和超导体的典型电阻-温度曲线如图2.36所示。超导体的电阻变为零的温度称为临界温度,以T_C表示。金属失去电阻的状态称为超导态,存在电阻的状态称为正常态或常导态。

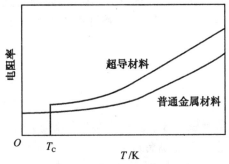 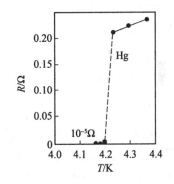

图2.35 普通金属材料和超导材料的电阻-温度曲线示意图

图2.36 汞试样电阻与绝对温度的关系

2.7.1 超导现象的物理本质

自从超导现象发现以来,经过40多年的探索,到了20世纪50年代已建立起一套基本理论,其观点如下:

从前面关于电子导电的讨论中可以看出,电子在导体中的运动是紊乱的,但就整体来说在各个方向上的运动则又是对称分布的。就一维的情况(例如很细的金属丝)而言,向左运动的电子数及动量的平均值和向右运动的电子数及动量的平均值相等,这种情况即对称分布。当电子运动作对称分布时,金属中不出现电流。现在假定在金属系中加一外场迫使电子向右侧移动,这时电子向右侧移动的数目及平均动量,必然大于向左侧移动的数目及平均动量,这种不对称分布在金属中出现电流。显然,为了永远保持金属中的电流,必须使电子运动的不对称分布能够维持下去。在通常情况下只有不中断外电压,在金属中才能长久保持这种分布。如果用撤去磁场的方法使闭合回路中产生感应电流,那些以较高速度向一侧运动的电子,由于容易受到点阵中物理缺陷、化学缺陷或热缺陷的散射而损耗能量甚至改变方向,感应电流就很快衰减到零。这样的过程使电子逐步恢复到对称分布的状态,即感应电流在正常态导体中不能持续下去。可见超导体的微观理论归结为寻求一种导电机制,它能说明长久保持导体中电子运动不对称的分布状态。

现代超导理论认为,在很低温度下,由于电子和声子(点阵振动)的强相互作用,使得电子能够成"对"地运动,在这些"电子对"之间存在着相互吸引的能量,这些成对的电子在材料中规则地运动时,如果碰到物理缺陷、化学缺陷或热缺陷,而这种缺陷所给予电子的能量变化又不足以使"电子对"破坏,则此"电子对"将不损耗能量,即在缺陷处电子不发生散射而无阻碍地通过,这时电子运动的非对称分布状态将继续下去。这一理论揭示了超导体中可以产生永久电流的原因。

应当指出,超导体中"电子对"的结合在空间上隔着相当大的距离,这种结合只在温度相当低时才发生。因为在较高温度下由于热驱动将使"电子对"破坏,超导态转变为正常态,这也就是超导体中存在临界温度 T_C 的原因。

超导材料近年来的新成就迫使人们对以往的理论进行反思。根据以往的理论,材料的超导电性是由于物质中的电子同声子的强作用引起的。普林斯顿大学的安德森和东北大学的立木昌等学者都提出了新的见解。概括地说,新的超导理论试图说明,超导只是由于同声子振动无关的电子之间的斥力引起的。如果新的理论确立,将证明在常温下实现超导电性是可能的。

2.7.2 超导电性的特性

在另一方面,超导体所显示的磁学性能同它们的电学性能同样引人注目。超导体的特性表明,完全从电阻率为零这一假设出发不能解释磁学性能。一个实验事实是:大块超导体在弱磁场中的表现有如一个理想抗磁体,在它的内部磁感应强度为零。如果把试样放到磁场中,然后冷却到超导转变温度以下,原来存在于试样中的磁通(图2.37(a))就要从试样中被排出,这个现象称为迈斯纳(Meissner)效应,如图2.37(b)所示。迈斯纳效应的发现表明,完全抗磁性是超导态的基本性质。如前所述,把理想导体定义为在它里面不存在任何散射电子机制的一种导体。如果把理想导体放置到磁场中,它将不能产生永久的涡流屏蔽,这也是超导体与理想导体之间存在的另一差别。当超导体低于某临界温度 T_C 时,外加的磁场完全被排除在超导体之外。实际上磁场产生的磁感应并不在超导体表面突然降到零,而是以一定的贯穿深度 λ 按指数递减至零。λ 大约为 50 nm。在温度低于 T_C 时,若施加的磁场强度增大到 H_C 以上,则可使超导体失去超导性而回到正常状态。H_C 称为临界磁场,其值与材料和温度有关。因此一个超导体要实现超导态,必须同时考虑温度和磁场这两个参数,若达不到临界值,就会恢复到正常状态(图2.37(c))。超导体的临界磁场与温度的关系是

$$\frac{H_C(T)}{H_C(0)} = 1 - \left(\frac{T}{T_C}\right)^2 \tag{2.64}$$

式中，$H_C(T)$ 和 $H_C(0)$ 分别为 T K 和 0 K 时的临界磁场强度；T_C 为临界温度。上式呈抛物线关系。

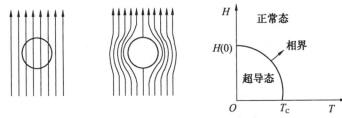

(a) 迈斯纳效应，$T>T_C$ (b) 迈斯纳效应，$T<T_C$ (c) 磁场和温度对超导态的影响

图 2.37 超导状态

超导现象的存在虽然相当普遍，但对许多金属而言在所做过的温度最低（一般远低于 1 K）的测量中都未发现超导电性。对于 Li、Na 和 K 曾分别降温至 0.08 K、0.09 K 和 0.08 K 研究其超导电性，但这时它们仍然是正常导体。同样的，对于 Cu、Ag 和 Au 降温至 0.05 K、0.35 K 和 0.05 K 研究，它们也仍然是正常导体。曾有理论计算预示，Na 和 K 即使能成为超导体，它们的临界温度也将远低于 10^{-5} K。以上都是指材料处于大气压下的情形。压力对超导电性的出现也有影响。如 Cs 在 1.1×10^4 MPa 压力下经过几次相变之后成为超导体（$T_C=1.5$ K）。

2.7.3 超导化合物

超导电性也出现在合金、金属间化合物、半导体以及氧化物陶瓷中，人们得到转变温度最高的材料是 Nb_3Ge，其 T_C 也只有 23.2 K。但是，1986 年贝诺兹（Bednoz）和穆勒（Müller）在镧钡铜氧化物（La-Ba-Cu-O 系）中发现 T_C 高达 35 K 的超导转变，打破了超导研究领域几十年来沉闷的局面，在全世界刮起了一股突破超导材料技术的旋风。他们也因此获得了 1988 年度诺贝尔物理奖。1987 年日、美等国和我国学者接连报道获得临界温度更高的超导材料：Y-Ba-Cu-O 系（~90 K），Ba-Sr-Ca-Cu-O 系（110 K），Tl-Ba-Ca-Cu-O 系（120 K），Hg-Ba-Ca-Cu-O 系（134～150 K）……使超导技术从液氦温区步入液氮温区以至接近常温。这些研究成果使超导材料正在迈入实用化阶段。如果在常温下实现超导，那么电力贮存装置、无损耗直流送电、强大的电磁铁、超导发电机等理想将成为现实，则将引起电子元件和能源领域的一场革命。有人认为，就人类历史而言，超导的成就可以与铁器的发明相媲美。

科技的发展有时带有某种戏剧性。最近十年来发现的超导材料并不是在传统上被认为是导体的金属合金中，而是在氧化物体系的陶瓷中。迄今，人们对钇系氧化物的结构、相变和电学性能与含氧量的关系已研究得比较深入。现已知道，Y-Ba-Cu-O 系乃钙钛矿型点阵结构的二元系氧化物，其结构、相变和超导电性均随氧含量，特别是 Cu-O 基面上的氧含量而变化，卡瓦（Cava）等研究了超导临界转变温度 T_C 和室温电阻率 ρ 与氧含量的关系，如图 2.38 所示。

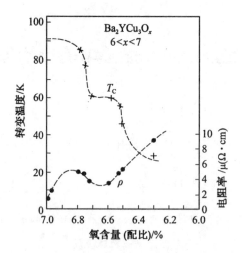

图 2.38 Y-Ba-Cu-O 系超导体转变温度和室温电阻率随氧含量的变化

迄今已知,铋系氧化物超导体都是层状结构,其分子式通常可表示为 $Bi_2Sr_2Ca_nCu_{n-1}O_x$,其中无钙氧化物($n=0$)的超导转变温度 $T_C \approx 20$ K;当 $n=1\sim2$ 时,T_C 跃升至 80 K 和 110 K。米达(Meada)等采用名义组分 1112(即 Ba:Sr:Ca:Cu=1:1:1:2) 烧结超导氧化物发现,当烧结温度接近熔点(870~882 ℃)时烧结产物的电阻-温度曲线在 83 K 和 120 K 处出现两个超导转变,若降低烧结温度(约 800 ℃),则仅观察到 83 K 的超导转变。哈甄(Hazen)等根据 X 射线谱、高分辨电镜和化学分析确定 80 K 低 T_C 相的组分为 2212,其结构为调制的钙钛矿结构。与此同时,高 T_C 相的组分也被确定为 2223,其结构属四角晶系($a=b=0.542$ nm,$c=3.72$ nm)。由于这些氧化物陶瓷类超导体的出现,临界温度提高了许多。表 2.9 列举了一些曾引起人们兴趣的超导化合物临界温度,显然,它们比钙钛矿结构氧化物陶瓷的临界温度都要低得多。

表 2.9 化合物超导临界温度举例

化合物	T_C/K	化合物	T_C/K
Nb_3Sn	18.05	V_3Ga	16.5
Nb_2Ge	23.2	V_3Si	17.1
Nb_2Al	17.5	$Pb_1Mo_{5.1}S_6$	14.4
NbN	16.0	$YBa_2Cu_3O_{7-\delta}$	90
$La_{2-x}Ba_xCuO_4$	>30	Hg-Ba-Ca-Cu-O 系	134~150

2.7.4 两类超导体

根据迈斯纳效应,一块大超导体在外加的磁场 H 中其行为如同试样内部 $B=0$ 一样。如果限于考虑细长的试样,且其长轴平行于 L,则此时可以忽略退磁场对 B 的影响,因而有

$$B=\mu_0(H+M)=0 \tag{2.65}$$

或
$$-M = H \tag{2.66}$$

显然,可以把超导体的磁化曲线表示成如图 2.39(a)所示的形式。许多材料的纯净试样显示出超导行为,它们被称为第Ⅰ类超导体。这一类超导体的 H_C 值一般总是过低,作为超导磁体的线圈没有什么应用价值。

值得注意的是,其他一些材料表现出如图 2.39(b)所示形式的磁化曲线,称为第Ⅱ类超导体。它们大都是合金,或者是在正常态具有高电阻率的过渡族金属,即在正常态下平均自由程较短。可以看出,第Ⅱ类超导体存在着两个临界磁场:H_{C1} 为下临界场和 H_{C2} 为上临界场。它们一直到场强为 H_{C2} 时都具有超导电性。在下临界场 H_{C1} 和上临界场 H_{C2} 之间,磁通密度 $B \ne 0$。这时迈斯纳效应是不完全的。H_{C2} 值可以是超导转变热力学计算值 H_C 的 100 倍或更高。在 H_{C1} 和 H_{C2} 之间的场强区间内物体的一部分区域为磁通所贯穿属于正常区,它的周围是超导区,但仍然保持零电阻特性,这时超导体称为处于涡旋态或混合态。当外场 H 增大到 H_{C2} 时,正常区数目增多到彼此相接,整个物体进入正常态。

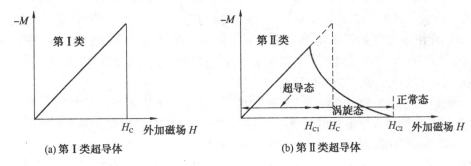

图 2.39 超导体的磁化曲线

思 考 题

1. 试述金属中电子散射系数 μ 同马西森定律间的关系。
2. 试用能带论概念解释绝缘体和半导体。
3. 试用近代物理概念来说明导电定律的物理含义。
4. 实验测出离子型电导体的电导率与温度的相关数据,经数学回归分析得出关系式为

$$\lg \sigma = A + B \frac{1}{T}$$

(1)试求在测量温度范围内的电导活化能表达式。
(2)若给定 $T_1 = 500$ K,$\sigma_1 = 10^{-9}$ S/cm,$T_2 = 1\,000$ K,$\sigma_2 = 10^{-6}$ S/cm,计算电导活化能的值。

5. 本征半导体中,从价带激发至导带的电子和价带产生的空穴参与导电。激发的电子数 n 可近似表示为

$$n = N\exp(-E_g/2kT)$$

式中,N 为状态密度;k 为玻耳兹曼常数;T 为绝对温度。试回答以下问题:

(1)设 $N=10^{23}$ cm^{-3},$k=8.6\times10^{-5}$ eV/K 时,Si($E_g=1.1$ eV)、TiO$_2$($E_g=3.0$ eV)在室温(20 ℃)和 500 ℃时所激发的电子数(cm^{-3})各是多少?

(2)半导体的电导率 σ(S/cm)可表示为

$$\sigma = ne\mu$$

式中,n 为载流子浓度,cm^{-3};e 为载流子电荷,$e=1.6\times10^{-19}$ C;μ 为迁移率,cm^2/V·s。当电子(e)和空穴(h)同时为载流子时

$$\sigma = n_e e\mu_e + n_h e\mu_h$$

假定 Si 的迁移率 $\mu_e=1\,450$ (cm^2/V·s),$\mu_h=500$ (cm^2/V·s),且不随温度变化。求 Si 在室温(20 ℃)和 500 ℃时的电导率。

6. 一块 n 型硅材料,掺有施主浓度 $N_D=1.5\times10^{15}$/cm^3,在室温($T=300$ K)时本征载流子浓度 $N_i=1.3\times10^{12}$/cm^3,求此时该块半导体的多数载流子浓度和少数载流子浓度。

7. 一硅半导体含有施主杂质浓度 $N_D=9\times10^{15}$/cm^3 和受主杂质浓度 $N_A=1.1\times10^{16}$/cm^3,求在 $T=300$ K 时($N_i=1.3\times10^{10}$/cm^3)的电子空穴浓度以及费米载流子浓度。

8. 设锗中施主杂质的电离能 $\Delta E_D=0.01$ eV,在室温下导带底有效状态密度 $N_C=1.04\times10^{19}$/cm^3,若以施主杂质电离 90% 作为电离的标准,试计算在室温($T=300$ K)时保持杂质饱和电离的施主杂质浓度范围。

9. 设硅中施主杂质电离能 $\Delta E_D=0.04$ eV,施主杂质浓度 $N_D=10^{16}$/cm^3,以施主杂质电离 90% 作为达到强电离的最低标准,试计算保持饱和杂质电离的温度范围。

10. 本征硅在室温时电子和空穴迁移分别为 1 350 cm^2/(V·s)和 500 cm^2/(V·s),当掺入百万分之一的 As 后,设杂质全部电离,试计算其电导率比本征硅的电导率增大了多少倍?

第3章 材料的磁性

3.1 概 述

物质磁性的研究是固体物理的一个重要领域,也是工业应用方面引起广泛兴趣的课题。磁性现象是带电粒子的量子效应,磁性是一切物质的基本属性之一。按照现代科学的观点,所有物质(从微小的微观粒子到宏观物质,以至于宇宙天体)无论其处于什么状态(气态、液态、固态),也无论其处于怎样的温度、压力下,都显现某种磁性状态。物质宏观磁性是组成物质的基本质点磁性的集体表现,应用磁性材料可以实现能量转换与存储,信息传递与存储等功能。磁性材料的应用遍及各个领域,各行各业。磁性是磁性材料的重要物理参数,磁性与生命科学密切相关,现代技术的发展离不开磁性材料和磁性理论,磁性分析方法是研究材料组织结构的重要手段之一。

虽然人们早就了解物质的磁性并加以应用,但对于磁性起源的认识还只是20世纪以来的事情。这应归功于原子结构的被揭露,尤其是量子力学的成就,才使得目前对磁性的物理本质可以有一个大体满意的解释。近些年来磁学和磁性材料的研究已深入到微观世界,基础研究的成果已为开发新材料作出了出色的贡献。表3.1列出了磁学和磁性材料重要进展年表。

表3.1 磁学和磁性材料重要进展年表

年 代	发现、发明与学说
公元前3000~2500年	铁(陨石)的发现
公元前1400~400年	炼铁术的发明
1751年	镍(Ni)的发现
1773年	钴(Co)的发现
1785年	磁极间相互作用定律
1820年	电流的磁效应
1831年	电磁感应定律
1865~1866年	电动机和发动机的发明
1898年	磁性录音机的发明
1900年	Fe-Si软磁合金(硅钢)
1905年	物质的抗磁性和顺磁性理论
1907年	铁磁性学说(自发磁化和磁畴理论)

续表 3.1

年 代	发现、发明与学说
1909 年	合成铁氧体
1920 年	Fe-Ni 软磁合金(坡莫合金)
1928 年	自发磁化的量子力学解释
1931～1935 年	磁畴的实验证明和理论解释
1932 年	铝镍钴(AlNiCo)永磁合金
1932～1933 年	反铁磁理论
1936 年	录音磁带
1946 年	金属铁磁共振现象
1948 年	亚铁磁理论
1948 年	铁氧体铁磁共振现象
1949 年	旋磁性和张量磁导率理论
1953～1964 年	矩磁铁氧体在计算机中的应用
1953～1956 年	铁氧体的高功率现象和非线性理论
1956 年	稀土铁氧体(石榴石型)
1956 年	超高频铁氧体
1959 年	超导性铁磁合金
1961～1965 年	铁磁半导体
1967 年	钐-钴永磁合金
1972 年	镨-钐-钴永磁合金
1985 年	钕-铁-硼永磁合金

3.2 磁性基本概念

在描述材料的磁性时,经常用到下列几个基本概念。

3.2.1 磁 矩

"磁"来源于"电"。由物理学可知,一个环形电流周围的磁场,犹如一条形磁铁的磁场,其方向符合右螺旋法则,如图 3.1 所示。磁矩定义为

$$M = IS\boldsymbol{n} \tag{3.1}$$

式中,M 为载流线圈的磁矩;$\boldsymbol{n}$ 为线圈平面的法线方向上的单位矢量;S 为线圈的面积;I 为线圈通过的电流。业已证明,在磁性材料中存在磁矩。磁矩可看做由北极和南极组成的小磁棒,其方向由南指北,如图 3.2 所示。磁矩在磁场中受到磁场对它的力矩作用时,

将沿磁场方向取向,以降低系统静磁能。

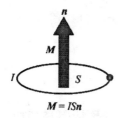

图 3.1 磁矩示意图　　　　　图 3.2 磁矩示意图

一般认为任意短的磁铁都存在两个磁极,磁铁两端具有数量相等符号相反的极强。当一个磁铁长度为 l,端面的极强为 m 时,该磁铁的磁矩定义为

$$M = ml$$

3.2.2 磁场强度、磁感应强度、磁化强度及其关系

磁场强度 H:如果磁场是由长度为 l,电流为 I 的圆柱状线圈(N 匝)产生的(见图 3.3),对于磁场强度,不考虑材料介质特性,仅由电流决定,则

$$H = \frac{NI}{l} \tag{3.2}$$

H 的单位为安/米(A/m)。

磁感应强度 B:表示材料在外磁场 H 的作用下在材料内部的磁通量密度,对于磁感应强度,则考虑介质特性,由介质和电流共同决定。B 的单位为特斯拉(T)或 Wb/m²。

B 和 H 都是磁场向量,不仅有大小,而且有方向。

磁场强度和磁感应强度的关系为

$$B = \mu H \tag{3.3}$$

式中,μ 为磁导率,是材料的特性常数,表示材料在单位磁场强度的外磁场作用下,材料内部的磁通量密度(见图 3.3(b))。μ 的单位为亨/米(H/m)。

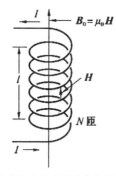 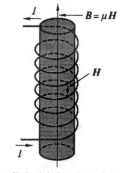

(a) 在真空中产生的磁感应强度　　(b) 在固体介质中产生的磁感应强度

图 3.3 通电线圈产生的磁感应强度

在真空中(见图 3.3(a)),磁感应强度为

$$B_0 = \mu_0 H \tag{3.4}$$

式中,μ_0为真空磁导率,它是一个普适常数,其值为$4\pi\times10^{-7}$ H/m。

描述固体材料磁性的参数有相对磁导率μ_r,磁化强度M和磁化率χ。

相对磁导率μ_r是材料的磁导率μ与真空磁导率μ_0之比:

$$\mu_r = \frac{\mu}{\mu_0} \tag{3.5}$$

μ_r为无量纲参数。

单位体积的磁矩称为磁化强度,用M表示,即M为在外磁场H的作用下,材料中因磁矩沿外场方向排列而使磁场强化的量度。M的大小与外磁场强度成正比:

$$M = \chi H \tag{3.6}$$

χ称为磁化率,也是无量纲参数。

任何物质在外磁场作用下,都会产生极化,并有

$$B = \mu_0 H + \mu_0 M \tag{3.7}$$

磁化率χ与相对磁导率之间的关系为

$$B = \mu H = \mu_0 H + \mu_0 M = \mu_0 H + \mu_0 \chi H = \mu_0 (1+\chi) H$$

则得出

$$\mu/\mu_0 = \mu_r = 1 + \chi$$

$$\chi = \mu_r - 1$$

上述磁学量的单位,目前经常用国际单位制(SI)和高斯单位制(CGS)两种,容易引起混淆,为此在表3.2中列出了两种单位制中部分磁学量的换算关系。

表3.2 两种单位制的换算关系

磁学量	国际单位制	高斯单位制	换算关系
磁场强度H	安/米(A/m)	奥斯特	1 安/米=$4\pi\times10^{-3}$奥斯特(Oe)
磁化强度M	安/米(A/m)	高斯	1 安/米=10^{-3}高斯(Gs)
磁感应强度B	特斯拉(T)	高斯	1 T=10^4 高斯(Gs)
磁化率χ	无量纲	无量纲	$\chi_{国际}=4\pi\chi_{高斯}$
磁导率μ	亨[利]/米(H/m)	无量纲	$\mu_{国际}=10^7(4\pi)^{-1}$(H/m)$\mu_{高斯}$

3.2.3 磁矩的起源

材料的宏观磁性来源于原子磁矩。原子中每个电子都具有磁矩。产生磁矩的原因有两个:①电子围绕原子核的轨道运动,产生一个非常小的磁场,形成一个沿旋转轴方向的轨道磁矩(见图3.4);②每个电子本身自旋运动,产生一个沿自旋轴方向的自旋磁矩(见图3.4)。自旋磁矩有两个方向:一个向上,一个向下。因此,可以将原子中每个电子都看做一个小磁体。它具有永久的轨道磁矩和自旋磁矩,所以对于每个原子来说所具有的总磁矩称为元磁矩。

则根据磁矩μ的定义,电子的循轨运动相当一个闭合电流。

$$\mu = ISn$$

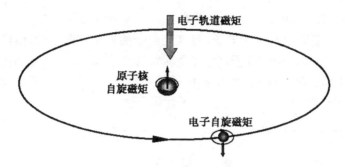

图 3.4 原子磁矩的起源

则得

$$\mu = \frac{\omega}{2\pi} e \cdot \pi r^2 = \frac{1}{2} e \omega r^2$$

式中,e 是电子的电荷;ω 是电子循轨运动的角速度;r 是轨道半径。

依据玻尔理论可知

$$L = mvr = m\omega r^2 = n\frac{h}{2\pi}$$

联立上两式,并取主量子数 $n=1$,得出的磁矩可用 μ_B 表示,这个最小的磁矩称为玻尔(Bohr)磁子

$$\mu_B = \frac{eh}{4\pi m} \tag{3.8}$$

式中,e 为电子电量;h 为普朗克常量;m 为电子质量。μ_B 的数值为 $9.27 \times 10^{-24} \text{A} \cdot \text{m}^2$。量子力学证明原子中每个电子的自旋磁矩为

$$\mu_s = 2\sqrt{s(s+1)}\mu_B \tag{3.9}$$

式中,s 为自旋量子数,它仅能取 $\frac{1}{2}$。

自旋磁矩在磁场中的投影值为 $+\mu_B$ 或 $-\mu_B$("+"号为自旋向上,"-"号为自旋向下)。轨道磁矩的大小为

$$\mu_l = \sqrt{l(1+l)}\mu_B \tag{3.10}$$

式中,l 是角量子数。

在外磁场作用下,轨道磁矩在外磁场方向的投影值并不是任意的,而仅能取

$$\mu_{l,H} = m_l \mu_B \tag{3.11}$$

式中,m_l 为磁量子数,可取 $0, \pm 1, \pm 2, \cdots, \pm l$,共有 $2l+1$ 个值。

因为原子核比电子重 1 000 多倍,运动速度仅为电子速度的几千分之一,所以原子核的自旋磁矩仅为电子自旋磁矩的千分之几,因而可以忽略不计。

孤立原子可以具有磁矩,也可以没有,这决定于原子的结构。原子中如果有未被填满的电子壳层,其电子的自旋磁矩未被抵消(方向相反的电子自旋磁矩可以互相抵消),原子就具有"永久磁矩"。例如,铁原子的原子序数为 26,共有 26 个电子,电子层分布为:$1s^2 2s^2 2p^6 3s^2 3p^6 3d^6 4s^2$。可以看出,除 3d 子层外各层均被电子填满,自旋磁矩被抵消。根据洪特法则,电子在 3d 子层中应尽可能填充到不同的轨道,并且它们的自旋尽量在同一

个方向上(平行自旋)。因此 5 个轨道中除了有一条轨道必须填入 2 个电子(自旋反平行)外,其余 4 个轨道均只有一个电子,且这些电子的自旋方向平行,由此总的电子自旋磁矩为 $4\mu_B$。如果一个原子的电子壳层完全填满电子,那么,所有电子对的轨道磁矩和电子自旋磁矩将全部相互抵消,因此,由满电子壳层原子组成的物质不可能有原子固有磁矩。惰性气体(He,Ne 和 Ar 等)和某些离子就属于这一类。

3.2.4 物质的磁性分类

所有物质不论处于什么状态都显示或强或弱的磁性。根据物质磁化率,可以把物质的磁性大致分为五类。根据各类磁体其磁化强度与磁场强度的关系,可作出其磁化曲线。图 3.5 为它们的磁化曲线示意图。

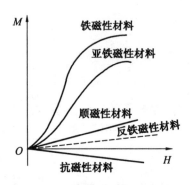

图 3.5　五类磁体的磁化曲线

1. 抗磁体

磁化率 χ 为很小的负数,大约在 10^{-6} 数量级。它们在磁场中受微弱斥力。金属中约有一半简单金属是抗磁体。根据 χ 与温度的关系,抗磁体又可分为:

①"经典"抗磁体,它的 χ 不随温度变化,如铜、银、金、汞、锌等;

②反常抗磁体,它的 χ 随温度变化,且其大小是前者的 10~100 倍,如铋、镓、锑、锡、铟、铜-锆合金中的 χ 相等。

2. 顺磁体

磁化率 χ 为正值,约为 $10^{-3} \sim 10^{-6}$。它在磁场中受微弱吸力。又根据 χ 与温度的关系可分为:

①正常顺磁体,其 χ 随温度变化,符合 $\chi \propto 1/T$ 关系(T 为温度)。金属铂、钯、奥氏体不锈钢、稀土金属等属于此类。

②χ 与温度无关的顺磁体,例如锂、钠、钾、铷等金属。

3. 铁磁体

在较弱的磁场作用下,就能产生很大的磁化强度。χ 是很大的正数,且与外磁场呈非线性关系变化。具体金属有铁、钴、镍等。这是本书要重点介绍的磁性物质。

4. 亚铁磁体

亚铁磁体有些像铁磁体,但 χ 值没有铁磁体那样大。通常所说的磁铁矿(Fe_3O_4)就是一种亚铁磁体。

5. 反铁磁体

反铁磁体的 χ 是小的正数,在温度低于某值时,它的磁化率同磁场的取向有关;高于这个值,其行为像顺磁体。具体材料有 α-Mn、铬、氧化镍、氧化锰等。

3.3 抗磁性与顺磁性

综上所述,可以看到抗磁性的特征是$\chi<0$,而顺磁性的特征是$\chi>1$。虽然这两种磁性的产生和电子磁矩有关,但还存在着不同的原因。

3.3.1 抗磁性

抗磁性也称逆磁性或反磁性。物质为什么会有抗磁性呢? 是由于电子的循轨运动在外磁场的作用下产生了抗磁磁矩$\Delta\mu$所造成的,而不是电子的轨道磁矩和自旋磁矩产生的。可以证明,在外加磁场的作用下,电子的循轨运动产生一个附加磁矩$\Delta\mu$,其方向总是和外加磁场的方向相反,因而产生了抗磁性。

为此,取两个电子,设其循轨运动的平面与磁场H的方向垂直,而与循轨运动的方向相反,如图3.6所示。在无外加磁场时,电子产生的磁矩$\mu=\dfrac{e\omega r^2}{2}$。电子在做循轨运动时,必然要受到一个向心力$F$。如图3.6(a)所示,当加上一个磁场之后,电子在磁场的作用下将产生一个附加力ΔF,ΔF又称为洛伦兹力,其方向和F的方向一致,洛伦兹力$\Delta F=Bqv=\mu_0 He\omega r$。这种情况使向心力得到增加,总的向心力为$F+\Delta F$。已知向心力$F=mr\omega^2$,可以认为$m$和$r$是不变的,设想当向心力增加时,必然导致电子循轨运动的角速度ω发生变化,则附加的向心力$\Delta F=mr(\omega+\Delta\omega)^2-mr\omega^2\approx 2mr\omega\Delta\omega$。$\omega$增加一个$\Delta\omega$,$\mu_l$增加一个$\Delta\mu$,得到$\Delta\mu=\dfrac{e\Delta\omega r^2}{2}$,$\Delta\mu$与轨道磁矩$\mu_l$的方向相同,但与外磁场的方向相反。由于洛伦兹力与附加的向心力相等,则得出$\Delta\mu=-\dfrac{\mu_0 e^2 r^2}{4m}H$。同样的道理可以证明,图3.6(b)中相反方向运动的电子产生与外加磁场相反的$\Delta\mu$,也得出$\Delta\mu=-\dfrac{\mu_0 e^2 r^2}{4m}H$。将平面的圆坐标转成空间三维坐标时,能够得出平面的坐标半径r与空间半径ρ的关系是$r^2=\dfrac{2}{3}\rho^2$,对于一个电子产生的$\Delta\mu$,可用下式表示

$$\Delta\mu=-\frac{\mu_0 e^2 \rho^2}{6m}H \tag{3.12}$$

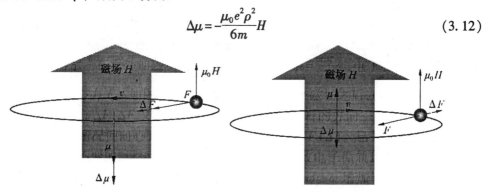

图3.6 抗磁磁矩产生示意图

对于一个原子来说,常常是有 n 个电子,这些电子又分布在不同的壳层上,它们有不同的轨道半径 ρ,故一个原子的抗磁磁矩为

$$\Delta\mu_a = -\frac{\mu_0 e^2 H}{6m}\sum_{i=1}^{n}\rho_i^2 \qquad (3.13)$$

式(3.12)、(3.13)中的负号表示 $\Delta\mu$ 的方向与外加磁场 H 的方向相反。还可看到,$\Delta\mu$ 的大小和外加磁场强度成正比,这说明抗磁物质的磁化是可逆的,当外加磁场去除之后抗磁磁矩即消失。

对于 1 mol 原子的磁矩应等于 $\Delta\mu_a N_A$,这里 N_A 是阿伏加德罗常数,$N_A = 6.022\,136\times 10^{23}\,\text{mol}^{-1}$。显然其磁化率为

$$\chi_A = -\frac{\mu_0 e^2 N_A}{6m}\sum_{i=1}^{n}\rho_i^2 \qquad (3.14)$$

既然抗磁性是由电子在轨道运动中产生的,而任何物质都存在电子的轨道运动,故可以说任何物质在外加磁场的作用下都要产生抗磁性。但应注意,并不能说任何物质都是抗磁性物质,这是因为原子在外磁场作用下除了产生抗磁磁矩之外,还由轨道和自旋磁矩产生顺磁磁矩。在这种情况下只有那些抗磁性大于顺磁性的物质才成为抗磁性的物质。其中典型的抗磁性物质就是惰性气体,例如 He,它的外层电子有两个,电子的磁矩平常是相互抵消的,故原子的磁矩为零,在外加磁场的作用下产生 $2\Delta\mu$ 的抗磁磁矩,所以它是典型的抗磁性物质。

抗磁性物质的磁化率或者与温度无关,或者随温度的变化发生微弱的改变。

对于物质的抗磁性,以上只做了简单的理论说明,对于金属的抗磁性较为复杂,深入分析需用量子理论。

3.3.2 顺磁性

顺磁物质的单个原子是有磁矩的,原子的磁矩在外磁场的作用下产生顺磁。对于金属来说,当点阵离子的顺磁矩和自由电子的顺磁矩大于外加磁场下产生的抗磁磁矩时,即表现为顺磁物质。但是由于热振动的影响,在无外加磁场时其原子磁矩的取向是无序的,也就是磁矩沿着所有可能的方向分布着,如图 3.7(a)所示。图中箭头是指磁矩的方向,此时物质的总磁矩为零。假如将物质放在磁场中,原子磁矩便排向磁场方向,总磁矩大于零,即表现为正向磁化,如图 3.7(b)所示。应当指出,当温度约为室温或室温以上范围时,顺磁物质的原子或分子热运动产生无序的倾向是很大的,所以进行磁化十分困难,故室温下磁化很微弱。

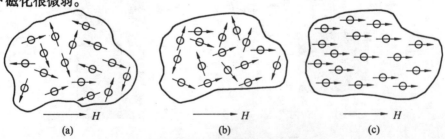

图 3.7 顺磁物质磁化过程示意图

在室温下,使顺磁物质达到饱和磁化程度所需要的磁场经计算约为 8×10^{10} A/m,这在技术上是很难达到的。但是如果把测量温度降低到接近绝对零度,达到磁饱和就容易得多了。例如顺磁体 $GdSO_4$ 在 1 K 时,磁场强度只要有 24×10^4 A/m,便达到磁饱和状态,如图 3.7(c)所示。可以认为,顺磁物质的磁化是磁场克服原子或分子热运动的干扰,使原子磁矩排向磁场方向的结果。大多数物质都属于顺磁性物质,如室温下的稀土金属,居里点以上的铁、钴、镍,还有锂、钠、钾、钛、铝、钒等均属于顺磁性物质。此外,过渡族金属的盐也表现为顺磁性。顺磁物质原子的磁化率和温度有很强烈的依赖关系,一般通过居里定律来表示

$$\chi = \frac{C}{T} \tag{3.15}$$

式中,C 是居里常数,$C = N\mu_B^2/3k$,这里 N 是 1 mol 原子的原子数,k 是玻耳兹曼常数;T 是绝对温度。应当说,只有部分顺磁性物质能准确地符合这个定律,而相当多的固溶体顺磁物质,特别是过渡族金属元素居里定律实际上是不适用的,它们的原子磁化率和温度的关系要用居里-外斯定律表达

$$\chi = \frac{C'}{T + \delta} \tag{3.16}$$

式中,C' 是常数;δ 对于某一种物质来说也是常数,不同的物质可大于零或小于零。

对铁磁物质来说居里点(居里温度)以上是顺磁的,其磁化率大致服从居里-外斯定律,这时的 δ 为 $-\theta$,θ 表示居里温度,此时磁化强度 M 和磁场强度 H 保持着线性关系。

应当指出,抗磁磁化率和顺磁磁化率一般和磁场的强弱无关,而且磁化过程是可逆的。顺磁性物质的磁化率是抗磁性物质磁化率的 $1 \sim 10^3$ 倍,所以在顺磁性物质中抗磁性被掩盖了。

3.3.3 自由电子的顺磁性和抗磁性

某些金属(例如 Cu)的 3d 电子层已填满,4s 电子为自由电子,这时材料的磁性主要由自由电子产生。自由电子的磁性来源于电子的自旋磁矩,在外磁场作用下,自由电子的自旋磁矩转到外磁场方向,因而显示顺磁性。下面利用量子电子理论来讨论这个问题。

设单位体积金属中有 N 个自由电子。在 0 K 温度,按照费米统计,这些电子分布在 $N/2$ 个能级上。每个能级上有两个自旋方向相反的电子,电子的总自旋磁矩等于零或几乎等于零。电子具有的最高能量为 $E_F(0)$,如图 3.8 所示。

加上外磁场后,其中 $N/2$ 个电子的自旋磁矩 μ_B 平行于外磁场方向,状态稳定;另 $N/2$ 个电子的自旋磁矩与外磁场方向反平行。这后一半电子力图将自旋方向转动 180°,使之与外磁场方向一致。每个这样的转动都将降低磁能 $2\mu_B B_0$(即从 $\mu_B B_0$ 降到 $-\mu_B B_0$)。但由

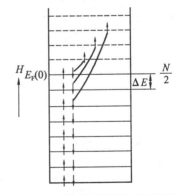

图 3.8 自由电子在能级上分配示意图

于泡利不相容原理,每一能级最多只能允许有两个自旋方向不同的电子,因此只有费米面附近的那些电子,才能改变方向,跳到高于 $E_F(0)$ 的能级上去,电子的能量必然增加。从电子的费米分布来看,第一个电子改变了自旋方向跳到较高的能级上去,能量增加 $\Delta\varepsilon$, $\Delta\varepsilon$ 是自由电子能级之间的差值。第二个电子改变自旋方向时,能量要增加 $3\Delta\varepsilon$。依此类推,当第 Z 个自由电子改变自旋方向时,能量要增加 $(2Z-1)\Delta\varepsilon \approx 2Z\Delta\varepsilon$。当磁能的降低与电子能量增高相等时,就可求出在 B_0 的作用下有多少个自由电子改变了自旋方向。对于第 Z 个改变自旋方向的自由电子,在能级上能量升高 $2Z\Delta\varepsilon$,应等于其磁能的降低 $2\mu_B B_0$。

$$2Z\Delta\varepsilon = 2\mu_B B_0$$
$$Z = \mu_B B_0 / \Delta\varepsilon$$

从电子的自旋方向来看,有 $(N/2+Z)$ 个电子的自旋磁矩与外磁场方向同向平行,有 $(N/2-Z)$ 个电子与外磁场方向反平行。因此单位体积的自由电子的总磁化强度为

$$M = \left[\left(\frac{N}{2}+Z\right) - \left(\frac{N}{2}-Z\right)\right]\mu_B = 2Z\mu_B = \frac{2\mu_B^2}{\Delta\varepsilon}B_0 \tag{3.17}$$

自由电子的顺磁磁化率应当是

$$\chi = \frac{M}{H} = \frac{2\mu_0 \mu_B^2}{\Delta\varepsilon} \tag{3.18}$$

式中,如 $\Delta\varepsilon \approx \dfrac{E_F(0)}{N/2}$,则 $\chi = \dfrac{N\mu_0 \mu_B^2}{E_F(0)}$。更详细的计算 $\Delta\varepsilon$ 之后,得到

$$\chi = \frac{3\mu_0 \mu_B^2 N}{2E_F(0)} \tag{3.19}$$

从式(3.19)可以看出,自由电子的顺磁磁化率与温度关系不大(因为 $E_F(0)$ 与温度关系不大),基本上是一常数。

自由电子的顺磁性,又称泡利顺磁性,还可以从能级密度 $Z(E)$ 与能量 E 的关系图得到说明,如图3.9所示。假设自由电子处于基态,自由电子填满费米能以下各能级,图中阴影线部分的面积恰好表示填充的数目。没有外磁场时,自旋相反的两种自由电子数目相等,那么总自旋磁矩为零。当有外磁场 B_0 时,自旋磁矩 μ_B 平行于外磁场的自由电子有附加势能 $-\mu_B B_0$,能量降低了;而自旋磁矩同磁场方向相反的电子的附加能量为 $+\mu_B B_0$,能量升高了。在热力学平衡条件下,电子必先填充能量低的能级。因此在费米能级 E_F 附近,有一部分磁矩本来同磁场反平行的电子,变到同磁场平行的方向,直到两种磁矩取向的电子最高能量相等。这样就必然改变电子的填充状态,原来虚线上的电子自旋磁矩将反转方向,由反平行转为平行于外磁场方向,从而增加了平行自旋电子数,结果显示了顺磁性。

从前面的分析知道,自由电子在磁场方向的分运动保持不变,而在垂直于磁场方向的平面内自由电子的运动因受洛伦兹力而做圆周运动。此圆周运动产生的磁矩同外磁场方向相反,具有抗磁性。理论计算得到自由电子的抗磁磁化率为

$$\chi_{抗} = -\frac{\mu_0 \mu_B^2 N}{2E_F(0)}$$

如去掉抗磁性对磁化率的影响,那么自由电子主要表现为顺磁磁化率,即

$$\chi_{自由电子} = \frac{\mu_0 \mu_B^2 N}{E_F(0)} \qquad (3.20)$$

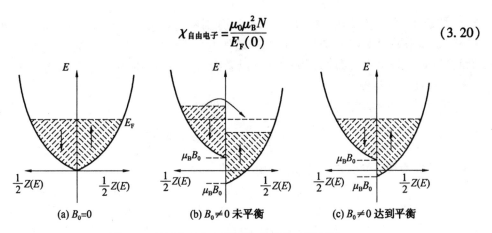

图3.9 磁场中自由电子两种自旋取向示意图

3.4 铁磁性材料的特性

铁磁性金属材料铁、钴、镍及其合金,以及稀土族元素钆、镝等都很容易磁化,在不很强的磁场作用下,就可得到很大的磁化强度。如纯铁 $B_0 = 10^{-6}$ T 时,其磁化强度 $M = 10^4$ A/m,而顺磁性的硫酸亚铁在 10^{-6} T 下,其磁化强度仅有 10^{-3} A/m。并且磁学特性与顺磁性、抗磁性材料不同,主要特点表现在磁化曲线和磁滞回线上。

3.4.1 磁化曲线

铁磁性物质的磁化曲线(M–H 或 B–H)是非线性的。如图3.10中 OKB 曲线所示。随磁化场的增加,磁化强度 M 或磁感强度 B 开始时增加较缓慢,然后迅速地增加,再转而缓慢地增加,最后磁化至饱和。M_s 称为饱和磁化强度,B_s 称为饱和磁感应强度。磁化至饱和后,磁化强度不再随外磁场的增加而增加。

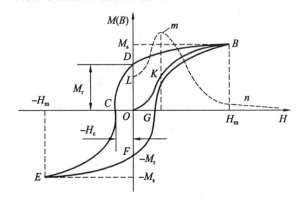

图3.10 铁磁性的磁化曲线和磁滞回线

将一个试样磁化至饱和,然后慢慢地减少 H,则 M 也将减小,这个过程叫退磁。但 M 并不按照磁化曲线反方向进行,而是按另一条曲线改变,如图3.10中的 BC 段所示。当 H

减小到零时,$M=M_r$(或 $B_r=4\pi M_r$)。M_r、B_r 分别称为剩余磁化强度、剩余磁感强度(简称剩磁)。如果要使 $M=0$(或 $B=0$),则必须加上一个反向磁场 H_c,称为矫顽力。通常把曲线上的 CD 段称为退磁曲线。从这里可以看出,退磁过程中 M 的变化落后于 H 的变化,这种现象称为磁滞现象。

在磁化曲线起始部分的磁导率为起始磁导率,其定义为

$$\mu_i = \lim_{\substack{H\to 0 \\ \Delta H\to 0}} \frac{\Delta B}{\Delta H} \quad \text{或} \quad \mu_i = \lim_{H\to 0} \frac{dB}{dH}$$

在磁化曲线的拐点处 K 的斜率 μ_m 为最大磁导率。

当反向 H 继续增加时,最后又可以达到反向饱和,即可达到图 3.10 中的 E 点。如再沿正方向增加 H,则又得到另一半曲线 $EFGB$。从图上可以看出,当 H 从 $+H_m$ 变到 $-H_m$ 再变到 $+H_m$ 试样的磁化曲线形成一个封闭曲线,称为磁滞回线。

磁滞回线所包围的面积表征磁化一周时所消耗的功,称为磁滞损耗 Q。

$$Q = \oint H dB \quad (\text{J/m}^3)(\text{SI}) \tag{3.21}$$

磁化曲线根据 $\mu = \frac{B}{H}$ 的关系确定出 Lmn 曲线,即磁导率随磁场变化的曲线。可以看到,从 $H=0$ 开始随 H 的增加,μ 先沿 Lm 线段上升,在 m 点达到最大值 μ_m,然后沿 mn 减小。

3.4.2 铁磁性的物理本质

1. 外斯假说

铁磁现象虽然发现很早,然而这些现象的本质原因和规律,还是在 20 世纪初才开始认识的。1907 年法国科学家外斯系统地提出了铁磁性假说,其主要内容有:铁磁物质内部存在很强的"分子场",在"分子场"的作用下,原子磁矩趋于同向平行排列,即自发磁化至饱和,称为自发磁化;铁磁体自发磁化分成若干个小区域(这种自发磁化至饱和的小区域称为磁畴),由于各个区域(磁畴)的磁化方向各不相同,其磁性彼此相互抵消,所以大块铁磁体对外不显示磁性。

外斯的假说取得了很大成功,实验证明了它的正确性,并在此基础上发展了现代的铁磁性理论。在分子场假说的基础上,发展了自发磁化理论,解释了铁磁性的本质;在磁畴假说的基础上发展了技术磁化理论,解释了铁磁体在磁场中的行为。

2. 自发磁化

原子的核外结构表明,铁、钴、镍和元素周期表中与它们近邻的元素锰、铬等的原子磁性并无本质差别,如图 3.11 所示。当它们凝聚成晶体后,由于外层电子轨道受到点阵周期场的作用方向是变动的,不能产生联合磁矩(即轨道磁矩对总磁矩没有贡献),因此其磁性都来源于 3d 次壳层电子没有填满的自旋磁矩。然而前者是铁磁性的,而后者却是非铁磁性的。由此可见,材料是否具有铁磁性的关键不在于组成材料的原子本身所具有的磁矩大小,而在于形成凝聚态后原子间的相互作用。

显然,在有电子壳层参加的原子现象范围内只有两种类型的力:磁力和静电力。为了解释外斯提出的第一个假设,人们很自然会想到元磁矩之间磁的相互作用力。由于磁力

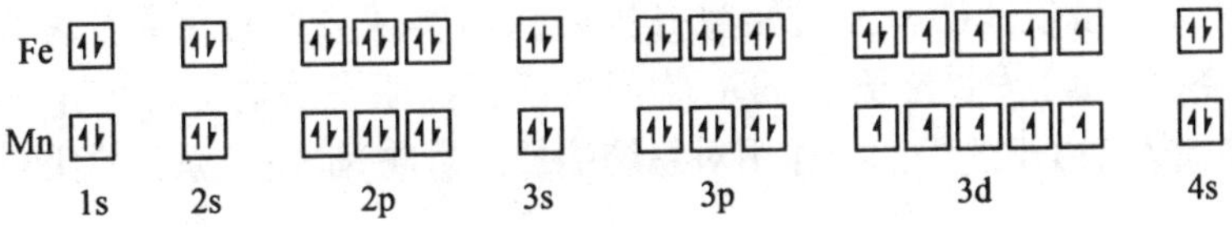

图 3.11 铁和锰原子核外结构的差异

可以使原子磁矩出现自发的平行取向,这样似乎找到了铁磁体自发磁化的原因。但事实上这种磁的作用对解释铁磁现象是无能为力的。因为与热运动的能量相比,磁相互作用的能量太小了。根据计算,将物体加热到 1 K 就已经能破坏原子磁矩的自发平行取向,因而这种"自发磁化"的铁磁体在很低的温度下应当转入顺磁状态,其居里点在 1 K 左右。然而,实际上铁磁体的居里点高达几百甚至上千度(K)。表 3.3 列举了若干铁磁体的居里点。由此可见,引起铁磁体内元磁矩整列,并使有序状态保持到如此高的温度的力量比起磁力要大千百倍。

表 3.3 某些铁磁体的居里点 θ_c

物 质	θ_c/K	物 质	θ_c/K
Fe	1 043	CrO_2	386
Co	1 388	$MnO \cdot Fe_2O_3$	573
Ni	627	$FeO \cdot Fe_2O_3$	858
Gd	292	$NiO \cdot Fe_2O_3$	858
Dy	88	$CuO \cdot Fe_2O_3$	728
MnAs	318	$MgO \cdot Fe_2O_3$	713
MnBi	630	EuO	69
MnSb	587	$Y_3Fe_5O_{12}$	560

如果我们把导致铁磁体自发磁化的力看成一个等效磁场,不妨估计一下这个等效磁场的大小:既然铁磁体有一磁性转变温度(居里点 θ_c),就说明在这个临界温度时,原子热运动能已经大到和自发磁化等效磁场与原子磁矩之间的能量相等。从热运动的分析中已知,在居里点时,一个原子的热运动能为 $k_B\theta_c$ 的数量级,而静磁能为 $\mu_B H$ 的数量级,所以

$$k_B\theta_c \approx \mu_B \cdot H_{等效}$$

$$H_{等效} \approx \frac{k_B\theta_c}{\mu_B} \tag{3.22}$$

式中,k_B 为玻耳兹曼常数,$k_B = 1.380\ 3 \times 10^{-23}$ J/K;θ_c 为居里温度,10^3 K 数量级;μ_B 为玻尔磁子,$\mu_B = 1.165\ 30 \times 10^{-29}$ Wb·m。将这些数值的数量级代入式(3.22)得

$$H_{等效} \approx \frac{10^{-23} \times 10^3}{10^{-29}} = 10^9 \text{ A/m} \tag{3.23}$$

显然,原子范围内提供不了这样大的磁场。既然磁力已不能解释铁磁体的自发磁化,这就迫使人们转向静电力。但是建立在牛顿力学和麦克斯韦电动力学基础上的经典电子理论,也未能揭示铁磁体自发磁化的本质。

究竟是什么力量使铁磁体元磁矩整齐排列从而实现自发磁化呢？海森堡(Heisenberg)和弗兰克(Frank)按照量子论证明，物质内部相邻原子的电子之间有一种来源于静电的相互交换作用，由于这种交换作用对系统能量的影响，迫使各原子的磁矩平行或反平行排列。

为了说明静电交换作用，我们对氢分子这一简单的电子系统作一分析。图3.12表示由两个原子核a,b和两个电子1,2组成的氢分子模型。当两个氢原子距离很远时，因为无相互作用，电子的自旋取向是互不干扰的。这时两个原子内的电子运动状态分别用波函数$\psi_a(1)$和$\psi_b(2)$表示。设每个原子都处于基态，其能量为E_0。当两原子接近而组成氢分子后，在核与核、电子与电子以及核与电子之间便产生了新的静电相互作用，其势能为

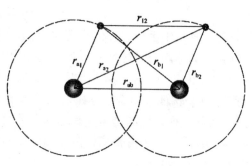

图3.12 氢原子模型

①核a、b的相互作用势能ke^2/r_{ab}；

②核a与电子2的相互作用势能$-ke^2/r_{a2}$；

③核b与电子1的相互作用势能$-ke^2/r_{b1}$；

④电子1、2的相互作用势能ke^2/r_{12}。

此外，这个系统的静电能还依赖于电子自旋的相对取向，由于以上原因，氢分子的能量E已不是简单地等于两个原子基态能量E_0之和，而是

$$E = 2E_0 + E' \tag{3.24}$$

式中，E'为能量的补充项，它不但与粒子的库仑作用有关，而且与电子自旋的相对取向有关。考虑到电子自旋平行与反平行时系统的能量不同，用E_1和E_2分别表示这两种状态时氢分子的能量，式(3.24)可写成

$$E_1 = 2E_0 + k\frac{e^2}{r_{ab}} + C - A \quad （自旋平行） \tag{3.25}$$

$$E_2 = 2E_0 + k\frac{e^2}{r_{ab}} + C + A \quad （自旋反平行） \tag{3.26}$$

式中，C和A的表达式为

$$C = \iint e^2 k\left(\frac{1}{r_{12}} - \frac{1}{r_{a2}} - \frac{1}{r_{b1}}\right) |\psi_a(1)|^2 \cdot |\psi_b(2)|^2 d\tau_1 d\tau_2 \tag{3.27}$$

$$A = \iint e^2 k\left(\frac{1}{r_{12}} - \frac{1}{r_{a1}} - \frac{1}{r_{b2}}\right) \psi_a^*(1)\psi_b^*(2)\psi_a(2)\psi_b(1) d\tau_1 d\tau_2 \tag{3.28}$$

式中，$\psi_a(2)$和$\psi_b(1)$表示电子在核周围运动的波函数；$\psi_a^*(1)$和$\psi_b^*(2)$表示相应波函数的复数共轭值；$d\tau_1$，$d\tau_2$为空间体积元。

C是由于电子之间、核与电子之间的库仑作用而增加的能量项，而A可以看做两个原子的电子交换位置而产生的相互作用能，称为交换能或交换积分，它与原子间电荷分布的重叠有关。

从式(3.25)和式(3.26)可以看出，自旋平行时系统的能量 E_1 和自旋反平行时系统的能量 E_2 究竟哪个低，即哪个处于稳定态的关键在于交换积分 A 的符号。如果 $A<0$，则 $E_1>E_2$，即电子自旋反平行排列为稳定态；如果 $A>0$，则 $E_1<E_2$，电子自旋平行排列为稳定态。图 3.13 表示了氢分子的能量与原子间距的关系。从 $E_1>E_2$ 这一事实可知，A 为负值，氢分子的两个电子自旋方向是反平行的，实验证实了交换作用的理论。

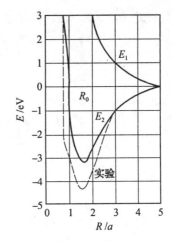

图 3.13　氢原子的能量（R 原子间距；a 原子半径）

和氢分子一样，其他物质中也存在着静电交换作用。正是由于这种作用使铁磁体元磁矩整列，从而达到自发磁化。海森堡-弗兰克理论不但给出了铁磁性物理本质的定性解答，而且还指出了和磁化强度有关的那一部分交换能的数量级，足够解释铁磁体高居里点的实验事实。

3.4.3　铁磁性的判据

从交换积分 A 的表达式(3.28)可以看出，A 是两个电子间的距离 r_{12} 以及两个电子各与其原子核的距离 r_{a1} 和 r_{b1} 的函数，同时又与波函数的形式即电子的运动状态有关。我们知道，要使两个原子的电子间存在交换作用，两个原子的电子云必须有重叠的区域。而在波函数重叠区域，电子1和2相距不远，所以 $\psi_a(1)$ 和 $\psi_a(2)$ 的值很接近，因而是同号的（如果波函数在重叠区域没有波节的话），即 $\psi_a^*(1)\psi_a(2)>0$，同理 $\psi_b^*(2)\psi_b(1)>0$，因此要使 $A>0$，必须 $\frac{1}{r_{12}}-\frac{1}{r_{a1}}-\frac{1}{r_{b2}}>0$，即

$$\frac{1}{r_{12}}>\frac{1}{r_{a1}}+\frac{1}{r_{b2}} \tag{3.29}$$

式(3.29)表明，r_{12} 要求比较小，而 r_{a1} 和 r_{b2} 要求比较大。换言之，原子核间的距离要足够大，使得不同原子波函数的极大值在远离原子核尽可能窄的区域内重叠起来。

由此可见，周期表中各元素要出现铁磁性，仅有未填满电子的 d-或 f-电子壳层结构（如过渡族元素和稀土元素）是不充分的。因为在原子间的静电交换作用中，A 值的符号和大小与原子核间的距离有显著的依赖关系。为了定量地表征原子核间距离与交换积分的关系，斯累特(Slater)建议用金属点阵常数 a 与未填满壳层半径 d 之比 $v=a/d$ 的变化来观察各金属交换积分 A 的大小和符号。

从图 3.14 可以看出，当 $v>3$ 时，物质处于铁磁状态，这时电子云重叠，交换积分 $A>0$，且数值较大。如 v 太大（稀土族），电子云重叠很少或不重叠，交换作用很弱，它们或者是顺磁性或者是铁磁性（居里点比铁族低很多）。如距离太小（$v<3$）就会使得 $\frac{1}{r_{12}}<\frac{1}{r_{a1}}+\frac{1}{r_{b2}}$，因

而 $A<0$,材料将处于反铁磁状态(如锰、铬)。关于反铁磁状态后面还将提到。

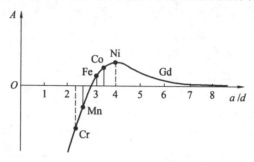

图 3.14 交换能与 a/d 的关系

综上所述,处于铁磁状态的物质除了原子具有未填满电子的次壳层(d 或 f)结构外,还应当有相应的原子间距。我们要问,既然 Mn、Cr 满足了第一个条件,那么改变其点阵常数是否会使其转入铁磁状态呢?回答是肯定的,奥申菲尔(Ochsenfeld)指出,加氮之后锰变为铁磁体,氮的作用是使点阵常数增大,因而有利于铁磁状态的出现。同样,郝斯勒(Heasler)合金(Mn-Al-Cu 等)和 Cr 与 Mn 的铁磁性二元合金的存在也可以归纳为点阵常数的增大。

3.4.4 反铁磁性和亚铁磁性

如上所述,由于物质原子间静电交换作用使得原子磁矩有序排列。当交换能为负值时,则原子磁矩取反向平行排列能量最低。如果相邻原子磁矩相等,由于原子磁矩反平行排列,原子磁矩相互抵消,自发磁化强度等于零。这样一种特性称为反铁磁性,处于反铁磁状态的物体称为反铁磁体。研究发现,纯金属 α-Mn、Cr 等属于反铁磁性。还有许多金属氧化物如 MnO、Cr_2O_3、CuO、NiO 等也属于反铁磁性。这类物质无论在什么温度下其宏观特性都是顺磁性的,χ 相当于通常强顺磁性物质磁化率的数量级。温度很高时,χ 很小,温度逐渐降低,χ 逐渐增大,降至某一温度,χ 升至最大值;再降低温度,χ 又减小。当温度趋于 0 K 时,χ 趋于定值,如图 3.15(b)所示。χ 最大的一点称为尼耳温度 T_N 表示。在温度大于 T_N 以上时,χ 服从居里-外斯定理 $\left(\chi=\dfrac{C}{T+\theta}\right)$。尼耳点是反铁磁性转变为顺磁性的温度(有时也称为反铁磁物质的居里点 T_C)。在尼耳点附近普遍存在热膨胀、电阻、

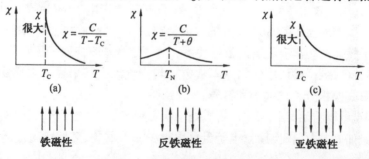

图 3.15 三种磁化状体示意图

比热容、弹性等反常现象,由于这些反常现象,使反铁磁物质可能成为有实用意义的材料。例如近几年来正在研究具有反铁磁性的 Fe-Mo 合金作为恒弹性材料。永宫健夫曾汇集了 40 种反铁磁体的磁性常数,现将其中重要的 18 种列于表 3.4。

表 3.4 某些反铁磁体的磁性常数

物 质	顺磁离子点阵	T_N/K	θ/K	θ/T_N	$x(\theta)/x(T_N)$
MnO	面心立方	122	610	5.0	2/3
MnS	面心立方	165	528	3.2	0.82
MnSe	面心立方	~150	~435	~3	
MnTe	六角层	323	690		0.68
MnF_2	体心长方	72	113	1.57	0.76
FeF_2	体心立方	79	117	1.48	0.72
$FeCl_2$	六角层	23.5	48	2.0	<0.2
FeO	面心立方	186	570	2.9	0.76
$CoCl_2$	六角层	24.9	38.1	1.53	~0.6
CoO	面心立方	291	280		
$NiCl_2$	六角层	49.6	68.2	1.37	
NiO	面心立方	523			
α-Mn	复杂点阵	~100			
Cr	体心立方	475			
CrSb	六角层	725	~1 000	1.4	~1/4
Cr_2O_3	复杂点阵(六角晶系)	310			
$TeCl_3$	复杂点阵	~100			
$FeCO_3$	复杂点阵	57			~1/4

亚铁磁性物质由磁矩大小不同的两种离子(或原子)组成,相同磁性的离子磁矩同向平行排列,而不同磁性的离子磁矩反向平行排列。由于两种离子的磁矩不相等,反向平行的磁矩就不能恰好抵消,二者之差表现为宏观磁矩,这就是亚铁磁性。具有亚铁磁性的物质绝大部分是金属的氧化物,是非金属磁性材料。目前所发现的亚铁磁体一般都是 Fe_2O_3 与二价金属氧化物所组成的复合氧化物,称为"铁氧体",其分子式为 $MeO \cdot Fe_2O_3$。这里 Me 为铁、镍、锌、钴、镁等二价金属离子。按其导电性而论,铁氧体属于半导体,但常作为磁介质而被利用。它不易导电,其高电阻率的特点使它可以应用于高频磁化过程。

与铁磁体中存在着交换作用与热运动的矛盾一样,铁氧体内同样存在这一对矛盾,因而随着温度的升高铁氧体的饱和磁化强度也要降低。当达到足够高的温度时,自发磁化消失,铁氧体变为顺磁性物质,这一温度即为铁氧体的居里温度。显然,超交换作用越强,参加这种交换作用的离子数目越多,居里温度就越高。亚铁磁性的 χ-T 关系如图

3.15(c)所示。图中还示出铁磁性、反铁磁性、亚铁磁性原子(离子)磁矩的有序排列的磁结构特征。表3.5列出了一些铁氧体的居里温度。

表 3.5 一些铁氧体和有关材料的居里点　　K

$MnFe_2O_4$	Fe_3O_4	$\gamma-Fe_2O_3$	$CoFe_2O_4$	$NiFe_2O_4$
570	860	~900	790	860
$NiAlFeO_4$	$Ni_{0.5}Zn_{0.5}Fe_2O_4$	$MgFe_2O_4$	$CuFe_2O_4$	$Li_{0.5}Fe_{2.5}O_4$
470	552	710	730	940
$MnCr_2O_4$	$FeCr_2O_4$	$CoCr_2O_4$	$NiCr_2O_4$	$MnNiFeO_4$
55	90	110	80	600
Mn_2ZnO_4	Li–Ti	$BaFe_{12}O_{19}$	Co_2Zr	Mn_2W
58	393	730	670	680
$Y_3Fe_5O_{12}$	Y–Gd	Fe	Co	Ni
560	440~540	1 043	1 388	627

3.5 晶体磁各向异性和磁晶能

3.5.1 磁各向异性及其解释

晶体的磁各向异性几乎对所有铁磁材料的性能都有着重要的影响。1905年,外斯最早对天然磁铁矿和硫铁矿的大晶体进行的研究表明,晶体的磁性是和晶体的取向有关的,但其结果由于材料成分的易变而复杂化。这一工作只有在铁磁金属(铁、镍、钴)的单晶体出现以后才有了较大的进展。大量的研究工作表明,如果磁化曲线是根据铁磁单晶体测定出来的话,那么我们可以发现,沿晶体的某些方向磁化时所需要的磁场,比沿另外一些方向磁化所需要的磁场要小得多,这些晶体学方向称为易磁化方向。图3.16表示了沿铁、镍、钴单晶的主轴所测得的磁化曲线,从曲线可以看出,不同的铁磁金属都存在着自己的易磁化方向(简称"易轴")和难磁化方向(简称"难轴")。铁的易轴是⟨100⟩,镍是⟨111⟩,钴是⟨0001⟩;而铁的难轴是⟨111⟩,镍是⟨100⟩,钴是⟨01$\bar{1}$0⟩。

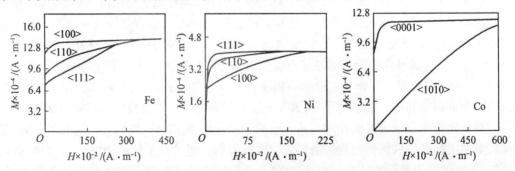

图 3.16 铁、镍、钴单晶的磁化曲线

从前面已经知道,铁磁体的自发磁化是由于元磁矩之间量子交换力的作用所产生的耦合。晶体磁各向异性的存在预示着,除了元磁矩之间的相互耦合之外,必须还有元磁矩与原子点阵之间的耦合。在晶体的原子中,一方面电子受空间周期变化的不均匀静电场作用,另一方面邻近原子间电子轨道还有交换作用。通过电子的轨道交叠,晶体的磁化强度受到空间点阵的影响。由于自旋-轨道相互作用,电荷分布为旋转椭球形而不是球形。非对称性与自旋方向有密切联系,所以自旋方向相对于晶轴的转动将使交换能改变,同时也使一对对原子电荷分布的静电相互作用能改变,这两种效应都会导致磁各向异性。

基特(Kitter)曾用图 3.17 表示排列在一条直线上的原子在两种不同磁化方向的情况。图 3.17(a)表示磁化垂直于原子排成的直线,近邻原子的电子运动区有重叠,因而彼此的交换作用强;图 3.17(b)表示磁化沿直线方向,邻近原子间电子运动区重叠极少,因而交换作用很弱,这就造成了晶体的磁各向异性。

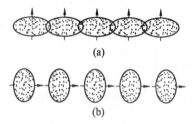

图3.17 不同磁化方向电子交叠的非对称性示意图

必须指出,对于任何方向磁化的铁磁晶体都具有一项能量,它使磁化强度指向该特定的晶体学方向。从热力学的分析知,晶体磁化时所增加的自由能 ΔW 等于磁场所做的功(磁化功),可表示为

$$\Delta W = \int_0^M H dM \quad (3.30)$$

即磁化曲线与 M 坐标轴间所包围的面积,如图 3.18 所示。可见,晶体的这一部分自由能是与磁化方向有关的,我们称为磁各向异性能或磁晶能。显然,晶体沿易轴的磁晶能最低,而沿难轴的磁晶能最高。沿不同晶轴方向的磁化功之差即代表沿不同方向的磁晶能之差,这就是为什么可以从能量的观点解释单晶体磁化曲线随方向而不同的原因。

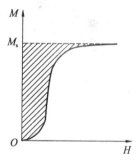

图3.18 磁化功示意图

3.5.2 磁各向异性常数

由于磁晶能是磁化方向的函数,如果磁化方向用三个与主晶轴的夹角 $\theta_1, \theta_2, \theta_3$ 来表示,磁晶能就可以表达为这三个角度的函数。阿库洛夫(Akulov)把随方向而变的磁晶能表示成磁化强度对主晶轴的方向余弦 $\alpha_1, \alpha_2, \alpha_3$ 的一个升幂级数,提出了对单晶磁化曲线的一种表象理论,如图 3.19 所示。这一理论给出的表达式十分简明,已成为计算磁化曲线的基础,并得到实验的充分证明,例如,对于铁、镍和尖晶石型铁氧体等立方晶体,磁晶能的表达式为

$$F_k = K_0 + K_1(\alpha_1^2\alpha_2^2 + \alpha_2^2\alpha_3^2 + \alpha_3^2\alpha_1^2) + K_2\alpha_1^2\alpha_2^2\alpha_3^2 + \cdots \quad (3.31)$$

式中，K_0、K_1 和 K_2 为特定物质的特征常数。事实上，镍的 K_2 项和铁的 K_2 以后各项都很小，即使略去不计也已足够精确。由于立方晶体在任何一个主晶轴方向有两个 α 等于零，这时 $F_k=K_0$。所以，K_0 表示主晶轴方向的能量。如果我们用 E_k 代表随方向而变化的那部分能量，那么可以写成

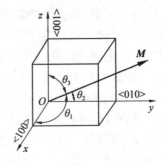

$$E_k = K_1(\alpha_1^2\alpha_2^2+\alpha_2^2\alpha_3^2+\alpha_3^2\alpha_1^2)+K_2\alpha_1^2\alpha_2^2\alpha_3^2+\cdots \approx$$
$$K_1(\alpha_1^2\alpha_2^2+\alpha_2^2\alpha_3^2+\alpha_3^2\alpha_1^2) \quad (3.32)$$

图 3.19 方向余旋：$\alpha_1=\cos\theta_1$，$\alpha_2=\cos\theta_2$，$\alpha_3=\cos\theta_3$

式中，K_1 和 K_2 称为晶体磁各向异性常数。

对立方晶体，当晶体沿 ⟨100⟩ 方向磁化时，$\theta_1=0°$，$\theta_2=\theta_3=90°$，即 $\alpha_1=1$、$\alpha_2=\alpha_3=0$，所以 $E_k=0$。当晶体沿 ⟨110⟩ 方向磁化时，$\theta_1=\theta_2=45°$，$\theta_3=90°$；$\alpha_1=\alpha_2=\frac{1}{\sqrt{2}}$，$\alpha_3=0$，所以 $E_k=K_1/4$。当晶体沿 ⟨111⟩ 方向磁化时，$\theta_1=\theta_2=\theta_3$，即 $\alpha_1=\alpha_2=\alpha_3=\frac{1}{\sqrt{3}}$，这时 $E_k=K_1/3$。可见，磁矩沿难轴时单位体积中的能量比沿易轴时要高出 $K_1/3$。这个常数标志着晶体的磁各向异性程度。

由于铁和钴铁氧体（$CoFe_2O_4$）晶体的易轴为 ⟨100⟩，其他方向的 E_k 均大于零，故 $K_1>0$，但 ⟨100⟩ 恰恰是镍和其他尖晶石型铁氧体晶体的难轴，故 $K_1<0$。

3.5.3 磁各向异性的图形表示

为了形象地说明晶体磁各向异性，可以用极坐标表示某一晶面不同方向上磁晶能的大小。例如，由实验可以确定，金属铁和钴铁氧体的易轴为 ⟨100⟩，难轴为 ⟨111⟩（相当于 $K_1>0$ 的情况）。根据式(3.38)可以把(100)晶面和(110)晶面上磁晶能 E_k 以极坐标形式表示，如图 3.20 所示。这里沿易轴的磁晶能 $E_k=0$，其他方向的 E_k 都大于零，对于镍和其他多数尖晶石型铁氧体而言，因为 ⟨100⟩ 为难轴，但根据式(3.38)该方向 E_k 定为零，而沿 ⟨110⟩ 方向的 $E_k=K_1/4=-|K_1|/4$；沿 ⟨111⟩ 方向的 $E_k=K_1/3=-|K_1|/3$，为易磁化方向。这样，给图形表示带来了不便。

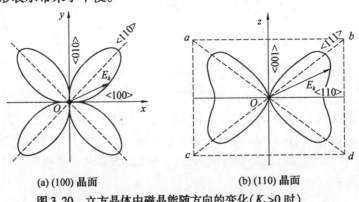

(a) (100) 晶面   (b) (110) 晶面

图 3.20 立方晶体中磁晶能随方向的变化（$K_1>0$ 时）

如果我们取立方体中的(110)晶面,使易轴和难轴出现在同一张图上,把式(3.32)表示的各方向能量都加上$|K_1|/3$,使这时的易轴能量$E_k=0$,其余方向能量均为正值,则可用图3.20来表示。

在20℃时,铁的K_1值为4.2×10^4 J·m^{-3},钴的K_1值为41×10^4 J·m^{-3},镍的K_1值为-0.34×10^4 J·m^{-3},负号表示镍的易轴为$\langle 111\rangle$,难轴为$\langle 100\rangle$。由于六方点阵的对称性差,故钴的各向异性常数较大。

3.5.4 退磁能

当铁磁体出现磁极后,除在铁磁体周围空间产生磁场外,在铁磁体的内部也产生磁场。这一磁场与铁磁体的磁化强度方向相反,它起到退磁的作用,因此称为退磁场,如图3.21所示。

退磁场的表达式为

$$H_d = -NM \quad (\text{CGS})$$
$$(B_0)_D = -DM \quad (\text{SI}) \tag{3.33}$$

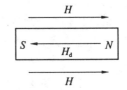

图3.21 铁磁体中的退磁场

式中,N和D称为退磁因子,说明退磁场与磁化强度成正比。负号表示退磁场的方向与磁化强度的方向相反。退磁因子的大小与铁磁体的形状有关。例如长棒状铁磁体试样越短越粗,N越大,退磁场越强,于是试样需在更强的外磁场作用下才能达到饱和。单位体积的退磁能可表示为

$$E_d = -\int_0^M H_d dM = \int_0^M NM dM = \frac{1}{2}NM^2 \quad (\text{CGS})$$
$$E_d = \frac{1}{2}DM^2 \quad (\text{SI}) \tag{3.34}$$

3.6 磁致伸缩效应和磁弹性能

磁致伸缩于1842年由焦耳首先发现,最初是指铁磁体随磁化而发生的形状和尺寸的改变。磁化引起机械应变这一事实预示着,机械应力将影响铁磁材料的磁化强度,故也称"压磁效应"。广义地说,磁致伸缩效应包含一切有关磁化强度和应力相互作用的效应。

图3.22为实际测量几种磁性材料的伸缩比$\Delta l/l$(伸缩量Δl和原长l的比)和磁场强度H的关系。由图可见,材料随磁场的增强而伸长(或缩短),最后稳定在一定的尺寸。我们说,这时磁致伸缩达到了饱和。各种材料的饱和伸缩比$(\Delta l/l)$是一个定值,称为饱和磁致伸缩或磁致伸缩系数,用λ_s表示。

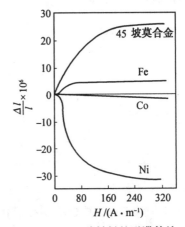

图3.22 几种材料的磁滞伸缩

实验表明,材料磁化时不但在磁化方向会伸长(或缩短),在偏离磁化方向的其他方向也同时要伸长(或缩短),但偏离增大,伸缩比逐渐减小,然后改变符号,直至接近垂直于磁场方向时收缩(或伸长)量最大。可见,磁致伸缩效应分为两类:正磁致伸缩和负磁致伸缩。正磁致伸缩是材料在磁化方向伸长,而在垂直于磁化方向缩短,例如铁。负磁致伸缩是材料在磁化方向缩短,而在垂直于磁化方向伸长,例如镍。这种性质将由它们的 λ_s 值前面的正负号加以区别。计算多晶体与磁化方向成的 θ 角磁致伸缩公式为

$$\lambda_\theta = \frac{3}{2}\lambda_s\left(\cos^2\theta - \frac{1}{3}\right) \tag{3.35}$$

从铁磁体的磁畴结构显然可以认为,材料的磁致伸缩效应是其内部各个磁畴形变的外观表现。以图 3.23 的简单模型为例,A,B 表示两个小磁体(磁偶极子),弹簧代表 A,B 间的相互作用。当这个系统在磁场 H 中的初始位置如图 3.23(a)所示时,处于一种稳定的状态,这时 A、B 间的距离为 r_0。如果磁场 H 的方向转过 90°,则小磁体也将随之转过 90°,如图3.23(b)所示。这时 A,B 间的相

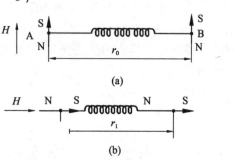

图 3.23 磁滞伸缩的简单模型

互作用势能发生了变化,因而相应于能量极小的平衡距离 A,B 间的距离变为 r_1。$r_0 - r_1$ 便是随着磁化状态变化而产生的线性磁致伸缩。

现在来看材料在不同磁化状态下磁致伸缩的表现。假设有一个处于居里点以上的金属单晶球体,如果在没有外磁场的条件下冷却到居里点以下,自发磁化为一个单畴的铁磁体,则出现以下三种效应:①由于出现铁磁性交换能的作用产生了各向同性的体积磁致伸缩;②由于磁晶能的作用产生了各向异性的线性磁致伸缩;③由于退磁能的作用使球体发生沿磁化方向伸长(减小退磁因子)的形状效应。结果原来的球体变为椭球体,如图 3.24(a)所示。如果这样的形变对体积影响不大,那么在 M_s 方向伸长的就必然在垂直于 M_s 方向收缩,反之亦然。

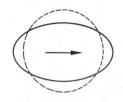 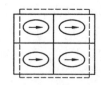

(a) $H=0$,自发磁化成单畴　　(b) $H=0$,自发磁化成单畴　　(c) $H>H_s$,技术磁化成单畴

图 3.24 磁滞伸缩效应示意图

宏观铁磁体在自发磁化后是大量磁畴的集合体,但是在技术磁化前各磁畴显示不出在哪个方向有伸缩效应,如图 3.24(b)所示。当铁磁体在足够强的外场下磁化时,各磁畴的 M_s 都取向外场方向,所以材料在磁化方向显示出了伸缩效应,如图3.24(c)所示。

图 3.25 表示了 Fe 的磁化强度(M)和磁致伸缩(dl/l 和 dV/V)与外场(H)的关系。

可见,磁致伸缩效应与技术磁化的不同阶段有关。当磁化达到饱和以前只显示线性磁致伸缩,在技术磁化饱和之后才由于顺磁磁化过程引起一定量的体积磁致伸缩。

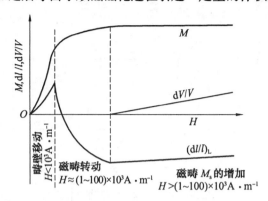

图 3.25　铁的 M、dl/l 和 dV/V 与外磁场 H 的关系

物体在磁化时要伸长(或收缩),如果受到限制,不能伸长(或缩短),则在物体内部产生压应力(或拉应力)。这样,物体内部将产生弹性能,称为磁弹性能。因此,物体内部缺陷、杂质等都可能增加其磁弹性能。

对多晶体来说,磁化时由于应力的存在而引起的磁弹性能为

$$E_\sigma = \frac{3}{2}\lambda_s \sigma \sin^2\theta \tag{3.36}$$

式中,θ 是磁化方向和应力方向的夹角;σ 是材料所受应力;λ_s 是饱和磁致伸缩系数;E_σ 是单位体积中的磁弹性能。

3.7　磁畴结构

3.7.1　磁畴的起因

根据自发磁化的理论,在冷却到居里点以下而不受外磁场作用的铁磁晶体中,由于交换作用应该使整个晶体自发磁化到饱和。显然,磁化应沿着晶体的易轴,因为这样交换能和磁晶能才都处于极小值。但因晶体有一定大小与形状,整个晶体均匀磁化的结果必然产生磁极。磁极的退磁场却给系统增加了一部分退磁能。以单轴晶体(如钴)为例,分析图 3.26 所示的结构,可以了解磁畴的起因,其中每个分图表示铁磁单晶的一个截面。图 3.26(a)表示整个晶体均匀磁化为"单畴"。由于晶体表面形成磁极的结果,这种组态退磁能最大(若 $M_s \approx 8 \times 10^4$ A·m^{-1},则退磁能 $E_d \approx 10^5$ J·m^{-3})。从能量的观点,把晶体分为两个或四个平行反向的自发区域,可以大大降低退磁能,如图 3.26(b)、3.26(c)所示。当磁体被分为 n 个区域(即 n 个磁畴)时,退磁能约降为原来的 $1/n$。但由于两个相邻磁畴间畴壁的存在,又需要增加一定的畴壁能,因此自发磁化区域的划分并不是可以无限地小,而是以畴壁能及退磁能相加等于极小值为条件。为了进一步降低能量,可以形成图 3.26(d)或图 3.26(e)所示的磁畴结构,其特点是晶体边缘表面附近为封闭磁畴。它们具

有封闭磁通的作用,使退磁能降为零。但是,在单轴晶体中,封闭磁畴的磁化方向平行于难轴,因而又增加了磁各向异性能。

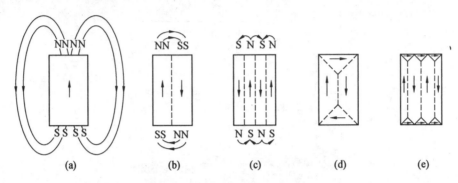

图 3.26 单畴晶体中磁畴的起因

实际的磁畴结构往往比这些简单的例子更为复杂,然而一个系统从高磁能的饱和组态转变为低磁能的分畴组态,从而导致系统能量降低的可能性却总是形成磁畴结构的原因。

作为图 3.26 中单轴晶体理想的磁畴分布,假如晶体长度 $L=1$ cm,饱和磁化强度 $M_s = 13.5 \times 10^4$ A·m^{-1},畴壁能 $\gamma = 2 \times 10^{-7}$ J·cm^{-2},可以计算得到磁畴的宽度 $D \approx 10^{-3}$ cm。可见,这完全是宏观的尺度了。如果晶体为立方晶系,计算得到 $D \approx 10^{-3}$ cm。关于封闭磁畴结构的存在,已由威廉姆斯(Williams)在硅铁单晶(100)晶面上的粉纹图实验证实。

综上所述,在一般情况下,晶体内的磁畴可分为两类:一类是通过晶体体积的基本畴结构,这是比较简单的;另一类是在晶体外表面的各种畴结构,如前面所讲的封闭畴等。这种外表面畴结构往往十分复杂,它们决定于表面上的各种能量如磁晶能、磁弹性能等的相对数值。

3.7.2 畴 壁

在铁磁体中磁畴沿着晶体的各易磁化方向自发磁化。那么,在相邻两磁畴间必然存在过渡层作为磁畴间的分界,称为畴壁(磁畴壁)。畴壁是磁畴结构的一个重要部分,它对磁畴的大小、形状以及相邻磁畴的关系都有着重要的影响。在弱磁场范围内,一般铁磁体的技术磁化过程主要是畴壁的位移过程,即某些磁化强度矢量接近于外磁场方向(严格地说,应为铁磁体内的有效磁场方向)的磁畴长大,而另一些磁化矢量偏离外磁场方向较远的磁畴缩小的过程。这些过程决定了一些重要的磁学量,如起始磁化率和可逆磁化率等。在周期应力的作用下,畴壁的不可逆位移可以消耗振动能量,使合金具有阻尼性能。

众所周知,铁磁体中一个易轴上有两个相反的易磁化方向,两个相邻磁畴的磁化方向恰好相反的情况是常常出现的,这样两个磁畴间的畴壁称为 180°壁。

在立方晶体中,如果 $K_1 > 0$,易轴互相垂直,则两个相邻磁畴的方向有可能垂直。它们之间的畴壁称为 90°壁。如果 $K_1 < 0$,易磁化方向为 ⟨111⟩,两个这样的方向相交 109°或 71°,如图 3.27 所示,这时两个相邻磁畴的方向可能相差 109°或 71°。由于它们和 90°相

差不远,这种畴壁有时也称为90°壁。图3.28表示坡莫合金单晶(110)面上的磁畴结构。图中所加箭头表示磁化方向,这里可以看到180°壁、109°壁和71°壁。

必须指出,畴壁既然是一个过渡层,它就有一定厚度。磁畴的磁化方向在畴壁所在处不是突然转过一个大的角度,而是经过畴壁的厚度逐步转到相邻磁畴的磁化方向。图3.29表示一种180°壁(布洛赫壁)中磁矩逐渐转向的情况。显然,在畴壁中磁矩从一个易磁化方向转向另一个易磁化方向中间要经过各种角度,这就要增加磁晶能。正是磁晶能与交换能之间出现的矛盾,使得畴壁有不同的厚度和能量密度。

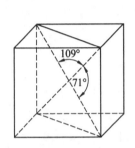 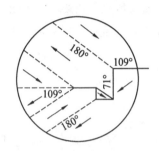 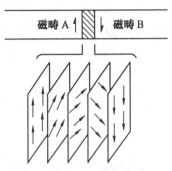

图3.27 $K_1<0$ 的立方晶体中易轴的交角　　图3.28 坡莫合金(110)面上的各种畴壁　　图3.29 布洛赫壁磁矩转向的过渡

3.8 技术磁化

3.8.1 技术磁化的两种机制

技术磁化,是指在外磁场作用下,铁磁体从完全退磁状态发生变化的内部过程和宏观效果。讨论这一问题不但可以说明铁磁材料性能的一些规律,了解材料生产过程采取某些措施的原因,并有利于进一步探索提高材料性能的途径。

从前面的讨论中已经知道,铁磁物质的基本磁化曲线可以大体分为三个阶段。从磁畴理论的观点,这三个阶段的磁化不过是铁磁体中磁畴结构在外磁场作用下发生变化的结果。图3.30表示基本磁化曲线各个状态上磁畴结构的特点。假如材料原始的退磁状态为封闭磁畴,在弱磁场的作用下,对于自发磁化方向与磁场成锐角的磁畴,由于静磁能低的有利地位发生扩张,而成钝角的磁畴则缩小。这个过程通过畴壁的迁移来完成,由于这种畴壁的迁移,材料在宏观上表现出微弱的磁化,与 A 点的磁畴结构相对应。然而畴壁的这种微小的迁移是可逆的,如这时去除外磁场,则磁畴结构和宏观磁化都将恢复到原始状态,如果这时从 A 状态继续增强磁场,畴壁将发生瞬时的跳跃。换言之,某些与磁场成钝角的磁畴瞬时转向与磁场成锐角的易磁化方向。由于大量元磁矩瞬时转向,故表现出强烈的磁化。这个过程的壁移以不可逆的跳跃式进行,称为巴克豪森效应或巴克豪森跳跃,与图3.30中 B 点磁化状态相对应。假如在该区域(如 B 点)使磁场减弱,则磁状态将偏离原先的磁化曲线到达 B' 点,显示出不可逆过程的特征。当所有的元磁矩都转向与磁场成锐角的易磁化方向后晶体成为单畴。由于易轴通常与外磁场不一致,如果再增强磁场,磁矩将逐渐转向外磁场 H 方向。显然这一过程磁场要为增加磁晶能而做功,因而转动很困难,磁化也进行得很微弱,这与 C 至 D 点的情况相对应。当磁场达到 H_s 时,磁畴的磁化强度矢量与磁场完全一致(或基本上一致),称为磁饱和状态。这时的磁化强度等于磁畴的自发磁化强度 M_s。

可见,技术磁化包含着两种机制:壁移磁化和畴转磁化。关于壁移磁化可以用图3.31所示180°壁的迁移来说明。在未加磁场 H 以前畴壁位于 a 处,左畴的磁矩向上,右畴的磁矩向下。当施加磁场 H 后,由于左畴的磁矩与 H 的向上分量一致,静磁能较低,而右畴的静磁能较高,畴壁从 a 位置右移到 b 位置。这样,ab 之间原属于右畴、方向朝下的元磁矩转动到方向朝上而属于左畴,增加了磁场方向的磁化强度。

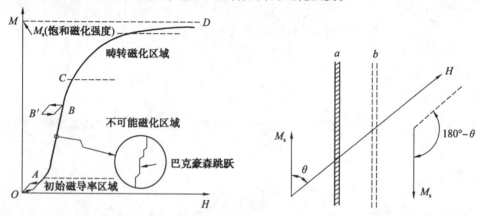

图 3.30 技术磁化过程的三个阶段　　图 3.31 壁移磁化示意图

前面已经说明,畴壁只是元磁矩方向逐渐改变的过渡层。所谓畴壁的右移,实际上是右畴靠近畴壁的一层元磁矩,由原来朝下的方向开始转动,相继进入畴壁区。与此同时,畴壁区各元磁矩也发生转动,且最左边一层磁矩最终完成了转动过程,脱离畴壁区而加入左畴的行列。必须指出,所谓元磁矩进入和脱离畴壁区,并不意味着元磁性体挪动位置,只是通过方向的改变来实现畴壁区的迁移。可见,壁移磁化本质上也是一种元磁矩的转动过程,但只是靠近畴壁的元磁矩局部地先后转动,而且从一个磁畴磁化方向到相邻磁畴磁化方向转过的角度是一定的。这和整个磁畴元磁矩同时的一致转动有明显的区别。

关于畴转磁化可以用图3.32来说明。如果磁畴原先沿易轴磁化,那么在与该方向成 θ_0 角的磁场 H 作用下,由于壁移已经完成(或因结构上的原因壁移不能进行),磁畴的元磁矩就要向磁场方向一致转动一个 θ 角。这实际上是静磁能与磁晶能共同作用的结果。因为 M_s 转向磁场 H 方向可以降低静磁能,但却提高了磁晶能。这两种能量抗衡的结果,使 M_s 稳定在原磁化方向和磁场间总能

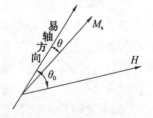

图 3.32 畴转磁化示意图

量最小的某一个 θ 角上。这一过程的特点不但是元磁矩整体的一致转动,而且转过的角度 θ 取决于静磁能与磁晶能的相对大小。

3.8.2 壁移的动力与阻力

众所周知,理想、完美的铁磁晶体是内部结构均匀、内应力极小而又无夹杂物的晶体。材料内部的磁畴结构只由其外形的退磁作用决定。这样,理想晶体受到外磁场作用时,只要内部的有效磁场稍微不等于零,畴壁就开始移动,直至磁畴结构改组到有效磁场等于零时才稳定下来。因此,这种理想晶体的起始磁化率应为无穷大。在实际晶体中总是不可避免地存在着晶体缺陷、夹杂物和以某种形式分布的内应力。这些结构的不均匀性产生了对畴壁迁移的阻力,而使起始磁化率降为有限值。正是由于壁移阻力随位置而变化,壁移磁化有可逆和不可逆的区别,而磁滞现象就正是不可逆壁移的结果。

显然,畴壁迁移过程中,铁磁晶体的总自由能将不断发生变化。这里必须考虑静磁能、退磁能、交换能、磁晶能和磁弹性能。由于外磁场是畴壁迁移的原动力,静磁能在技术磁化中起主导作用,其他几种能量都与壁移的阻力有关。这里交换能和磁晶能都包含在"畴壁能"里了。由于我们讨论的磁化过程是在缓慢变化的磁场或低频交变磁场中进行的,属静态或准静态的技术磁化问题。因此,畴壁的平衡位置是以各部分自由能的总和达到极小值为条件的。

现假定有两个相邻成 180° 的磁畴,其总自由能 $F(x)$ 随畴壁位置 x 的变化如图 3.33(a) 和 3.33(b) 所示。当未加外磁场时,畴壁的平衡位置稳定在能谷 a 处;若加上一个与磁畴 A 的 M_s 方向一致的外磁场 H,畴壁受磁场作用将向右推移。设壁移为 dx,外磁场所做的功等于自由能 $F(x)$ 的增量,故

$$2HM_s dx = \frac{\partial F}{\partial x} dx \tag{3.37}$$

从式(3.37)可见,磁场 H 把畴壁推进单位距离时,对畴壁单位面积所做的功为 $2HM_s$。换言之,磁场的作用等于对畴壁有一个静压强 $2HM_s$。在磁化过程中,它要克服畴壁迁移所遇到的阻力 $\partial F/\partial x$。设 b 点是能量变化曲线的拐点,显然在 b 点以前 $\partial F/\partial x$ 是递增的。$\partial^2 F/\partial x^2 > 0$,在拐点 b 处 $\partial F/\partial x$ 达到极大,而在 b 点之后 $\partial F/\partial x$ 逐渐减小,$\partial^2 F/\partial x^2 < 0$。这样当磁场很弱时,畴壁的移动也很小,在 x_1 点之前畴壁的移动是可逆的,即去掉外磁场之后,畴壁受 $\partial F/\partial x$ 的推动仍回到原始位置 x_0 处。如增加磁场使畴壁移动到 x_1 处,且磁场的推动力能克服 b 点产生的最大阻力 $(\partial F/\partial x)_{max}$,这时即使磁场不再增强,也足以使畴壁向右继续推移,迅速达到一个新的平衡位置,如图 3.33(b) 中的 c 点,畴壁受阻停留在 x_2 处。畴壁从 x_1 到 x_2 是瞬时完成的,故相当于一个跳跃,即巴克豪森跳跃。伴随着这个过程,产生强烈的磁化效应。

可见,从 $a \rightarrow b$ 是畴壁可逆位移的过程。如果在这个磁化阶段减弱磁场,可以使畴壁退回原位置,即磁化曲线可沿原路线下降,不出现磁滞现象,这是因为该磁化过程各位置均为稳定的平衡状态的缘故。

从 $b \rightarrow c$ 是畴壁不可逆位移的过程。如在这个阶段减弱磁场,畴壁将不能退回原位置,只能移到 d,e 等位置,因而磁化曲线也不能沿原路线下降,而形成磁滞回线。

这里可逆与不可逆壁移的界线在于增强磁场时畴壁位置是否达到最大阻力 $(\partial F/\partial x)_{max}$。我们把达到最大阻力的磁场强度

$$H_0 = \frac{1}{2M_s}\left(\frac{\partial F}{\partial x}\right)_{\max} \qquad (3.38)$$

称为临界场。

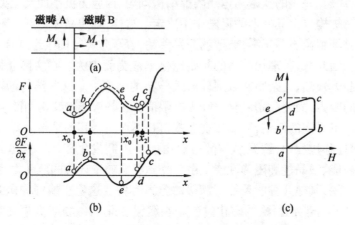

图 3.33 180°壁的可逆与不可逆迁移图解

从与 a-b-c-d-e 过程相对应的磁化曲线及部分磁滞回线的示意图 3.33(c) 上，可以区分出可逆磁化 ab，不可逆磁化 bc，剩余磁化 ad 以及矫顽力 bb′ 等过程。

关于巴克豪森效应可以从图 3.34 的实验得到证明。试样在技术磁化过程中，由于造成畴壁不可逆迁移的巴克豪森跳跃而感应出来的脉冲信号，将使扩音器发出"滴答"响声。

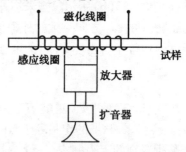

图 3.34 巴克豪森效应的实验证明

显然，一旦发生了巴克豪森跳跃，再去除外磁场也不能使畴壁自动回到原来的 x_0 位置，而是受 $\partial F/\partial x$ 的作用移动到 x_0' 位置，这里 x_0' 处 $\partial F/\partial x$ 也等于零。由于畴壁不回到 x_0 处，使磁畴在外场方向保留了一定的磁化强度分量，故表现出一定的剩余磁化 M_r。这种畴壁移动的不可逆性导致铁磁材料的不可逆磁化。若要消除剩磁，就必须加一个反向磁场，来克服畴壁反向移动时产生的最大阻力 $(\partial F/\partial x)_{\max}$，使畴壁回到磁化前的 x_0 处。因此，铁磁材料表现出一定的矫顽力 H_c。

必须指出，180°壁和90°壁的壁移阻力是不同的。对于180°壁而言，因相邻两磁畴的磁化矢量反平行，磁弹性能基本不变，可认为 $\partial F/\partial x$ 主要是畴壁能的变化 $\partial \gamma/\partial x$，故从式 (3.37) 可得

$$2HM_s = \frac{\partial \gamma}{\partial x} \qquad (3.39)$$

式中，γ 为畴壁能密度。

对于90°壁的迁移则稍有不同虽然，按以上分析在可逆位移过程中也有类似于式 (3.37) 的关系

$$HM_s \mathrm{d}x = \frac{\partial F}{\partial x}\mathrm{d}x \qquad (3.40)$$

但是,90°壁迁移时磁弹性能的变化较大,而畴壁能本身的变化较小,这是因为当畴壁迁移时相邻两畴的磁化矢量改变90°时,$\sin\theta$的变化从0到1(或从1到0)所致。这种差别决定了它们的磁场下的不同行为,因而对材料的磁参数作出不同的贡献。

3.8.3 壁移的两种理论模型和起始磁化率

根据铁磁晶体内部畴壁迁移阻力的来源,曾经提出过两种不同的理论模型:内应力理论和杂质理论。

内应力理论认为,铁磁体中内应力的分布状态决定了畴壁迁移的阻力。如果晶体内部杂质极少,而内应力的不均匀分布成为阻力的主要来源时,可按照内应力随位置的变化来计算自由能的变化。

杂质理论认为,当材料中包含着很多非磁性和弱磁性的不均匀相(如珠光体中的Fe_3C)时,畴壁就要被杂质穿破,因此由于杂质的存在不仅使畴壁迁移时发生畴壁能密度的变化,而且畴壁面积的变化也十分显著,这种情况应以全部自由能F来讨论。当畴壁穿过杂质或气泡集中的位置时,畴壁面积最小,因此能量最低,如图3.35(a)所示。如果施加磁场使畴壁移动离开这个位置,畴壁的面积就要增大,如图3.35(b)、图3.35(c)所示。畴壁能量的增高就要给迁移造成阻力。

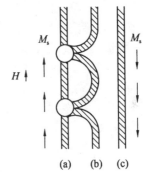

图 3.35 夹杂物对畴壁移动的影响

根据以上两种理论模型,对于材料的起始磁化率x_i和磁矫顽力H_c都可以进行理论计算。但由于几种能量因素都起作用,要对技术磁化作准确的分析很困难。因此,关于磁化率等物理量只能作近似的推导,以得出原则性的表达式。

3.9 金属与合金的铁磁性

一般说来,金属与合金的铁磁性总是与其化学成分、组织结构及热处理状态有关。但若细加分析,可以把材料的磁参数划分为两种类型:组织不敏感的性质和组织敏感的性质。

属于组织不敏感的磁参数有饱和磁化强度M_s、磁致伸缩系数λ_s、居里点θ_c以及磁各向异性常数K等,其中M_s和λ_s是铁磁体自发磁化强度的函数。具体地说,它们和原子结构、合金成分、相结构和组成相的数量有关,而与组成相的晶粒大小、分布情况和组织形态无关。θ_c只与组成相的成分和结构有关,K只决定于组成相的点阵结构而与组织无关。属于组织敏感的磁参数有矫顽力H_c、磁导率μ、剩磁感应B_r等,它们都与组成相的晶粒大小、分布情况和组织形态有密切关系。

最重要的铁磁金属要数铁、钴、镍,其中人们对铁的研究最多。从理论上应当可以根据铁磁体一个原子的玻尔磁子数来计算0 K时的饱和磁化强度M_s。铁、钴、镍的3d电子壳层未被抵消的玻尔磁子数为4,3,2。但由此计算得到的饱和磁化强度却比实验值高得多。如果用实验得到的 M_s 来计算铁、钴、镍原子的玻尔磁子数则不为整数:Fe 的玻尔磁子数约为 2.2,Co 的玻尔磁子数约为 1.7,Ni 的玻尔磁子数约为 0.63。根据翁索夫斯基(Vonsovsky)的理论,这是由于 s-壳层与 d-壳层电子交换作用的结果,即铁磁性不仅决定于 3d-壳层,而且也决定于 4s-壳层的电子。

影响金属铁磁性的因素很多,如温度、加工硬化和晶粒细化、合金化以及其他组织结构上的变化都可能表现不同的影响。

3.9.1 温度的影响

如前所述,一般饱和磁化强度 M_s 随温度升高而下降,低温时下降较为缓慢,当温度接近居里点时 M_s 急剧下降,到达居里点则 M_s 下降到零,这种下降是由于原子的热运动使原子磁矩产生无序倾向造成的。

铁的饱和磁感应强度 B_s、剩磁感应强度 B_r、磁滞损耗 Q 和磁矫顽力 H_c 与温度的关系如图 3.36 所示。这里 B_s,Q 和 H_c 均随温度的升高而下降,当温度到达居里点时降为零。只有剩磁感应强度 B_r 在 -200 ℃到 20 ℃ 的温度范围内有所增高,然后再下降。

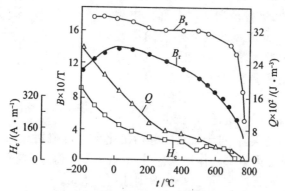

图 3.36 铁的 B_s、B_r、H_c 和 Q 与温度 T 的关系

3.9.2 加工硬化和晶粒细化

范性形变使晶体中产生大量的缺陷和内应力,例如位错密度可以增高到 $10^{12}/cm^2$,因而使磁导率显著下降,且形变量越大,下降也越多。矫顽力则相反,它随形变量增大而增大。剩磁感应的变化较为复杂,在临界压缩范围(5%~8%)急剧下降,而在压缩量增加时反而上升。值得注意的是,凡是涉及磁饱和的参数都与加工硬化无关。图 3.37 表示了含碳量为 0.07% 的软铁丝在不同压缩变形后的实验结果。

与加工硬化的作用相反,导致再结晶的退火总是提高磁导率 μ、降低矫顽力 H_c 和磁滞损耗 Q,使这些性能恢复到接近加工硬化以前的数值。Q 和 μ_{max} 在再结晶温度(对于铁是 520 ℃)以下就发生变化,这是由于在这些温度以下已进行了恢复过程所致。达到完全再结晶后,剩磁感应也恢复到原始值。

晶粒细化对磁性的影响与加工硬化相同,铁素体的晶粒越细,磁导率越低,而矫顽力和磁滞损耗越大。这是因为晶界是妨碍技术磁化的一个因素。表 3.6 列出了日本学者西促和本多对很纯的铁真空退火后得到的晶粒大小对 μ_{max} 影响的数据。

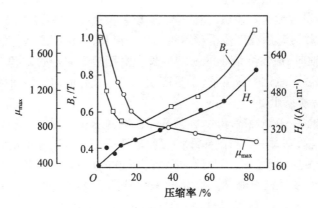

图 3.37 软铁丝磁性能与加工硬化时应变量的关系

表 3.6 晶粒大小对纯铁 μ_{max} 的影响

西 促		本 多	
晶粒大小/mm	μ_{max}	在 1 mm² 中的粒子数	μ_{max}
11	8 050	0.006 7	4 300
7	7 680	0.092	4 430
6.3	8 200	0.15	
2.7	8 050	1.9	3 700
1.2	7 300	12.1	3 740
0.7	7 550	92	3 400
0.6	6 970		
0.3	6 850		
0.1	4 090		

应当看到,铁的组织敏感性质 H_c 和 μ 在很大程度上决定于它的纯度。随着铁的纯化技术逐步改进,必然增大磁导率而降低矫顽力。理论上前者趋于无穷大,而后者趋于零。

由以上的讨论可以看出,改善铁磁材料磁导率的方法有：

①消除铁中的杂质;

②把晶粒培育到很大的尺寸;

③造成再结晶织构,即在再结晶时使晶体的易轴⟨100⟩沿外磁场排列起来;

④退火时在一定方向施加磁场,并在冷却过程中使磁场从居里点保持到材料只有很低范性的低温,这就是磁场中的退火。

3.9.3 磁场退火

众所周知,材料在高温冷却过程中,在通过居里点时形成磁畴。由于材料从顺磁体变为铁磁体,各磁畴经受磁致伸缩而发生形变,其中包括沿易轴(即磁畴自发磁化到饱和的方向)的形变。由于每个晶体有几个易轴(如铁有三个),则在居里点以下形成磁畴时它们将在不同方向发生形变。显然,在铁中之所以能发生形变是因为居里点位于足够高的温度。假如铁试棒冷却后在室温下顺着棒的轴向磁化,则由于磁致伸缩,各磁畴将沿与磁场方向(即试棒轴向)成角度最小的易轴伸长。由于冷却时经过居里点而产生的各向杂乱形变将妨碍室温下磁化的新变形,于是产生应力。这种应力将妨碍磁致伸缩,因而也将妨碍磁化,使磁导率降低。

在沿轴向的磁场中缓慢冷却时,因为基元区域的磁化向量沿着与外磁场(试样轴向)成最小角度的易轴,则每一磁畴的磁致伸缩和范性形变将沿该方向发生。换句话说,磁畴将在室温磁化时沿应伸长(在正磁致伸缩情况下)的方向预先伸长。经过磁场中退火的样品,其磁致伸缩将不妨碍磁化。样品的磁化变得更容易,从而在该方向将有高的磁导率。

这样看来,高的磁导率不但可以由晶体易轴的择优取向(通过冷加工和再结晶手段)达到,同样也可以由内应力的择优取向(通过磁场中退火的手段)达到。前者称为冷加工或再结晶织构,而后者称为磁织构。

3.9.4 合金化

当不同金属组成合金时,随着成分的变化形成不同的组织,合金的磁性也有不同的变化规律。

如果铁磁金属中溶入顺磁或抗磁金属形成置换固溶体,饱和磁化强度 M_s 总是要降低,且随着溶质原子浓度的增加而下降。例如在铁磁金属镍中溶入 Cu、Zn、Al、Si、Sb,其饱和磁化强度 M_s 不但随溶质原子浓度而降低,而且溶质原子价越高,降低得越剧烈,如图 3.38 所示。可以设想,Cu、Zn、Al、Si、Sb 的 4s-电子进入镍中未填满的 3d-壳层,导致玻尔磁子数减少。根据这个假设的计算表明,Cu 给出 1 个 4s-电子,Zn 2 个,Al 3 个,Si 4 个,Sb 5 个。

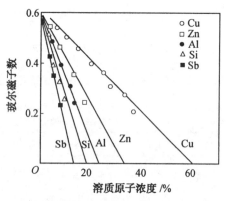

图 3.38 镍中合金元素浓度对每个原子玻尔磁子数的影响

在镍合金中观察到磁化强度变化的上述规律还不能认为是一般规律,因为在其他情况下关系较复杂,目前尚不能计算。对于顺磁和铁磁溶质在铁磁体中的固溶体更是如此。

N-Mn,Fe-Ir,Fe-Rh,Fe-Pt 是例外,在这些固溶体中少量第二组元引起 M_s 的增加。

在 Ni-Pd 固溶体中 Pd 的原子浓度在 25% 以下 M_s 不变。这些情况是因为溶质是强顺磁过渡族金属的缘故。这种 d-壳层未填满的金属好像是潜在的铁磁体。事实上在很多情况下,含有这种金属和其他非铁磁性元素(常常是普通金属或非金属)的固溶体是铁磁性的。目前已知从非铁磁性组元形成铁磁体的有:Mn 与 As、Bi、B、C、H、N、P、S、Sb、Sn、O、Pt、Cu 和 Al,Cu 和 Sn,Ag 和 Al;Cr 与 Te、Pt、O 或 S。

Ni-Co,Fe-Ni 固溶体中 M_s 值随溶质原子浓度单调地变化。Fe-Co 合金中在 Co 的原子浓度为30%处有极大值,如图3.39所示。可见在这个合金系中存在比纯铁的铁磁性更强的工业合金(吉皮尔钴-35% Co(原子),钴钢-50% Co(原子))。

和纯金属一样,固溶体的饱和磁化强度是组织不敏感的性能。它实际上与加工硬化(当不存在超结构时)、晶粒大小、晶体位向、组织形态等无关。

铁磁体中溶有非铁磁组元时,它们的居里点几乎总是降低。但固溶体Fe-V和Ni-W例外。当增加V和W的含量时,居里点起初升高,经过极大值后逐渐降低。

H_c、μ和χ为组织敏感性质,它们与成分的关系决定于K、λ_s和M_s的变化。在图3.40中我们已经看到,在Fe-Ni系合金中起始磁导率μ_i的极大值在Ni的原子浓度为78%时达到(μ_{max}也一样),即在λ_s和K过零的浓度区达到。图3.40表示铁镍合金电、磁参数随成分的变化情况。实验表明,假如在铁磁体合金化时K和λ_s随合金浓度变化不显著,在到达溶解度极限以前H_c,μ,χ与置换固溶体成分无关。当继续增加溶质组元时,H_c增加,而μ和χ减小。

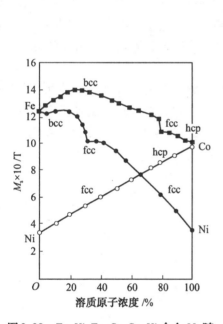

图3.39 Fe-Ni、Fe-Co、Co-Ni合金M_s随成分的变化

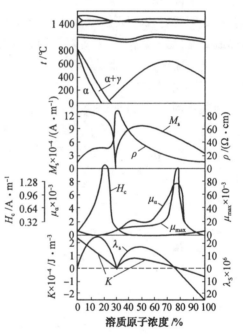

图3.40 Fe-Ni合金的相图和电磁学性能

在多相合金中,如果各相都是铁磁相,则其饱和磁化强度由各相的磁化强度之和来决定。如图3.41所示,Δ_1、Δ_2、T_{C1}、T_{C2}分别是第一相和第二相磁化强度的变化及居里点。

在间隙固溶体中,矫顽力随溶质的增加而增加,且在低浓度时特别显著。所以对高磁导率合金往往采用各种方法减少其中的间隙杂质,首先是碳、氧、氮。与此相反,为了获得高矫顽力,例如对于钢,必须淬火成马氏体,即获得以α-Fe为基高度过饱和的间隙固溶体。

根据有关报道,在Fe-Co合金中,极少量间隙杂质强烈影响合金的磁致伸缩。这个意外的结果尚缺乏理论解释。

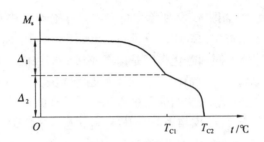

图 3.41　由两铁磁组成的合金磁化强度与温度的关系

3.9.5　有序化

固溶体有序化对合金磁性的影响很显著。图 3.42 表示 Ni-Mn 合金饱和磁化强度与成分的关系。当合金淬火后处于无序状态时,饱和磁化强度在含 Mn10% 以下略有增高,10% 以上则单调下降。在含 Mn 达 25% 时,合金已变成非铁磁性,如曲线 1 所示;如果将合金在 450 ℃进行长时间退火,使其充分有序化形成超结构 Ni_3Mn,合金的饱和磁化强度将沿曲线 2 变化。当含 Mn 达到 25% 时,M_s 达到极大值(超过纯 Ni)。如再将有序合金进行加工硬化破坏其有序状态,则 M_s 又重新下降,对于淬火为无序固溶体的合金,加工硬化几乎不影响 M_s。

值得注意的是,通过加热使 Ni_3Mn 合金从有序向完全无序过渡(在 520℃达到)时,M_s 和 H_c 的变化如图 3.43 所示。H_c 在合金的有序态和无序态时都比较低,而在过渡区达到极大值。可以设想,在过渡区有序和无序的晶体点阵在近距离内共存。显然,合金在这个温度区域点阵的畸变和与其相关的应力达到很大的数值。

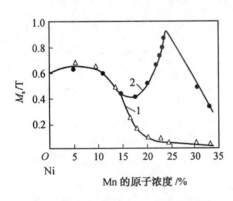

图 3.42　Ni-Mn 合金的 M_s 与成分的关系

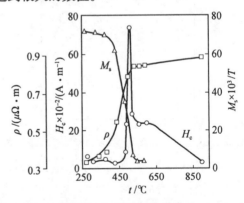

图 3.43　从有序向无序转变时合金 Ni_3Mn 的 M_s,H_c 和 ρ 的变化

令人感兴趣的是,在 Pt_3Fe 和 Pt_3Co 成分的合金中得到了很高的矫顽力:前者为 1.25×10^5 A·m^{-1},后者为 2.11×10^5 A·m^{-1}(B_r 相应的各为 0.583 T 和 0.453 T)。这样高的矫顽力是合金从有序结构向无序结构转变时得到的。目前用做永久磁铁的高矫顽力合金的金属学中,有序化起着重要的作用。因为在某一个过渡状态下将引起整个体积中的点阵畸变,而弥散硬化主要在多相组织的相界面上引起点阵畸变。

现在还没有确定有序化时 M_s 增加的原因,是由于同类原子的间距增大还是结合的性质有变化(s-和d-电子的交换)或者两种因素同时兼有。

3.10 磁性材料

磁性材料按矫顽力 H_c 的大小分为两类。即矫顽力很小的软磁材料[$H_c \approx$ 1 $A \cdot m^{-1}$(10^{-2}Oe)]和矫顽力很大的硬磁材料[$H_c \approx 10^4 \sim 10^6$ $A \cdot m^{-1}$($10^2 \sim 10^4$Oe)]。

3.10.1 软磁材料

容易磁化和退磁的磁性材料称为软磁材料,即这类材料的磁滞回线很窄。其特点是矫顽力低,磁导率高,每周期的磁滞损耗(Q)小。它可分为金属软磁材料和非金属软磁材料。前者主要用于低频范围,后者可用于高频和超高频范围。软磁材料主要用于制造磁导体,增加磁路的磁通量,降低磁阻,例如变压器、继电器的磁芯(铁芯)、电动机转子和定子、磁路中的连接元件、磁屏材料、感应圈铁芯、电子计算机的开关元件和存储元件等。最常见的软磁材料有工业纯铁、硅钢、坡莫合金、铁铝合金、软磁铁氧体等,下面分别介绍。

1. 工业纯铁

工业纯铁具有优良的软磁特性,加工(机加、锻造)性能好,价格便宜。但纯铁的电阻率较低(ρ=9.7 $\mu\Omega \cdot cm$),不能用于交变磁场,只能用于直流磁场。可用来制造直流电磁铁芯、磁极头、继电器铁芯、衔铁等。

如要求性能更高的纯铁,就要采用电解铁或碳基铁的粉末进行重熔或烧结的办法制成各种元件。

2. 硅钢(Fe-Si 合金)

硅钢是硅在铁中的固溶体合金,具有较大的电阻率和较高的磁性能。主要缺点是比纯铁硬而脆,饱和磁感应强度比纯铁低。工业上常用的硅钢片可分为各向同性硅钢片和方向性硅钢片。各向同性硅钢片又分为热轧硅钢片及冷轧硅钢片两种,主要用于制造电机转子和定子,又称电机硅钢片。方向性硅钢片又分为单取向(高斯织构)的和双取向的硅钢片两种。主要用于制造变压器的铁芯,又称变压器硅钢片。

3. 坡莫合金

坡莫合金是一种铁镍(Fe-Ni)合金,是有名的优良软磁材料。它在弱磁场中具有很高的磁导率,很小的矫顽力。缺点有:

①材料磁性对应力极为敏感;
②饱和磁感应强度稍低;
③生产这种材料时常以钼和铬等元素作为添加剂,价格昂贵;
④制成器件后必须在氢气或真空中退火,增加了工艺复杂性。

坡莫合金广泛用于测量、自动化设备及无线电技术中作为磁性元件,能在弱静磁场中及弱的几万赫兹交变磁场中工作。

4. 具有特殊性能的软磁材料

具有特殊性能的软磁材料主要有：

①热磁合金 1J 38（Fe，35% Ni，8% ~ 13% Cr）。当温度在室温上、下波动时，此合金的磁化强度变化很大。主要用于制造各种精密仪器中的磁路补偿装置。

②高饱和磁化强度的软磁材料。1J 22（Fe，49% ~ 51% Co，1.4% ~ 1.8% V）是这种合金的典型代表，其 $4\pi M_s$ = 22 000 Gs = 2.2 T，H_c < 150 A·m^{-1}（1.8 Oe）。这类合金主要用于做磁极头、磁性薄膜。

纯铁也是一种高饱和磁化强度材料。

③高磁致伸缩材料。纯镍是其中一种，$\lambda_s = -35 \times 10^{-6}$，具有良好的抗蚀性，是一种良好的磁致伸缩材料。1J13（Fe，13% Al），其 $\lambda_s = 35 \times 10^{-6}$，与镍大小相同，但密度小是它的突出优点。这类材料主要用做超声波换能器的铁芯，一种含稀土元素铽（Tb）的磁致伸缩材料——Terfenol-D 是目前磁致伸缩量最高的，其微应变达 1 400 以上。

自从 1967 年研制成 $Fe_{30}P_{18}C_7$ 金属玻璃以来，非晶态软磁材料获得了发展，其研究方向主要有：

①以 Co-Fe-B 基合金为主的高磁导率材料。

②以 Fe-B 基材料为主的高饱和磁感应强度材料。它们的性能优于一般的软磁材料，并扩大了应用。

3.10.2 永磁材料

永磁材料又称硬磁材料，它是去掉磁化场后仍能对外产生较强磁场的磁性体，主要特点是矫顽力高和磁能积大。广泛应用于各类电表、电机中，电话机、录音机、收音机、拾音器以及电视机部件中都需要永磁体。其次在机械制造工业中使用的磁器件，例如在永磁发电机（包括步进电动机）以及钟表用电机中都使用永磁材料。

首先分析一下永磁材料性能指标的特征。

假设磁铁是一个闭合回路（如环状）。在磁化后取消外磁场，则在磁铁中有剩磁（B_r），但它对外不能提供一个可使用的磁场空间。如果在环上开一个空气隙（如图 3.44），在磁铁上就出现了两极，并在此空气隙中建立了磁场。但有了磁极，就产生了退磁场，降低 B_r 的数值。这种退磁关系是按照磁滞回线在第二象限内的曲线变化的（见图 3.45 的左半部）。

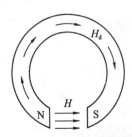

图 3.44 永久磁铁的空气隙

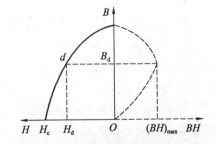

图 3.45 退磁曲线和磁能积曲线示意图

设 S_m、l_m、B_m、H_m 和 S_g、l_g、B_g、H_g 分别代表磁铁与气隙的截面积、长度、磁感应强度和磁场强度。根据安培环路定律 $\sum H_i l_i = 0$，可得磁动势守恒原理，即

$$H_m l_m = H_g l_g \tag{3.41}$$

如果不考虑漏磁通，根据磁通连续性原理，得

$$S_m B_m = S_g B_g \tag{3.42}$$

由式(3.41)和式(3.42)相乘，化简后得

$$H_m B_m V_m = H_g B_g V_g \tag{3.43}$$

式中，V_m、V_g 分别代表磁铁和气隙的体积。

磁铁在气隙中产生的磁场强度 H_g 除了与 V_m、V_g 有关外，主要决定于磁铁内部的 B_m 和 H_m 的乘积，H_m 就是磁铁的退磁场。由电磁学可知，磁场的能量密度为 $\frac{1}{2}BH$，因此气隙单位体积的磁场能量为 $\frac{1}{2}B_g H_g$，由式(3.43)可知 $\frac{1}{2}B_m H_m$ 为磁体单位体积所建立的气隙磁场能量。在磁体体积一定情况下，$B_m H_m$ 越高，则磁体所建立的气隙磁场能量亦越大。$B_m H_m$ 代表了永磁体能量的大小，称为磁能积。开路(有缺口)永磁体的退磁曲线上各点的磁能积随 B 的变化如图 3.45 所示，如果在设计磁铁时，使磁铁在 d 点工作，则磁铁在气隙产生最大的磁场能量(对应的磁场强度也最大)，因此要求永磁体的磁能积越大越好。其中

$$B_d H_d = (BH)_{max} \tag{3.44}$$

称为最大磁能积，单位是 kJ/m^3。

在实际中，通常用纯铁等高磁饱和材料制成一对极头分别与磁体的一对磁极相接触，并将磁体产生的磁场引导到预定的磁路气隙内。这样就可以将永磁体制成易于成型的简单形状。

永磁体的作用仅仅是在工作间隙内提供恒定的磁场，而不向间隙内工作的部件提供任何能量。否则磁体本身的能量将逐步耗尽而不再是"永久"磁体。

如果材料的 $(BH)_{max}$ 大，则在相同空气隙条件下，可以得到高的磁场。反之，要求气隙有一定的磁场，则选用 $(BH)_{max}$ 大的材料，就可以少用材料，减少磁铁的体积。由于各种硬磁材料 B_r 相差不大，即 B_d 相差不大，因此起主要作用的是 H_c，所以制造永磁体要选用 H_c 大的材料。同磁滞回线一样，退磁曲线也可作成 $B-H$ 曲线和 $M-H$ 曲线，它们所对应的矫顽力分别以 H_{cB} 和 H_{cM} 表示。对于软磁材料和低矫顽力高剩磁的永磁材料，H_{cB} 和 H_{cM} 的差别不大，但对于高矫顽力低剩磁的永磁材料，它们的差别则十分明显。在未加特别说明的情况下，H_c 通常指 H_{cB}。

综上所述，对于永磁材料要求必须具有高矫顽力 H_c、剩磁 B_r、最大磁能积 $(BH)_{max}$。永磁材料有许多种类，近年来又有新的发展。它大致分为以下几类：

①铝镍钴系永磁材料，目前使用广泛。

②铁氧体永磁材料，其不含镍和钴，价廉，一般分为钡铁氧体和锶铁氧体两种。

③铁铬钴系永磁材料，其永磁性能优良、可机械加工、含钴量较低，故得到了发展。这类合金与 Alnico 型永磁合金(Fe-Al-Ni-Co-Cu 合金)一样，属于脱溶硬化型，需经磁场热

处理和时效处理,或采用形变-时效处理等。

④稀土钴永磁材料,这是最大磁能积很高的一类永磁材料,颇受重视。第一代的稀土钴永磁材料以 RCo_5 为主体(其中 R 为稀土元素),通常有烧结、等静压、黏合的 RCo_5 以及烧结和铸造 R-Co-Cu 等几种,比较典型的有 $SmCo_5$、$Sm_{0.5}Pr_{0.5}Co_5$ 等,它们在小型永磁电动机等方面得到良好的应用。现在第二代的 R_2Co_{17} 合金也取得很大的进展。为了克服烧结法的缺点,最近发展了树脂黏合法和热围压法等新工艺。

⑤Fe-R-B 永磁材料,如 $Nd_2Fe_{14}B$ 和 $Pr_{16}Fe_{16}B_5Si_3$ 等,因不含钴、钐价格较低,并可获高的最大磁能积,故引起人们注意。目前尚需克服居里温度低、受温度影响大等问题。

⑥非晶永磁材料。过去对非晶磁性材料的研究,主要集中在软磁材料上,后来发现有些非晶磁性材料具有良好的永磁性能。例如上述的 Fe-R-B 材料,通过熔体快速淬火法制备及以后的热处理,就是一种较好的永磁材料。另一类含 Ga 的 Pr-Fe 非晶永磁材料也已研制成功。

表 3.7 给出了一些永磁材料的特性比较。

表 3.7 一些永磁材料的特性比较

性能 材料名称	B_r/T	H_{cB}/ (kA·m^{-1})	H_{cM}/ (kA·m^{-1})	$(BH)_{max}$/ (kJ·m^{-3})	可逆温度系数 %/℃	密度/ (g·cm^{-3})
$Nd_{15}B_8Fe_{77}$	1.25	796.0	883.56	286.55	−0.126	7.4
$Sm_{2.17}$-Co	1.12	533.32	549.24	246.76	−0.03	8.4
铁氧体	0.44	222.88	230.84	36.62	−0.18	5.0
AlNiCo	1.15	127.36	127.36	87.56	−0.02	7.3
FeCrCo	1.40	52.0	52.54	47.76	−0.03	7.7

3.10.3 磁记录材料

磁记录是一种利用磁性物质作记录、存储和再生信息的技术。它包括录音、录像和录码。前两者为连续记录,后者为分立记录。这种技术与其他记录技术相比,主要优点是:

①频率范围宽,从直流到十几兆赫的交流;
②信息密度高,容量大;
③信息可以长期保存,直接再生,反复再生,成本低;
④固有失真小;
⑤寿命长。

磁记录系统的主要部分是磁头组体、磁带(或磁盘)及其传动装置、记录放大器以及伺服系统。磁头材料是高密度软磁材料。涂覆在磁带、磁盘和磁鼓上面的用于记录和存储信息的磁性材料称为磁记录介质,通常要求有较高的矫顽力和饱和磁化强度,矩形比高,磁滞回线陡直,温度系数小,老化效应小。常用的磁记录介质有氧化物和金属两类。氧化物中以 γ-Fe_2O_3 应用最广泛,其他还有 Fe_3O_4、CrO_2 等。金属磁记录介质有 Fe、Co、Ni 的合金粉末和用电镀、化学或蒸发方法制成的磁性合金薄膜。

提高记录密度是磁记录的一个重要研究方向。目前磁记录主要采用纵向记录方式,其记录密度不很高,故有人提出了垂直记录方式,即采用单极型磁头,高饱和磁化强度 M_s 和垂直磁各向异性场的厚膜介质,记录数字信号,调制记录和直流场抹磁。在几种垂直磁记录的新材料中,目前最受注意的是 Co-Cr 合金。它用射频溅射等方法制成薄膜,可通过磁畴转动来实现技术磁化过程,估计其极限记录密度可达 20 千位/mm。此外在磁(记录)头材料方面也取得新进展,主要是用晶体生长新工艺制取 Mn-Zn、Ni-Zn-Mn 等铁氧体单晶,它们具有优良的使用性能。表 3.8 是各种磁记录介质的特性。

表 3.8 各种磁记录介质的特性

分类	介质的分类	磁粉	H_c/ (kA·m^{-1})	B_r/ mT	位长/ μm	位宽/ μm	位面积/ μm^2
音频	DAT	金属粉	119.4	250	0.335	13.5	4.556
视频家庭用	S-VHS	钴改性 γ-Fe$_2$O$_3$	72	180	0.4	58	23.2
家庭用	Hi8	金属粉	123	280	0.25	20.5	5.125
家庭用	8 mm	金属粉	119	250	0.35	20.5	7.175
视频业务用	1/2 BETACAM	钴改性 γ-Fe$_2$O$_3$	52	150	0.54	161	86.94
	1/2 BETACAM	金属粉	—	—	0.425	39	16.575
计算机用软盘	IBM3480	CrO$_2$	~41.6	150	1.03	540	556.2
	DATA/DAT	金属粉	124	(~230)	0.335	13.6	4.556
	90 mm(2 MB)	钴改性 γ-Fe$_2$O$_3$	58.4	(~154)	1.46	188	274.48
	90 mm(12.5 MB)	金属粉	120	(~154)	0.692	62.5	43.25
	50 mm 1 MB(VFD)	金属粉	112	(~171)	0.496	100	49.6

3.10.4 磁存储材料

电子计算机在人们的工作和生活中日益重要,正朝着大型化和微型化两个方向迅速发展。在数字电子计算机中,所有的信息(数字、文字、符号等)都用二进制(0 或 1)表示。由于磁性材料的两种磁化状态很适于表示"0"和"1"两个数,并且通过磁电转换便于传输,故计算机中的存储器主要用各种磁性材料制成。过去普遍采用磁芯存储器,它由许多个细小磁芯构成。为了提高存储密度,磁芯尺寸越做越小,在技术上遇到了很大的困难,故逐渐被其他存储器取代。磁泡存储器是一种有希望的存储器。

对于单轴各向异性材料的薄晶片或薄膜,如果加偏置磁场,可以使小圆柱形磁畴(直径在 1~100 μm 范围)处于稳定状态。这种磁畴在显微镜下观察很像气泡,所以称为磁泡,如图 3.46 所示。由于磁泡体

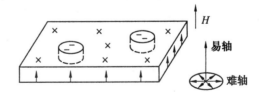

图 3.46 磁泡畴(薄片向上磁化,磁泡向下磁化)

积小并能高速转移,它可以用于电子计算机中高密度存储器作信息存储,增加存储量,提高计算速度和缩小机件体积。若以磁泡的"有"和"无"来表示"1"和"0"两种信息,则在材料上加以控制电路或磁路,就能做到控制磁泡的产生、消失、传输、分裂,以及磁泡相互

作用,从而完成信息的存储、记录、逻辑运算等功能。

磁泡材料及其应用前景是1967年提出的。通过研究,发现人工生长的石榴石晶体很适宜于制作磁泡器件,但需要的晶片厚约十几微米,故往往采用外延的方法在非磁性石榴石衬底上生长一层磁性石榴石单晶薄膜,然后用半导体集成电路的工艺布上导线,以此制成磁泡器件。另外也可考虑采用Gd-Fe、Gd-Co等非晶态磁性薄膜。当前的发展重点是提高材料的磁泡密度(减小泡径)、磁泡迁移率和温度稳定性。采用(YLaLuSmCa)$_3$(FeGe)$_5$O$_{12}$系铁氧体外延膜已达到存储密度约 10^7 位/cm^2,数据率>1 MHz损耗约14 μW/位。研究亚微米泡径的铁氧体外延膜亦获得较大进展。现已研制出更高存储密度的磁泡器件。

3.10.5 磁光材料

自1973年优秀的TbFe非晶磁光记录材料被发现以来,磁光记录技术的飞跃发展十分令人注目。之后,磁光盘发展到了商品阶段,国际标准化组织(ISO)也制定了有关标准记录格式,有直径为130 mm(5.25 inch)和直径为90 mm(3.5 inch)的两种磁光盘,前者的存储量为600 M字节,后者的存储量为128 M字节。这些磁光盘主要用于广播电视和计算机系统中。

磁光记录的特点是兼有光记录的大容量和磁记录的可重写性。典型的130 mm磁记录软盘的存储量为1.2 M字节,而同尺寸的磁光盘的存储量为600 M字节。如果人民日报每版按1万字计算,22年的人民日报的文字可全部储存在一张15 cm大的磁光盘上。另外,磁光记录的非接触存取方式不会像接触存取的磁记录技术那样容易损坏记录介质,可靠性很高。与光记录技术相比,磁光记录又有可以反复读写的优点,磁光盘的可擦除重写次数达百万次以上。

磁光记录过程如图3.47(a)所示,磁光记录薄膜材料是垂直磁化膜,其易磁化方向垂直于膜面,磁矩垂直于膜面向上或向下排列。记录信息时,对磁光薄膜材料外加一个小于其矫顽力的记录磁场,同时加上一个表示信息的脉冲激光。受到脉冲激光照射的材料区域由于吸收光能而温度上升,此区域的矫顽力也随之下降,如图3.47(b)所示。如果其矫顽力下降到小于外加的记录磁场时,该材料区域的磁矩就会翻转为沿外加记录磁场方向排列。假设磁矩排列方向为垂直膜面向下、与记录磁场方向相反时,对应着记录信号"0",当磁矩翻转为沿记录场方向排列,即垂直膜面向上时,则对应于记录信号"1"。这

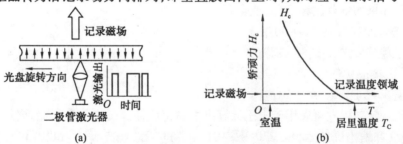

图3.47 磁光记录原理

样,可以将光的强弱信号转变为不同方向排列的磁矩而记录下来。那些没有受到激光照射的区域虽然也受到外加记录磁场的影响,但是因为室温下材料的矫顽力大于记录磁场,这些区域的磁矩不会翻转为沿外加记录磁场方向排列。只有那些受到激光照射的局部区域,因为温度升高而使矫顽力减少到低于外加记录磁场,其磁矩方向才会翻转为沿记录磁场方向排列。

3.10.6 磁流体材料

磁流体是以液态显示出磁性的材料。磁流体是把胶体大小(直径为 10^{-6} cm 的 Fe_3O_4 粒子)的强磁性微粒稳定地分散于液相中构成的溶液,它没有磁性材料固有的磁滞(剩磁)现象,即使在离心力和磁场作用下也不会发生凝聚和沉降,在表观上显示出液体本身具有磁性的性质。

美国国家航空航天局(NASA)首先把磁流体有效地用于宇宙空间失重下的火箭燃料供给系统。其后在民用方面已用于旋转轴密封、判别物质比重(向磁流体外加磁场,磁流体则被引向高磁场一侧,若在其中混入各种金属,则按比重进行分离)、磁墨水(把磁流体掺入印刷的墨水中,外加电场后,墨水被吸引在印刷纸侧,绘出文字图案)、药剂的制造(使乳液粒子带磁性,把微量药剂混合在其中,施加磁场可使药剂正确地施于患病部位)等。

长期以来已使用将 Fe_3O_4 微粒分散制得的材料,这些微粒的粒径约为 10 nm,饱和磁化强度为 200~600 G。还在研究使 Fe、Co、Fe-Co 合金分散的材料。最近出现热导性磁流体,它能迅速传导并释放所吸收的热能,把 Fe、Co 微粒分散在 Hg 中。

3.11 磁性测量

磁性测量包括对组织结构不敏感量(本征参量)如 M_s、T_c、K、λ 和组织结构敏感量(非本征参量)如 H_c、B_r、μ_a、μ_m、χ 等的测量。此外还包括对物质结构及各种现象的观察分析,如磁畴结构、点阵原子磁矩取向、各种磁效应(磁热、磁光、磁电、磁致伸缩、磁共振等)以及交变磁场条件下的磁参数测量,这里仅就常用的几种方法进行介绍。

3.11.1 冲击测量法

为了全面衡量合金的铁磁性,应测出其磁化曲线和磁滞回线。最经典和标准的测量方法是冲击法,图 3.48 示出该法的原理图。图中 O 为试样,为消除退磁场的影响,试样的标准形状应为环形。N 为磁化线圈,n 为测量线圈,G 为冲击检流计,A 为直流电流表。R_1,R_2,… 为可变电阻,K_1,K_2 为双向换向开关,K_3,K_4,K_5 为普通开关。M 为标准互感器。

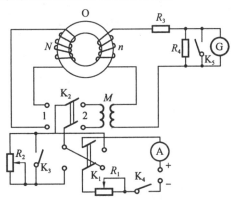

图 3.48 冲击法测磁原理图

在 N 线圈中通以电流 i,则在 N 中产生磁场

$$H = \frac{Ni}{l} \quad (\text{SI})$$

其中,N 代表磁化线圈的匝数;l 为环形试样的平均周长,m;i 为电流,A。试样被磁化,设其磁感应强度为 B。如果利用换向开关 K_1 突然使之换向(此时 K_2 应闭合在 1),则 N 中的磁场从 $-H \rightarrow +H$,这个变化是在极短的时间 τ s 内完成的。此时试样的 B 也应该由 $-B \rightarrow +B$。试样中的磁通量为 $\Phi = BS$,S 是试样的截面积。磁通量的变化引起线圈 n(匝数为 n)中产生感生电动势 ε

$$\varepsilon = -\frac{n\mathrm{d}\Phi}{\mathrm{d}\tau} = -\frac{nS\mathrm{d}B}{\mathrm{d}\tau}$$

这个电动势在由 n, M, G, R_3, R_4 所组成的测量回路中产生电流 i_0

$$i_0 = \frac{\varepsilon}{R}$$

式中,R 为测量回路中总的折合电阻。此电流是瞬时电流,由冲击检流计测出其电量

$$Q = \int_0^\tau i_0 \mathrm{d}\tau = \int_0^\tau \left(\frac{\varepsilon}{R}\right) \mathrm{d}\tau = \frac{nS}{R}\int_{-B}^{B} \mathrm{d}B = -\frac{2nSB}{R}$$

此 Q 引起检流计指示部分偏转一个 α 角,则 $Q = C\alpha$,C 为冲击检流计常数。故可写出

$$B = \frac{CR\alpha}{2nS} \tag{3.44}$$

测出 α 的大小,即可换算出 B。式中的 CR 可用下面的做法求得。

利用本线路中的标准互感器 M。当电键 K_2 合在 2 上(M 的线路)时,设在标准互感器 M 的主线圈上电流 i 由零变到 i',其副线圈两端产生的感应电动势为

$$\varepsilon' = -\frac{M\mathrm{d}i}{\mathrm{d}\tau}$$

因此在测量回路中产生感生电流为

$$i_0' = \frac{\varepsilon'}{R}$$

设通过检流计的电量为 Q',并引起其偏转角 α_0,则

$$Q' = C\alpha_0 = \int_0^\tau i_0' \mathrm{d}\tau = \int_0^\tau \frac{\varepsilon'}{R}\mathrm{d}\tau = -\int_0^\tau \frac{M}{R}\frac{\mathrm{d}i}{\mathrm{d}\tau}\mathrm{d}\tau = -\frac{M}{R}i'$$

故可得到

$$CR = -\frac{Mi'}{\alpha_0} \tag{3.45}$$

式中,CR 称为测量回路的冲击常数;M 为互感器的互感系数。将式(3.45)代入式(3.44)即可算出 B。在不同的磁场强度 H 条件下,测出 B,就可绘出磁化曲线。上述方法称为换向冲击法。测量磁滞回线的基本原理与此法相同。

这种利用环形试样测定磁化曲线和磁滞回线的方法,只适应于测定软磁材料。因为线圈 N 所产生的磁场比较小,只有软磁材料才能在小磁场条件下磁化达到饱和。

对于硬磁材料,需要在较强的外磁场条件下,才能磁化至饱和,因此环状试样是不适用的。这时试样做成棒状,测量线圈 n 绕在试样上,如图 3.49 所示。然后将试样上夹持

在一个电磁铁的两极头之间。磁场强度 H 的大小直接测量得出。电磁铁的磁化线包中通以不同电流,测定磁极之间空气隙的磁感应强度(测定时不放试样,应保持两极头的距离与有试样时完全一致)。由于空气磁导率 $\mu=1(\text{CGS})$,故所测出的 B 即是电磁铁两极头之间的磁场强度 H。为了减小尺寸因素对所测结果的影响,试样长度应不小于 50 mm。

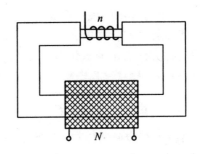

图 3.49 硬磁材料用强磁场测磁原理图

现已有完全自动记录测量磁参数的磁性测量仪,它可以在 X-Y 记录仪上直接绘出磁化曲线或磁滞回线。

3.11.2 热磁仪测量法

热磁仪又称阿库洛夫仪,其测量部分如图 3.50(a)所示。试样 1 固定在支杆 4 上,位于两磁极的中间,支杆 4 的上端和弹簧 3 相接,弹簧固定在仪器架上,支杆上固定着一个反射镜 5,光源 7 发出光束照在镜子上,然后反射到标尺 6 上。

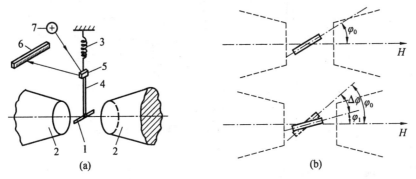

图 3.50 热磁仪测量部分示意图
1—试样;2—磁极;3—弹簧;4—支杆;5—反射镜;6—标尺;7—光源

假如,待测试样的起始状态和磁场的夹角为 φ_0,φ_0 一般<10°,如图 3.50(b)所示。在磁场的作用下铁磁性的试样将产生一个力矩 L_1,其大小为 $L_1=VHM\sin\varphi_0(\text{CGS})$,其中,$V$ 是试样的体积;H 是磁场强度;M 是试样的磁化强度;φ_0 是试样和磁场的夹角。L_1 驱使试样向磁场方向转动 $\Delta\varphi$,则试样此时受力矩为 $L_2=VHM\sin\varphi_1$,其中 $\varphi_1=\varphi_0-\Delta\varphi$。弹性系统由此而产生反力矩 L_3,$L_3=C\Delta\varphi$,此处 C 表示弹簧的弹性常数。显然,当 $L_2=L_3$ 时就达到平衡状态。由此,可写出

$$VHM\sin\varphi_1=C\Delta\varphi$$
$$M=\frac{C\Delta\varphi}{HV\sin\varphi_1} \tag{3.46}$$

假如在测量过程中 $\Delta\varphi$ 的值很小(试验中一般 $\Delta\varphi<2°\sim3°$,才能保证 M 与 $\Delta\varphi$ 为线性关系),可以认为 $\sin\varphi_1\approx\sin\varphi_0$,则

$$M=\frac{C\Delta\varphi}{HV\sin\varphi_0} \tag{3.47}$$

$\Delta\varphi$ 可通过光标和反射镜在标尺上读得。C 是弹性系统的弹性系数。只要已知 C、V、H、φ_0 即可算出试样的磁化强度 M。

用这种方法测定的磁化强度 M 的动态变化非常方便,但测定 M 的绝对值有一定的困难,即使不考虑棒状试样退磁因子的影响,就是确定 C、φ_0 也不容易。

3.11.3 感应式热磁仪法

感应式热磁仪的结构原理如图 3.51 所示。电流由一个交流电源经稳压后输入到初级线圈I中。次级线圈II是由两个圈数相等,而绕向相反的线圈串联组成。试样未放入前次级线圈产生的感应电势为 e_1 及 e_2,此时 $e_1=e_2$,故毫伏计 4 的读数为零。当试样 1 经加热奥氏体化后放入等温炉 2 中,若试样中未产生铁磁相时,毫伏计的读数仍保持在零的位置,当试样中出现了铁磁相时,就好像是在线圈 1 中增加了一个铁芯,从而导致 e_1 增加,此时 $e_1>e_2$,毫伏计就将 $\Delta e=e_1-e_2$ 指示出来,据此便可测量出材料中铁磁相出现的时间和温度。

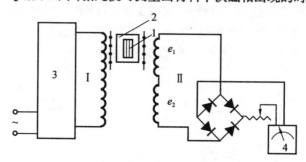

图 3.51 感应式热磁仪原理图
1—试样;2—等温炉;3—稳压器;4—毫伏计
I—初级线圈;II—次级线圈

这种仪器的磁场强度一般为 $(32\sim56)\times10^3$ A·m^{-1},故只能应用于定性分析,主要用来测过冷奥氏体等温转变的开始和终了点。特点是结构简单,使用方便。为了提高测量的稳定性,可以利用双补偿法。

试样为长 30~50 mm,直径为 3~5 mm 的圆柱形,表面镀铬以防氧化。

3.11.4 抛脱法测量矫顽力

抛脱法用的仪器如图 3.52 所示,为了产生一个较强的磁场,采用一个大的螺线管 1,螺线管所用电流由直流电源 E 供给,可用电阻 R 进行调整,电流大小可从安培计读出。螺线管中放有一个测量线圈 2,其引出线接于冲击检流计 B 上。测量时,首先将有剩磁的试样放于测量线圈中,螺线管通以电流即产生一个去磁场,试样在反向磁场的作用下退磁,此时将试样迅速抽出测量线圈,放于

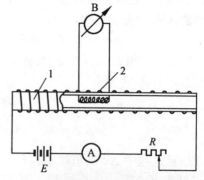

图 3.52 抛脱法仪器原理示意图
1—螺线管;2—测量线圈

螺线管内距测量线圈较远的地方,也可抽出到螺线管外边。如果试样经退磁后的剩磁不等于零,则在抽动时,测量线圈中便有磁力线的变化,检流计的光点就要发生偏移。如果试样经退磁后的剩磁为零,则在抽动时,由于不产生磁通的变化,检流计的光点不动。这时的去磁磁场即为所要确定的矫顽力。

3.12 铁磁性分析的应用

磁性分析在研究金属中的应用很广泛,可以用来研究合金的成分、相和点阵的结构、应力状态以及组织转变等方面的问题。

磁性法应用较多的是有关相分析方面的工作。例如,关于相变动力学的研究,钢中残余奥氏体的测定,奥氏体和马氏体回火分解的研究,合金钢中相成分的分析,建立合金状态图以及合金的时效研究等。磁分析是一种很有效的方法,下面就其具体应用进行举例说明。

3.12.1 测定钢中的残余奥氏体数量

各种钢经过淬火之后,在室温下的组织中都或多或少地存在着一部分残余奥氏体。其数量的多少,要视钢的成分、淬火加热的温度、保温时间以及淬火过程中的陈化稳定等因素而定。残余奥氏体存在对工艺及机械性能有着极为重要的影响,例如,对工具钢来说,残余奥氏体存在可以减小淬火变形。对高强度钢和超高强度钢,保留一定量的残余奥氏体能够显著地改善断裂韧性。对轴承钢从尺寸稳定性角度出发,常要求残余奥氏体的量在一定的范围内,但近些年来研究证明,GCr16 钢中的残余奥氏体有利提高接触疲劳强度和寿命。因此,测量残余奥氏体和发挥残余奥氏体的积极作用很重要。

在分析残余奥氏体数量时,首先研究淬火钢中只存在马氏体和残余奥氏体的简单情况,然后再讨论淬火钢中存在两个以上顺磁相的情况。

1. 一个铁磁相的系统

首先指出的是,确定残余奥氏体的数量,实际上都是通过测量淬火钢中马氏体的数量来实现的,知道了马氏体的数量后,再从试样中扣除马氏体,即得到残余奥氏体的数量。因此,选用的仪器磁场强度要使试样达到磁饱和状态,只有这样才能保证准确地确定出马氏体的数量。经常使用的是冲击法,在两相系统中,磁化强度可表示为

$$M = \frac{V_M}{V}M_M + \frac{V_A}{V}M_A \tag{3.48}$$

式中,M 和 M_M 分别为被测试样和马氏体的饱和磁化强度;M、M_M 和 M_A 分别为被测试样、马氏体和奥氏体的磁化强度;V_M 和 V_A 分别为马氏体和奥氏体的体积含量;V 为试样的体积。由于 $M_A \approx 0$,则式(3.48)可改写为

$$\frac{V_M}{V} = \frac{M}{M_M} = P_M \tag{3.49}$$

式中,P_M 是马氏体的相对体积含量。因此,残余奥氏体的含量应是

$$P_A = 1 - \frac{V_M}{V} = \frac{M_M - M}{M_M} \tag{3.50}$$

实际测量 M_M 值很困难,故利用被测的试样和一个完全是马氏体的试样做比较,这个完全是马氏体的试样称为标准试样。用标准试样的饱和磁化强度 M_0 代替 M_M,式(3.50)可改写为

$$P_A = \frac{M_0 - M}{M_0} \tag{3.51}$$

对标准试样的要求是,成分要和试样相同而又完全是马氏体组织。众所周知,热处理得不到全部是马氏体的组织,即使是经过冷处理之后碳钢仍保留4%~6%的残余奥氏体,实际上得到马氏体标样是不可能的。为了克服这个困难,一些人研究用理论和半经验公式的办法计算马氏体的饱和磁化强度 M_M。

在这方面沙其阔夫曾作过详细的研究,阿波耶夫给出了马氏体磁化强度的计算公式

$$M_M = 1720 - 74q \tag{3.52}$$

式中,q 是碳的质量分数,q 应小于1.2%。

用式(3.52)计算不同碳钢经油和碱液淬火以及淬火后再经液态氮冷处理的试样中残余奥氏体的数量,测得的结果见表3.9。这些数据和罗伯特(Roberts)用X射线对淬火后经液氮处理测定的残余奥氏体结果相比很一致。

这种方法可以用于碳钢和低合金钢,但不能用于高合金钢。

表3.9 碳钢淬火后的残余奥氏体和冷却介质的关系

钢号	含碳量/%	处理后残余奥氏体的数量		钢号	含碳量/%	处理后残余奥氏体的数量	
		淬 火	液氮冷处理			淬 火	液氮冷处理
T4	0.4	5.5/2.7	3.0/1.5	T8	0.78	—/13.0	—/4.0
T6	0.64	7.5/4.5	3.0/3.0	T10	1.01	18.0/15.0	5.0/5.0
T7	0.71	9.5/6.5	4.5/4.0	T12	1.30	25.5/24.0	8.0/7.0

注:表中数字分子表示油淬火,分母表示碱溶液淬火。

2. 两个以上顺磁相系统

在淬火后的高合金工具钢中除有马氏体与残余奥氏体外,还有顺磁性的碳化物,因此,确定残余奥氏体要比有一个顺磁相复杂一些。

高合金工具钢的磁化强度仍然可用式(3.49)表示,但试样中各相的体积分数之和为

$$P_M + P_A + P_C = 100\% \tag{3.53}$$

式中,P_M、P_A 和 P_C 分别为马氏体、残余奥氏体和全部顺磁碳化物的体积分数。

把式(3.49)代入式(3.53),可得

$$P_A = \frac{M_M - M}{M_M} - P_C \tag{3.54}$$

根据此式,得到马氏体的饱和磁化强度 M_M 十分困难,故一般采用经过适当处理的标准试样,用饱和磁化强度 M_0 代替 M_M,式(3.54)可改写为

$$P_A = \frac{M_0 - M}{M_0} - P_C \tag{3.55}$$

对碳钢和中低合金钢常选用同样成分经淬火后再冷处理的试样为标准试样,尺寸、形

状与待测试样完全相同,且为100%马氏体。高合金钢则用退火或淬火再经高温回火的试样为标准试样。选择标准样品是否适当是残余奥氏体数量是否准确的关键问题。

3.12.2 研究钢的回火转变

钢在淬火后,无论是马氏体,还是残余奥氏体都是不稳定的组织,回火时随着回火温度的升高,要产生马氏体分解与奥氏体分解,碳化物的析出以及聚集等过程。

多相系统的磁化强度服从相加原则,由于回火过程中组织发生变化,必然导致磁化强度的变化,故可采用饱和磁化强度随回火温度的变化作为相分析的根据。从饱和磁化强度的变化来确定不同相分解发生的温度区间,判断生成相的性质。

残余奥氏体分解时,饱和磁化强度的变化最为显著,这是由于残余奥氏体是顺磁相,但是它的转变产物都是铁磁性的,因此,残余奥氏体分解必然引起饱和磁化强度的增高。

图3.53给出T10钢淬火试样回火时饱和磁化强度变化的典型曲线,多数合金钢的曲线与此类似。饱和磁化强度的测量采用冲击法,可以在连续加热时测量,也可以在等温停留时测量,如采用连续测量可在热磁仪上进行。图中曲线1表明,在20~200 ℃加热时磁化强度缓慢下降,冷却时则不沿原曲线恢复到原始状态,而是沿曲线3升高,这说明试样内部组织发生了转变,即所用回火的第一个阶段的转变。

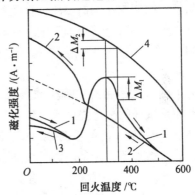

图3.53 T10钢淬火试样在加热和冷却时饱和磁化强度的变化曲线

现已清楚,碳钢在回火过程中析出的碳化物分为三种:渗碳体θ、χ碳化物和ε碳化物,它们的居里点是210 ℃、265 ℃和380 ℃。ε相形成的温度较低,χ相形成的温度较高,θ相形成的温度最高。

在分析回火过程中磁饱和强度的变化时,必须分清是温度的影响,还是组织变化的影响。曲线1在20~200 ℃下降的原因,从磁饱和强度和加热温度的关系看,它是与一般下降的规律一致的,这里存在着温度的影响,但如只是温度的影响,则曲线应当是可逆的,而实际上冷却时表明是不可逆的,这说明试样内部还发生了组织的变化,从马氏体中析出了ε碳化物。由于碳化物的磁化强度比马氏体低也导致了曲线下降。由于组织变化的不可逆,表现出磁化强度变化也是不可逆的。

在200~300 ℃范围内是回火的第二个阶段,其特点是曲线随温度升高急剧升高,此时虽然温度升高导致饱和磁化强度的下降仍然存在,但是残余奥氏体分解生成的回火贝氏体都是强铁磁相,另外对于析出相θ和χ来说该温度已接近和高于它们的居里点,将引起磁化强度下降。所有这些因素中残余奥氏体分解的影响占主导地位,它决定了曲线上升。

回火过程的第三个阶段是在300~350 ℃区间,在这个温度区间内磁化强度曲线显著下降。这里也同样存在着温度对磁化强度的影响,但应注意,这个温度范围距铁的居里点还较远,不会引起这样急剧地下降。从工业纯铁的磁化曲线 $M(t)$ 曲线可以看到,磁化强度的变化 ΔM_2 远远小于淬火钢的变化 ΔM_1,这说明除温度的影响之外,主要还是组织变化造成的。在这个区间中 θ 和 χ 是顺磁的,它们对磁化强度已无影响,而残余奥氏体分解只能导致饱和磁化温度升高,因此只有从 α 相与 ε 相的变化寻找引起剧烈下降的原因。X 射线结构分析证明,在 300 ℃ 以上马氏体中的含碳量应为 0.2%,这与原来的含碳量无关,而且实验证明,ΔM_1 的大小随含碳量的增加而增大,说明马氏体分解在继续进行,造成了饱和磁化强度下降,此外还有 ε 相在 250 ℃ 回溶,析出的 χ 相及转变的 θ 相都变为顺磁的了,也导致磁化强度的下降。

350 ℃ 以上曲线单调下降,在 350~500 ℃ 试样的磁化强度和退火状态还存在一个差值,这说明回火组织还没有达到稳定的平衡状态,故可推断在此温度区间淬火钢中仍然存在相变。这里距铁的居里点还较远,温度的影响是存在的,但并不大,下降的原因主要是 χ 相和铁作用生成 Fe_3C,造成了铁素体基体的质量分数减小,而导致 $M(t)$ 曲线下降。

当温度高于 500 ℃ 时,$M(t)$ 曲线下降和冷却过程升高是可逆的,这说明在此之前已完成淬火组织的所有转变,而达到平衡组织状态,这里使 $M(t)$ 曲线下降的原因只有温度的影响了,在此温度范围完成渗碳体的聚集与球化,但这个过程不能反映在组织结构不敏感的性质上。

为了确定第一和第二阶段的界限,可将淬火试样以温度 $t_1, t_2, t_3, \cdots, t_i$ 回火,然后在室温下测量试样的磁化强度 $M_1, M_2, M_3, \cdots, M_i$。取它们和淬火试样 $M_淬$ 的差值,即 $\Delta M = M_淬 - M_i$,作出 ΔM-t 的关系曲线,如图 3.54 所示。由于温度升高,ΔM 随之增加,它表示马氏体分解增加了。到某一温度 t_i 时,ΔM 增到极大,此后 M 开始下降,t_i 就是残余奥氏体分解的温度。t_i 还和停留时间有关,停留时间越长,t_i 就越低。

还有一些钢的 ΔM 变化不明显,例如高合金钢,可以在回火后补充测定冷却曲线,如图 3.55 所示。图中曲线 1 表示在加热和冷却的过程中组织没有发生变化,因此表现出磁化曲线 $M(t)$ 是可逆的。曲线 2 和 3 是不可逆的,故可以断定,回火过程中产生了相变。冷却曲线 2 增高了,说明在冷却过程中存在着残余奥氏体分解。冷却曲线 3 降低了,说明存在着马氏体分解,但曲线 3 还不能说明分解是在加热,还是在冷却过程产生的。为了解决这个问题,可作出同一钢种退火试样的 $M_0(t)$ 曲线,再把淬火试样的 $M(t)$ 曲线与退火的相比较,如果 $M_0(t)/M(t)$ 随温度升高而下降,则是奥氏体分解,如随温度升高而上升,则是马氏体分解,用这种方法可以评定高速钢的红硬性。

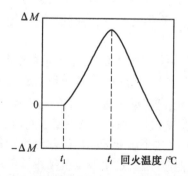 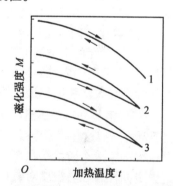

图 3.54 确定残余奥氏体开始分解温度示意图　　图 3.55 高合金钢低温和中温回火磁化强度的变化特性

3.12.3 研究过冷奥氏体等温分解

建立钢的 C-曲线对于研究钢的热处理有重要的意义,建立 C-曲线的基础是测定出过冷奥氏体等温分解的动力学曲线,用磁性法测定钢的等温分解动力学曲线快而准,故用得较多。研究过冷奥氏体等温分解过程中数量的变化,选择饱和磁化强度作为测量参数,它和转变产物的数量成正比。

测量过冷奥氏体转变的动力学曲线,较常用的是热磁仪,其优点是可以进行连续测量,而冲击法则不能连续测量,故用得较少,感应式热磁仪常用于一般的定性分析。研究等温分解必须严格控制加热和等温的温度等条件,才能保证实验数据的重复性及可靠性。

C-曲线的建立范围常在 A_1 点和 M_s 点之间,只有测量温度低于转变产物的居里点时才可以应用,当接近居里点时转变产物的磁性很弱,需要更强的磁场并要求仪器有更高的灵敏度。

经测量亚共析钢奥氏体等温分解的动力学曲线如图 3.56(a) 所示。从图 3.56(a) 可以看到 $M(\tau)$ 曲线经 τ_1 开始上升,τ_2 达到终了,τ_1 和 τ_2 是转变的开始及终了时间。众所周知,亚共析钢中存在着先共析铁素体转变,因此 τ_1 实际上表示铁素体开始析出的时间,如图 3.56(b) 所示。在 τ_1 之后一段时间 τ_3 时才开始珠光体转变,τ_3 可用曲线中出现明显的折点来确定,或者用淬火后观察金相组织的方法来确定。

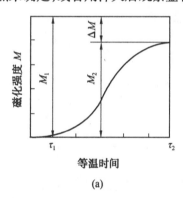
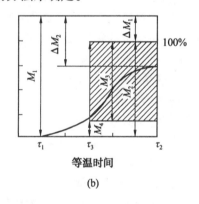

图 3.56 亚共析钢等温转变的动力学曲线

要确定每个时间奥氏体分解的数量,则需要采用标准试样来进行比较。对碳钢可用工业纯铁做标准试样,测量出纯铁的磁饱和强度 M_1 和试样转变终了的磁饱和强度 M_2,可根据 M_1 和 M_2 的差值 ΔM 判断最后转变的程度,如图 3.56(b) 所示。由于转变产物中有渗碳体存在,在高温它是顺磁性的,故既使是奥氏体完全转变,ΔM 也不可能等于零。渗碳体的数量可以用退火试样的饱和磁化强度和温度的关系曲线计算出来,由渗碳体造成的磁化强度变化 ΔM_1 亦可计算出来。对于奥氏体分解不完全的情况所产生的饱和磁化强度和铁的饱和磁强度的差值不是 ΔM_1,而是 ΔM_2,显然 $\Delta M_1 < \Delta M_2$。只有当奥氏体完全转变时,才能达到 $\Delta M_1 = \Delta M_2$。设奥氏体的成分不变,则转变产物和奥氏体的数量成正比,全部转变后的磁饱和强度 $M_2 = M_1 - \Delta M_1$。考虑到先共析铁素体对磁化强度的影响,由珠光体转变造成的饱和磁化强度的变化 $M_3 = M_2 - M_4$,此处 M_4 是先共析铁素体对饱和磁

化强度的影响。如以 M_3 作为奥氏体转变为珠光体定为100%,则其坐标原点应从 M_3 开始。按这个坐标可以定出在 τ_3 和 τ_2 范围内任何时间奥氏体分解的数量。

作出不同温度下的等温转变动力学曲线,确定出转变开始及终了的时间,然后将坐标转换为温度-时间关系曲线,即可绘出 C-曲线。

思考题

1. 试说明下列磁学参量的定义和概念:磁化强度、矫顽力、饱和磁化强度、磁导率、磁化率、剩余磁感应强度、磁各向异性常数、饱和磁致伸缩系数。
2. 计算 Gd^{3+} 和 Cr^{3+} 的自由离子磁矩?Gd^{3+} 的离子磁矩比 Cr^{3+} 离子磁矩高的原因是什么?
3. 过渡族金属晶体中的原子(或离子)磁矩比它们各自的自由离子磁矩低的原因是什么?
4. 试绘图说明抗磁性、顺磁性、铁磁性物质在外磁场 $B_0=0$,$B_0\neq0$ 的磁行为。比较它们的磁化率 χ 大小和符号。并表示出 μ、μ_r、χ 之间的关系。
5. 分析抗铁磁、顺铁磁、反铁磁、亚铁磁性的磁化率与温度的关系。
6. 什么是自发磁化?铁磁体形成的条件是什么?有人说"铁磁性金属没有抗磁性",对吗?为什么?
7. 分子场的本质是什么?在铁磁体中它起什么作用?
8. 试用磁畴模型解释软磁材料的技术磁化过程。
9. 磁畴大小和结构由哪些条件决定(请从能量角度加以分析)?
10. 哪些磁性能参数是组织敏感的?哪些是不敏感的?举例说明成分、热处理、冷变形、晶粒取向等因素对磁性的影响。
11. 什么叫磁弹性能?它受哪些因素影响?
12. 技术磁化过程可分成哪几个阶段,各个技术磁化阶段的特点是什么?什么叫单畴体?单晶体一定是单畴体吗?
13. 什么叫做饱和磁化强度和饱和磁感应强度?饱和磁化强度的大小与哪些因素有关?哪些添加元素可使铁基合金的磁化强度增加或减少,为什么?
14. 何为起始磁导率?何种应用场合要求合金的起始磁导率高?起始磁导率受哪些因素影响?
15. 什么叫做最大磁导率?举例说明提高软磁材料最大磁导率的途径。
16. 什么叫剩余磁化强度,什么叫剩余磁感应强度?它们间存在什么样的关系?它们的极限值是什么?提高材料的剩磁的途径是什么?
17. 什么叫矫顽力?提高材料的矫顽力的途径有哪些?
18. 什么叫做最大磁能积?为什么许多应用场合均要求永磁材料的最大磁能积越大越好?提高最大磁能积的途径是什么?
19. 铁棒中一个铁原子磁矩是 1.8×10^{-23} A·m^2,铁的密度是 7.8×10^{-3} kg/cm^3,相对原子质量为 55.85,阿伏加德罗常数为 6.023×10^{23}。

(1)一个达到磁饱和的铁棒(10 cm×1 cm×1 cm),平行于长轴方向磁化,其磁矩是多少?

(2)假设(1)问中铁棒中的磁矩方向平行于长轴永久固定,为了保持棒垂直于 50 000 Gs作用下的磁场,所需的力矩是多少?

20. 一个合金中肯定有两种铁磁性相,用什么实验方法证明(绘出实验曲线说明)。

21. 磁性法测残余奥氏体含量对标样的理论要求是什么?常采用的制取标样的方法有哪些?

22. 面心立方结构的奥氏体是顺磁性的,奥氏体不锈钢从1 000 ℃急冷淬火也是顺磁性的。但奥氏体不锈钢经冷卷或严重变形就会变成铁磁性的;或从1 000 ℃缓冷,奥氏体不锈钢也表现出铁磁性。试解释之。

23. 自发磁化的物理本质是什么?材料具有铁磁性的充要条件是什么?

24. 各类磁性χ-T的相互关系。

25. 比较铁磁体中五种能量的下列关系:

(1)数学表达式;

(2)来源和物理意义;

(3)对磁矩取向的作用。

26. 用能量的观点说明铁磁体内形成磁畴的原因。

第4章 热学性能

4.1 概述

热学性能是材料的重要物理性能之一。任何材料在环境中及使用过程中都受到热影响或产生热效应。一些场合要求材料具有特殊的热学性能,如低膨胀性能、好的热隔绝性能、高导热性能等。热学性能在材料科学的相变研究中有着重要的理论意义,在工程技术中也占有重要位置。因此工程上要掌握材料的热学性能。例如,航天工程中选用热学性能合适的材料,可以抵御高热、高寒,节约能源,提高效率,延长使用寿命等。材料的热学性能包括热容、热膨胀和热传导等。目前,热学性能分析已经成为材料科学研究中的重要手段之一,本章就这些热学性能和材料的宏观、微观本质关系加以探讨,为材料的选用以及新材料、新工艺的设计打下基础。

从另一方面考虑,材料的组织结构发生变化时,常伴随一定的热效应。在研究热焓与温度的关系中可以确定热容和潜热的变化。因此,热学性能分析已成为材料科学研究中的一种重要手段,特别是对于确定临界点并判断材料的相变特征有重要的意义。

4.2 固体热容理论

4.2.1 基本参量

根据热力学定律,系统的焓为

$$H = U + pV \tag{4.1}$$

在等压过程中系统的吸热为

$$Q_p = (U+pV)_2 - (U+pV)_1 = H_2 - H_1 = \Delta H \tag{4.2}$$

可见,在等压过程中系统的吸热等于系统焓的增加,而焓的变化由系统的起始态和终了态决定,与中间过程无关。

众所周知,系统在变温过程中要与环境发生热交换。物体的温度每升高 1 K 所需的热量称为该物体的热容 C,其单位符号为 $J \cdot K^{-1}$,定义为

$$C = \lim_{\Delta T \to 0} \frac{\Delta Q}{\Delta T} = \frac{dQ}{dT} \tag{4.3}$$

通常以单位质量材料的热容来表示材料的性质,称为比热容,用小写 c 表示,单位符号为 $J \cdot kg^{-1} \cdot K^{-1}$。为区分比定容热容 c_p 和比定压热容 c_V,写成

$$c_p = \frac{1}{m} \cdot \left(\frac{dQ}{dT}\right)_p \quad \text{和} \quad c_V = \frac{1}{m} \cdot \left(\frac{dQ}{dT}\right)_V \tag{4.4}$$

式中，m 为材料的质量。如果以摩尔来表示质量，则称为摩尔热容，写成

$$C_m = \frac{1}{n} \cdot \frac{dQ}{dT} \tag{4.5}$$

式中，C_m 的单位符号为 $J \cdot mol^{-1} \cdot K^{-1}$；$n$ 为材料质量的摩尔数。

根据热容的定义和热力学第一定律 $dQ = dU + pdV$，在定压条件下

$$c_p = \left(\frac{dQ}{dT}\right)_p = \frac{dU}{dT} + p\frac{dV}{dT} \tag{4.6a}$$

而在定容条件下

$$c_V = \left(\frac{dQ}{dT}\right)_V = \frac{dU}{dT} \tag{4.6b}$$

可见，定容热容为材料温度升高 1 K 所增加的内能，而比定压热容

$$c_p = \left(\frac{dQ}{dT}\right)_p = \frac{dU}{dT} + p\frac{dV}{dT} = \left[\frac{d(U+pdV)}{dT}\right]_p = \left(\frac{dH}{dT}\right)_p \tag{4.7}$$

即定压热容为材料温度升高 1 K 所增加的热焓。

4.2 经典热容理论和爱因斯坦热容理论

1. 杜隆-珀蒂定律

杜隆-珀蒂（Dulong-Petit）（见图 4.1）曾经把气体分子的热容理论直接应用于固体，假定晶体类似于金属气体，其阵点是孤立的。他们用经典力学能量连续的观点处理晶体热容，认为固体中的原子振动有三个自由度，每个自由度上的平均能量为 $k_B T$（k_B 为玻耳兹曼常数，T 为绝对温度），根据能量均分定律，其平均动能和平均势能均为 $k_B T/2$。若晶体有 N 个原子，则总平均能量为 $3Nk_B T$。由于每摩尔晶体的原子数为 $N_A = 6.022 \times 10^{23}$（阿伏加德罗常数），故其摩尔定容热容

图 4.1 杜隆-珀蒂（Dulong-Petit）

$$C_{V,m} = \left(\frac{dU}{dT}\right)_V = 3N_A k_B = 3R = 24.91 \, J \cdot mol^{-1} \cdot K^{-1} \tag{4.8}$$

这一结果表明，根据上述经典热容理论，晶体的摩尔热容是一个与温度无关的常数，称为杜隆-珀蒂定律。

实验表明，在室温以上，大多数单原子金属的热容值与这一结果相当接近。但是，在低温区热容随温度下降而减小。当温度接近绝对零度时热容趋于零。图 4.2 为锗、硅单质比定容热容的实验结果。杜隆-珀蒂定律在低温完全不能适用，是因为其模型过于简

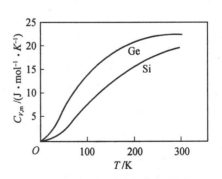

图 4.2 锗和硅的比定容热容

单,也表明经典力学遇到了困难。

2. 爱因斯坦理论

1906年爱因斯坦引入点阵振动能量量子化的概念,把晶体阵点上的原子看做独立的谐振子,以相同的频率做互不依赖的振动,如图4.3所示,按照玻耳兹曼统计理论,得到温度T时平均能量

$$\bar{E}=\frac{\hbar\omega}{\exp(\frac{\hbar\omega}{kT})-1}$$

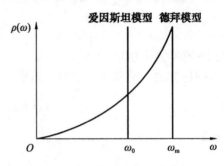

图4.3 谐振子振动频率分布

得到晶体的摩尔定容热容

$$C_{V,m}=\frac{\partial \bar{E}}{\partial T}=3R\left(\frac{\theta_E}{T}\right)^2\frac{\exp\frac{\theta_E}{T}}{\left(\exp\frac{\theta_E}{T}-1\right)^2} \tag{4.9}$$

称为爱因斯坦量子比热容公式。式中$\theta_E=\hbar\omega/k$为爱因斯坦特征温度。从式(4.9)可以得出:

(Ⅰ)当$T\gg\theta_E$或$\theta_E/T\ll 1$,即高温时,$\exp(\theta_E/T)\approx 1+\theta_E/T$,所以

$$C_{V,m}=3R\left(\frac{\theta_E}{T}\right)^2\frac{1+\frac{\theta_E}{T}}{\left(1+\frac{\theta_E}{T}-1\right)^2}\approx 3R$$

表明,高温时爱因斯坦理论回到杜隆-珀蒂定律,与实验结果相符合。

(Ⅱ)当$T\ll\theta_E$,即低温时,则$\exp(\theta_E/T)\gg 1$,所以

$$C_{V,m}=3R\left(\frac{\theta_E}{T}\right)^2\exp\left(-\frac{\theta_E}{T}\right)$$

式中,$C_{V,m}$随T变化的趋势与实验相符,但却比实验值更快地趋近于零,如图4.4所示。

(Ⅲ)$T\to 0$ K时$C_{V,m}$也趋近于零,又与实验相符。

以上分析可以看出,爱因斯坦理论的不足之处是,在Ⅱ温区理论值较实验值下降得过快。原因在于爱因斯坦模型假定原子振动互不相关,且以相同

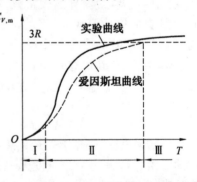

图4.4 摩尔定容热容的爱因斯坦模型理论值与实验值的比较

频率振动,而实际晶体阵点间互相关联,点阵波的频率也有差异。这些因素在低温表现得尤为显著。此外,爱因斯坦也没有考虑低频振动对摩尔定容热容的贡献。

3. 德拜热容理论

1912年德拜(Debye)(见图4.5)考虑了晶体中阵点间的相互作用,并认为每个谐振

子的频率不同,存在的频率范围从零到某一最大值 ω_m。这样,每一频率的谐振子都以波的形式在点阵中传播。晶体中的点阵波是所有原子以其各自的频率,彼此间存在一定相位差而振动的集体运动。

图4.5 德拜

从式(4.9)知一个振子对摩尔定容热容的贡献为

$$C'_{V,m} = k \cdot \left(\frac{\hbar\omega}{kT}\right)^2 \cdot \frac{\exp\left(\frac{\hbar\omega}{kT}\right)}{\left[\exp\left(\frac{\hbar\omega}{kT}\right) - 1\right]^2} \quad (4.10)$$

如果 ω 相同,通过求和可以得到整个晶体所有振子对摩尔定容热容的贡献,就回到爱因斯坦理论。现考虑各振子的 ω 不同,若 $\rho(\omega)d\omega$ 为频率位于 ω 和 $\omega+d\omega$ 之间的振子数,如图4.3所示。则所有振子对摩尔定容热容的贡献为式(4.10)的积分形式

$$C_{V,m} = \frac{\partial \overline{E}}{\partial T} = \int_0^{\omega_m} k \cdot \left(\frac{\hbar\omega}{kT}\right)^2 \cdot \frac{\exp\left(\frac{\hbar\omega}{kT}\right)}{\left[\exp\left(\frac{\hbar\omega}{kT}\right) - 1\right]^2} \cdot \rho(\omega)d\omega$$

由此得到德拜摩尔定容热容公式为

$$C_{V,m} = 3R\left[12\left(\frac{T}{\theta_D}\right)^3 \int_0^{\theta_D/T} \frac{\chi^3 d\chi}{\exp\chi - 1} - \frac{3\frac{\theta_D}{T}}{\exp\left(\frac{\theta_D}{T}\right) - 1}\right] \quad (4.11)$$

式中,θ_D 称为德拜特征温度,$\theta_D = \hbar\omega_m/k$; $\chi = \hbar\omega/kT$。

从式(4.11)可以得出:

(Ⅰ)当 $T \gg \theta_D$,即高温时,$\exp\chi = 1 + \chi$,所以

$$C_{V,m} = 3R\left[12\left(\frac{T}{\theta_D}\right)^3 \int_0^{\theta_D/T} \frac{\chi^3 d\chi}{1 + x - 1} - \frac{3\frac{\theta_D}{T}}{1 + \frac{\theta_D}{T} - 1}\right] = 3R\left[12\left(\frac{T}{\theta_D}\right)^3 \frac{\left(\frac{\theta_D}{T}\right)^3}{3} - 3\right] = 3R$$

可见,在高温区德拜理论的结果与杜隆-珀蒂定律相符。

(Ⅱ)当 $T \ll \theta_D$,即低温时

$$C_{V,m} = \frac{12}{5}\pi^4 R\left(\frac{T}{\theta_D}\right)^3$$

对于一定的材料,θ_D 为常数,故 $C_{V,m}$ 与 T^3 成正比。可见,在Ⅱ温区与爱因斯坦理论相比更符合实验测定的结果,说明金属温度升高时所吸收的热量主要在于加剧点阵的振动。

(Ⅲ)当 $T \to 0$ 时 $C_{V,m} \to 0$,与实验大体相符。图4.6为德拜模型理论计算与实验曲线的比较。

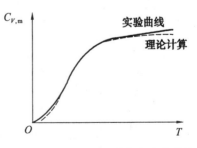

图4.6 德拜模型理论计算与实验曲线的比较

德拜模型比起爱因斯坦模型有了很大的进步，但由于德拜把晶体看成连续介质，对于原子振动频率较高的部分不适用，故德拜理论对一些化合物的摩尔定容热容计算与实验不符。对于金属摩尔定容热容，由于没有考虑自由电子的贡献，也还存在一定偏差：在Ⅰ温区($T<5$ K)，$C_{V,m}$略低于实验值；在Ⅲ温区($T>1\,000$ K)，$C_{V,m}$虽很接近25 J·mol^{-1}·K^{-1}，但不是以$3R$为渐近线，而是超过$3R$继续有所上升。

德拜温度θ_D是一个反映固体的许多特性的重要标志。假如认为金属在熔点T_m时原子的振动振幅达到使电子解体的程度，那么最高频率ω_m与熔点之间存在如下关系

$$\omega_m = 2.8 \times 10^{12} \sqrt{\frac{T_s}{AV^{\frac{2}{3}}}} \tag{4.12}$$

式中，A为相对原子质量；V为原子体积。

式(4.12)称为林德曼公式。从$\theta_D = \hbar\omega_m/k$可得

$$\theta_D = 137 \sqrt{\frac{T_s}{AV^{\frac{2}{3}}}} \tag{4.13}$$

由于熔点T_m和最高频率ω_m的高低都代表材料中原子结合力的大小，显然德拜温度θ_D是反映晶体点阵内原子间结合力的又一重要物理量。当材料内部结合力很强，且原子质量较轻时，θ_D值也较高。金刚石和金属铅就是典型的例子：金刚石的θ_D为2 230 K，而铅的θ_D仅为105 K。表4.1列出了一些单质的德拜温度值。

表4.1 一些单质的德拜温度

单质	θ_D/K	单质	θ_D/K	单质	θ_D/K	单质	θ_D/K
Li	344	Ti	420	Ni	450	Al	428
Na	158	Zr	291	Ru	600	Ga	320
K	91	Hf	252	Rh	480	In	108
Rb	56	V	280	Pd	274	Tl	785
Cs	38	Nb	275	Os	500	C(金刚石)	2 230
Be	1 440	Ta	240	Ir	420	Si	645
Mg	406	Cr	630	Pt	240	Ce	374
Ca	230	Mo	450	Cu	343	Sn	200
Sr	147	W	400	Ag	225	Pb	105
Ba	110	Mn	410	Au	165	Bi	119
Sc	360	Re	430	Zn	327	U	207
Y	280	Fe	470	Cd	209		
La(β)	142	Co	445	Hg	71.9		

4.3 金属与合金的热容

4.3.1 自由电子对热容的贡献

物质金属态的特征是其内部具有大量的自由电子。经典电子理论估计自由电子对热容的贡献在 $3k/2$ 数量级,且与温度无关。但是,实验得到常温下电子对热容的贡献只有理论值的 $1/100$。根据费米-狄拉克定律可以计算电子对摩尔定容热容的贡献为

$$C_{V,m}^e = ZR \frac{\pi^2 k_B T}{2 E_F} \tag{4.14}$$

式中,Z 为每个原子所给出的自由电子数;E_F 为费米能。

由此可见,金属的摩尔定容热容由点阵振动和自由电子两部分的贡献组成,即

$$C_{V,m} = C_{V,m}^l + C_{V,m}^e = AT^3 + BT \tag{4.15}$$

式中,$C_{V,m}^l$ 为点阵振动对摩尔定容热容的贡献;$C_{V,m}^e$ 为自由电子对摩尔定容热容的贡献;A 和 B 为常数,可由低温热容实验测定。

常温时与点阵振动对摩尔定容热容的贡献相比,电子的贡献微不足道,但在极高温和极低温条件下则不可忽略。这是因为在高温下,电子像金属晶体的离子那样显著地参加到热运动中,以 $C_{V,m}^e \propto T$ 作出贡献。因此,在Ⅲ温区 $C_{V,m}$ 不以 $3R$ 为渐近线,而继续有所上升。在极低温度下电子摩尔定容热容不像离子热容那样急剧减小,因而在极低温下起着主导作用。

从对式(4.11)的分析可以看出,随 T 的降低 $C_{V,m}$ 趋近于零,当 T 增高到德拜温度 θ_D 以上时,$C_{V,m}$ 接近于 $3R$。如果把 $C_{V,m}$ 看做 T/θ_D 的函数,则对所有金属都得到同样的关系。

过渡族金属摩尔定容热容中电子部分的贡献表现得较显著,它包括 s 态电子的摩尔定容热容,也包括 d 或 f 态电子的摩尔定容热容。例如,在低于 5 K 时镍的摩尔定容热容基本上由电子的激发决定。假如略去与 T^3 成正比的项,则近似地得到

$$C_{V,m} = 0.0073 \text{ J} \cdot \text{mol}^{-1} \cdot \text{K}^{-1}$$

表 4.2 列出了一些金属摩尔定压热容的实验值。

表 4.2 一些金属摩尔定压热容实验值

温度/K	$C_{p,m}/\text{J} \cdot \text{mol}^{-1} \cdot \text{K}^{-1}$				
	W	Ta	Mo	Nb	Pt
1 000					30.03
1 300		28.14	30.66	27.68	31.67
1 600	29.32	28.98	32.59	29.23	34.06
1 900	30.95	29.85	35.11	30.91	37.93
2 200	32.59	30.87	39.69	33.43	
2 500	34.57	32.08	48.03	37.08	
2 800	37.84	34.06			
3 100	43.26				
3 400	53.16				
3 600	63				

4.3.2 合金的热容

关于纯金属热容的一般概念可以应用到合金相和多相合金中。在形成合金相时总能量可能增大,但是组成化合物的每个原子的热振动能,在高温下几乎与该原子在纯物质晶体中同一温度的热振动能一样。这一规律可以用奈曼-柯普(Neumann-Kopp)定律来表述,根据这一定律固态化合物分子热容 C 是由组元原子热容按比例相加而得的,表示成

$$C = pC_1 + qC_2 \tag{4.16}$$

式中,p 和 q 是该化合物分子中各组元的原子数目;C_1,C_2 为组元的原子热容。容易看出,式(4.16)可以立即改写成化合物的热容与组元热容的关系,这时的 p 和 q 为组元的质量分数。

实验表明,式(4.16)的计算误差不超过4%。根据奈曼-柯普定律对各种合金组织(机械混合物、固溶体或化合物)的适应性,改变合金组织的热处理实际上不影响高温下($T>\theta_D$)的热容。在低温下热容与温度密切相关,因此在 $T<\theta_D$ 时奈曼-柯普定律已不再适用。

4.3.3 相变对热容和热焓的影响

相变分为一级相变和高级(二级、三级……)相变。当系统由1相转变为2相时,化学势 $\mu_1=\mu_2$,而化学势的一级偏微商不相等,即 $\left(\dfrac{\partial \mu_1}{\partial T}\right)_p \neq \left(\dfrac{\partial \mu_2}{\partial T}\right)_p$、$\left(\dfrac{\partial \mu_1}{\partial p}\right)_T \neq \left(\dfrac{\partial \mu_2}{\partial p}\right)_T$,称为一级相变。

由于 $(\partial \mu/\partial T)_p = -S$(熵),$(\partial \mu/\partial p)_T = V$(体积),因此在一级相变时发生体积突变($\Delta V \neq 0$)的同时还发生熵(及热焓)的突变($\Delta S \neq 0$),如图4.7(a)所示。

当系统相变时 $\mu_1 = \mu_2$,且化学势的一级偏微商也相等,而化学势的二级偏微商不相等,即

$$\mu_1 = \mu_2, \quad \left(\frac{\partial \mu_1}{\partial T}\right)_p = \left(\frac{\partial \mu_2}{\partial T}\right)_p, \quad \left(\frac{\partial \mu_1}{\partial p}\right)_T = \left(\frac{\partial \mu_2}{\partial p}\right)_T$$

$$\left(\frac{\partial^2 \mu_1}{\partial T^2}\right)_p \neq \left(\frac{\partial^2 \mu_2}{\partial T^2}\right)_p, \quad \left(\frac{\partial^2 \mu_1}{\partial p^2}\right)_T \neq \left(\frac{\partial^2 \mu_2}{\partial p^2}\right)_T, \quad \left(\frac{\partial^2 \mu_1}{\partial T \partial p}\right) \neq \left(\frac{\partial^2 \mu_2}{\partial T \partial p}\right)$$

则称为二级相变。由于

$$\left(\frac{\partial^2 \mu}{\partial T^2}\right)_p = \left(-\frac{\partial S}{\partial T}\right)_p = -\frac{C_{p,m}}{T}$$

$$\left(\frac{\partial^2 \mu}{\partial p^2}\right)_T = -V\chi$$

$$\left(\frac{\partial^2 \mu}{\partial T \partial p}\right) = \left(\frac{\partial V}{\partial T}\right)_p = V\beta$$

式中,χ 为材料体压缩系数,$\chi = -\dfrac{1}{V}\left(\dfrac{\partial V}{\partial p}\right)_T$;$\beta$ 为体膨胀系数,$\beta = \dfrac{1}{V}\left(\dfrac{\partial V}{\partial T}\right)_p$。可见,二级相变时 $\Delta C_{p,m} \neq 0$,$\Delta \chi \neq 0$,$\Delta \beta \neq 0$,即体积和热焓均无明显变化,而 $C_{p,m}$ 有突变,如图4.7(b)所示。

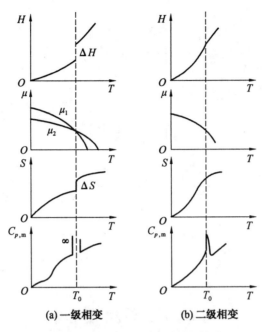

图 4.7 焓、化学势、熵和热容的变化

以上分析表明,当材料发生一级相变时,出现体积效应和热效应吸收或放出相变潜热(热容 $C_{p,m}$ 为无限大)可以通过膨胀分析和热分析进行相变的测试。属于一级相变的有:物态变化、同素异构转变、共晶、包晶、共析转变等。当材料发生二级相变时热焓只发生连续变化而无突变,但摩尔定压热容 $C_{p,m}$ 在转变点附近有剧烈的变化,可以通过热容的测量进行相变测试。属于二级相变的有:铁磁-顺磁以及部分铁电-顺电和有序-无序转变等。

图 4.8 为铁在 0 ~ 2 000 K 之间的摩尔定压热容变化。图中实线为实验值,虚线为假定 γ-Fe 过冷到 A_3 温度以下摩尔定压热容的计算值,这些数值是用间接方法确定的。由图可见,在较低温度 α-Fe 的摩尔定压热容随温度升高而急剧增大,到达 300 K 时其数值已大于 $3R$。温度超过 500 K,摩尔定压热容又急剧增大,在 A_2(居里点)达到最大值。历史上 Osmond 与 Arnold 在 1887 年及 1922 年的针对 α-Fe 至 γ-Fe 之间存在的新相 β-Fe 之争,最后确认出 A_2 是 α-Fe 与 β-Fe 之间的临界点,且均为体心立方结构,即铁磁性与顺磁性转变的临界点,即为居里点,属于二级相变。而 A_3 是 β-Fe 与 γ-Fe 转变的临界点,且晶型发生了体心与面心的转变,属于一级相变。以后在 α-Fe 的顺磁相(亦称 β 相)温区发生摩尔定容热容的急剧减小。在 A_3 点 α-Fe 的热容几乎等于 A_2 点 δ-Fe 的热容。A_4 及熔点 T_s 处都属于一级相变,其热容均为无限大。

图 4.9 为 Cu-Zn 系 B_2 有序相(CsCl 型体心立方固溶体)过渡到 A_2 无序相(bcc)的热容变化。不能把"有序-无序"转变看成是以界面分隔的两种相平衡共存,而是有序度的变化过程。当温度趋近有序状态转变为无序状态的临界点时有序度逐渐降低,摩尔热容达到最大值,然后才迅速恢复到完全无序状态的正常值。这一转变属二级相变,与磁性转变时类似。

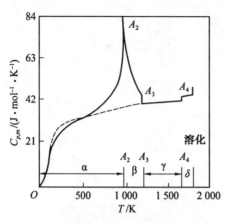
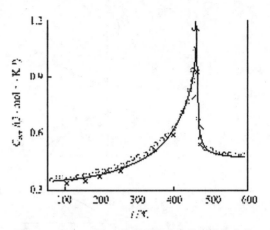

图 4.8 铁加热时摩尔定压热容的变化
—稳态下的 α、γ、δ-Fe；
---亚稳态下的 γ-Fe

图 4.9 Cu-Zn 系合金加热时的摩尔定压热容变化

4.4 热分析及其应用

4.4.1 热焓和热容的测量

热焓和热容的测量是研究材料中相变过程的重要手段。分析热焓和热容的温度关系，进行热和温度的测量可以确定临界点、建立合金状态图。研究材料中的相变过程进行的方向和程度。

1. 撒克司法

撒克司(Sykes)法一般用于高温下测热容，其特点是将试样 1 做成圆桶形并加上带孔的盖，然后用石英棒托着放入一个厚壁的铜制箱体 2 内，箱体和盖都互相磨光密接，桶形试样内部安放一个电热丝，然后将试样和箱子一起放入电炉中(以真空环境为最佳)。箱体的温度 T_b 可以用热电偶测量，试样与箱体间的温差 $(T_b - T_s)$ 通过热电偶反接得到，如图 4.10(a) 所示。

如果只用外电炉加热，则试样温度必然落后于箱体温度。为了使试样温度与箱体温度保持相同，使相互间不产生热交换，把桶形试样内的电热丝与电源接通。如果保证实验过程中 $T_s = T_b$，则电热丝发出的功率 $P = IU$（这里 I 为电流，U 为电压）全部用来加热试样，材料的比热容由下式求出

$$\bar{c}_p = \frac{qIU}{m(dT_s/d\tau)} \tag{4.17}$$

式中，q 为热功当量；m 为试样的质量；$dT_s/d\tau$ 为试样的升温速率。只有试样与箱体处于热平衡状态时式(4.17)才能成立，故实验过程中严格控制 T_s 跟踪 T_b，使 $T_s - T_b$ 接近于零，而 T_b 随时间单调上升，如图 4.10(b) 所示。目前的电子技术很容易解决这些问题，$T_b - \tau$ 图即代表了试样的升温曲线，从而得到

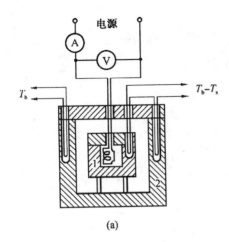
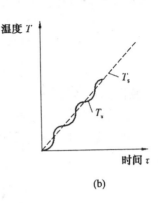

图 4.10 撒克司法测量示意图
1—试样;2—箱体

$$\frac{dT_s}{d\tau}=\frac{dT_b}{d\tau}+\frac{d}{d\tau}(T_s-T_b) \tag{4.18}$$

2. 史密斯法

史密斯(Smith)法测试的基本部分是将试样($\phi19\times38$)放在一个由热导率小的耐火材料制成的杯子中,加上耐火盖封闭,并一起送入电炉中加热。试样中插有热电偶用以测量试样温度,杯壁内外的温差 ΔT 由示差热电偶测量,如图 4.11 所示。此法的要点是在试验过程中保持 ΔT 不变。如认为杯壁的热导率为常数,则通过杯壁传到试样的热流 H(以 $J \cdot s^{-1}$ 计)也是常数。在这个固定的 H(或 ΔT)下建立某种稳流状态,在此状态下开始把空杯子在 $\Delta\tau_b$ 内加热到 ΔT_b,而消耗在升高 ΔT_b 的热量为

$$H\Delta\tau_b=\Delta T_b c_b m_b \tag{4.19}$$

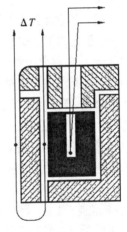

图 4.11 示差热电偶

式中,c_b 及 m_b 分别为杯子的比热容和质量,或写成

$$H=\frac{\Delta T_b}{\Delta\tau_b}c_b m_b \tag{4.20}$$

式中,$\Delta T_b/\Delta\tau_b$ 为温度从 T 加热到 $T+\Delta T$ 的加热速度。当把试样放入杯中后,为了保持同样的 H 和 ΔT,需要用另一速度加热带有试样的杯子,即得到不同于 ΔT_b 和 $\Delta\tau_b$ 的 ΔT_s 和 $\Delta\tau_s$,设试样的比热容为 c_s,则

$$H=\frac{\Delta T_s}{\Delta\tau_s}(c_s m_s+c_b m_b) \tag{4.21}$$

若杯子的比热容 c_b 及质量 m_b 为已知,则利用式(4.20)和式(4.21)可求出 c_s。为此可通过已知比热的标样求出 $c_b m_b$ 的乘积,则式(4.21)可写成

$$H=\frac{\Delta T_o}{\Delta\tau_o}(c_o m_o+c_b m_b) \tag{4.22}$$

式中,c_o、m_o 分别表示标样的比热容和质量。

将式(4.20)、式(4.21)、式(4.22)联立求解,消去 H 和 $c_b m_b$ 得

$$\frac{c_o m_o}{c_s m_s} = \frac{\left[\left(\frac{\Delta \tau}{\Delta T}\right)_o - \left(\frac{\Delta \tau}{\Delta T}\right)_b\right]}{\left[\left(\frac{\Delta \tau}{\Delta T}\right)_s - \left(\frac{\Delta \tau}{\Delta T}\right)_b\right]} \tag{4.23}$$

式中,$\Delta \tau / \Delta T$ 为相应于试样(s)、标样(o)或空杯(b)加热速度的倒数。可见,在固定杯壁温度梯度的条件下只要量出三种状态的加热速度,即可确定试样的比热容 c_s。

如果试样发生相变,在相变温度下联立式(4.20)和式(4.21),消去 $c_b m_b$ 求出相变温度时的热流

$$H = \frac{c_s m_s}{\left[(\Delta \tau / \Delta T)_s - (\Delta \tau / \Delta T)_b\right]} \tag{4.24}$$

并测定恒温相变持续时间 $\Delta \tau$,则可由 $Lm_s = H \Delta \tau$ 确定相变潜热 L。

撒克司法和史密斯法是测定材料比热容的基础,在此基础上目前已发展了许多新的测试方法,仪器的制造已相当完善。

3. 热分析法

由于材料热容测量中严格的绝热要求难以实现,发展了广泛应用于相变测试的热分析法。这一方法主要是为了探测过程的热效应并确定热效应的大小和发生温度。热分析法大体分为普通热分析、示差热分析和微分热分析。

普通热分析法就是简单地测定加热或冷却过程中温度随时间变化的热分析曲线,用于确定材料的结晶、熔化温度或温区。由于固态相变中所伴随的热效应较小,如 Co 中 $\gamma \to \varepsilon$ 的热效应只有 3.4×10^3 J·kg^{-1},故必须采用灵敏度和准确度更高的示差热分析法。

示差热分析法是在测定热分析曲线的同时,利用示差热电偶测定待测试样和标准试样的温差而得到的。示差热电偶由两对热电偶互相串联、极性反接而成,取得热电偶两热端的温差电势。待测试样 1 和标准试样 2 和 3 处在加热炉温度场中的对称位置。标样应选择在研究温区内无相变的材料,质量和尺寸与待测试样相当以便使加热或冷却速率大体相同。

由于示差热电偶的两个热端分别处于待测试样 1 和标样 2 中,当升(降)过程没有相变时,$T_1 = T_2$,$\Delta T = 0$,记录到随时间变化的是一条水平基线。若试样中发生相变热效应,改变了试样的升(降)温条件,则记录到的温差电势反映了过程热效应的性质(吸热或放热)和大小。如果与标样 3 中的热电偶所记录的热分析曲线相对照,即可通过吸热或放热峰的位置确定相变温度,如图 4.12 所示。

目前制成的各种成套仪器往往兼备示差热分析仪(简称 DTA)和示差扫描量热计(简称 DSC)的功能,后者既可测定相变温度又可进行相变潜热的定量分析,所用的试样只需几毫克碎料即可,已广泛应用于各种无机材料的研究中。

为了测定焊接、轧制、淬火等连续、快速冷却条件下金属材料的相变点,可以采用微分热分析。这种方法主要是测定试样温度随时间的变化率 $dT/d\tau$。通常把热电偶直接焊在试样上,其热电势经放大后输入微分器,即得到 $dT/d\tau$。微分信号可以十分灵敏地探知变温过程中的相变过程,在新近出现的快速膨胀仪中已出现了膨胀与温度兼备的微分功能,大大提高了分析

的灵敏度。

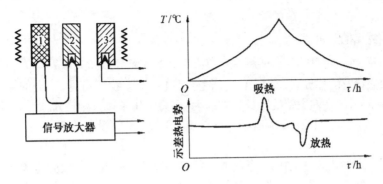

图 4.12 示差热分析原理示意图

4.4.2 热分析应用实例

1. 热弹性马氏体相变的研究

热弹性马氏体相变是合金形状记忆效应和伪弹性行为的先决条件。但是,这种相变由于界面的共格和自协调效应,所发生的体积效应很小,应用广泛的膨胀法往往难以进行探测。电阻法固然可以灵敏地探测到这一相变过程,但由于在马氏体点的判断上存在较大的人为误差,示差扫描量热法(DSC)成为一个高准确度的有效测试方法。

图 4.13 为 Ti-Ni 合金 DSC 测量结果。由图可见,在升(降)温过程中热弹性马氏体的可逆转变都出现显著的吸热与放热峰,可以准确地判断相变点。随着热处理(退火)温度的变化,相变点发生移动的同时出现潜热峰的分裂,显示了两种相变的独立性。

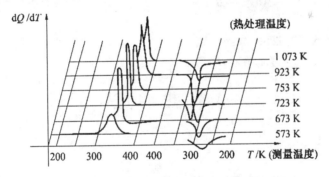

图 4.13 Ti-Ni 合金 DSC 测量结果

2. 有序-无序转变的研究

Ni_3Fe 合金既存在有序-无序转变,又存在铁磁-顺磁转变,它们都将出现热容峰。

图 4.14 为 Ni_3Fe 合金加热过程中比热容的变化。曲线(a)表示合金加热前为无序态,加热到 350~470 ℃温区,合金发生部分有序化并放出潜热使 c_p 降低,这个热效应的大小正比于虚线下部阴影部分的面积;加热到 470 ℃以上时,发生吸热的无序转变,热效应大小可按虚线上部面积定量。曲线(b)表示加热前为有序态,比热容显著增高表示从完全有序到完全无序过程的吸热效应。在 590 ℃被有序化热效应掩盖的热容峰为磁性转变。如果不存在有序-无序

转变,则比热容将按虚线表示的热容变化,显然,完全有序的 Ni_3Fe 合金更难发现磁性转变的热容峰。

3. 钢中临界点的分析

图 4.15 表示碳钢中各临界点的热效应数值与碳的质量分数的关系。A_0 为渗碳体从铁磁状态过渡到顺磁状态的临界点,即 Fe_3C 的居里点(210 ℃)。由图可见,A_0 点的存在以钢中有渗碳体为先决条件,故在钢中碳的质量分数越大(即渗碳体越多),则在 A_0 点每克钢的热效应越大。因为在 $w(C)=0$ 时没有渗碳体,当然在 210 ℃(A_0)也就没有转变,所以 A_0 点的连线通过坐标原点。

显然,在 A_1 点的热效应比在 A_0 点的要大得多,表示在 A_1 点的热效应与碳含量关系的线也通过原点。这是因为珠光体转变也以碳的存在为先决条件,而且在原始组织中珠光体含量越多,则该转变的热效应越强烈。

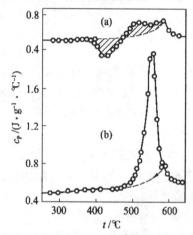
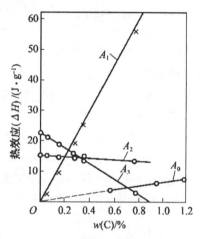

图 4.14 Ni_3Fe 合金加热过程中比热容的变化
(a)为起始为无序;(b)为起始为有序

图 4.15 碳钢中相变的热效应

4.5 热膨胀

4.5.1 热膨胀系数

一般说来,物体的热胀冷缩是一种普遍现象,而膨胀系数就是表示物体这一特性的一个参数。通常,膨胀系数指的是温度变化 1 ℃物体单位长度的变化量,故也称线膨胀系数,以区别于表示物体单位体积变化量的体膨胀系数。

与电阻温度系数的定义一样,金属材料在不出现相变和磁性转变的情况下,试样长度随温度的变化可以近似地表示成线性关系

$$L_2 = L_1[1 + \bar{\alpha}(T_2 - T_1)] \tag{4.25}$$

式中,L_2 和 L_1 为在 T_2 和 T_1 温度下试样的长度;$\bar{\alpha}$ 为平均膨胀系数,表示成

$$\bar{\alpha} = \frac{1}{L_1} \cdot \frac{L_2 - L_1}{T_2 - T_1} \tag{4.26}$$

实际上,即使在没有相变的温度范围内,不同温度下材料的膨胀系数也并非严格恒定的。为了反映某一温度 T 时材料真实的热膨胀特性,可以用温差 (T_2-T_1) 趋近于零时的"真膨胀系数" α_T 来表示

$$\alpha_T = \frac{1}{L_T}\frac{dL}{dT} \tag{4.27}$$

式中,L_T 为温度 T 时试样的长度。

对于某一组织稳定的材料来说,真膨胀系数 α_T 随温度略有变化。实际应用的膨胀系数通常均为某一温度区间内的平均线膨胀系数 $\bar{\alpha}_T$。表 4.7 列出了纯金属平均线膨胀系数的一些资料。

表4.7 纯金属的平均线膨胀系数 α(0 ℃ ~ 100 ℃)

金 属	$\alpha \times 10^6/℃^{-1}$	金 属	$\alpha \times 10^6/℃^{-1}$
Li	58	K	84.0
Be	10.97(20 ℃)	Ca	22(0~330 ℃)
B	8.0	Ti	7.14(20 ℃)
Na	71.0	Cr	6.7
Mg	27.3	γ-Mn	14.75(20 ℃)
Al	23.8	α-Fe	11.5
Si	6.95	Co	12.5
Ni	13.3	Sb	10.8
Cu	17.0	Te	17.0
Zn	38.7	Cs	97.0
Ca	18.3(20 ℃)	Ba	17~21(0~300 ℃)
Ce	6.0	Te	6.75
As	4.70(20 ℃)	W	4.4
Rh	90.0	Re	12.45(20 ℃)
Zr	5.83(-100 ℃)	Os	5.7~6.6
Nb	7.2	Ir	6.58
Mo	4.9	Pt	8.9
Ru	7.0	Au	14.0(0 ℃)
Rb	8.5	Hg	181.79(0 ℃)
Pd	11.7(20 ℃)	Tl	33.65(0~20 ℃)
Ag	18.7	Pb	28.3(0 ℃)
Cd	31.0	Bi	12.1
In	77(0~25 ℃)	Th	11.1(20~60 ℃)

如果金属在加热或冷却的过程中发生了相变,由于不同组成相的比热容差异,将要引起热膨胀的异常,这种异常的膨胀效应为研究材料中的组织转变提供了重要的信息。因此,对于研究与固态相变(尤其是体积效应较大的一级相变)有关的各种问题,膨胀分析可以作出重要的贡献。

研究热膨胀的另一方面兴趣来自于仪表工业对材料热膨胀性能的特殊要求。例如作为尺寸稳定零件的微波设备谐振腔、精密计时器和宇宙航行雷达天线等,都要求在气温变动范围内具有很低膨胀系数的合金;电真空技术中为了与玻璃、陶瓷、云母、人造宝石等气密封接要求具有一定膨胀系数的合金;用于制造热敏感性元件的双金属却要求高膨胀合金。这就需要研究化学成分和组织结构对合金热膨胀系数的影响。

4.5.2 热膨胀的微观解释

晶体材料在不受外力作用时,原子处于阵点的平衡位置,这时结合能最低,结合力为零,因此很容易受运动干扰而振动。设原子排列成无限点列,平衡时的原子间距为 r_0,在某一瞬间相邻原子间的相对位移为 δ,将原子间相互作用的势能 $U(r)$ 在平衡点附近按泰勒级数展开,得

$$U(r) = \underbrace{U(r_0) + \frac{1}{1!}\left(\frac{\mathrm{d}U}{\mathrm{d}r}\right)_{r_0}\delta + \frac{1}{2!}\left(\frac{\mathrm{d}^2U}{\mathrm{d}r^2}\right)_{r_0}\delta^2}_{\text{谐振项}} +$$

$$\underbrace{\frac{1}{3!}\left(\frac{\mathrm{d}^3U}{\mathrm{d}r^3}\right)_{r_0}\delta^3 + \cdots + \frac{1}{n!}\left(\frac{\mathrm{d}^nU}{\mathrm{d}r^n}\right)_{r_0}\delta^n}_{\text{非谐振项}} \tag{4.28}$$

式中,$U(r_0)=$ 常数,为平衡位置的势能。由于 $(\mathrm{d}U/\mathrm{d}r)_{r_0}=0$,而且 δ 很小,若式(4.28)中只保留到 δ^2 项,则势能展开式为

$$U(r) = U(r_0) + \frac{1}{2}\left(\frac{\mathrm{d}^2U}{\mathrm{d}r^2}\right)_{r_0}\delta^2 \tag{4.29}$$

两原子间相互的作用力 F 为

$$F = -\frac{\mathrm{d}U(r)}{\mathrm{d}\delta} = -\left(\frac{\mathrm{d}^2U}{\mathrm{d}r^2}\right)_{r_0}\delta \tag{4.30}$$

式中,$(\mathrm{d}^2U/\mathrm{d}r^2)=\beta$ 称为准劲度系数,故 $F=-\beta\delta$ 与胡克定律近似。通常在平衡状态时,原子以 10^{12} Hz 频率振动,只要原子离开平衡位置的位移很小,作用在原子上的力就可以看成与位移成正比,原子处于谐振状态。这一模型可以对金属的热容作近似解释,但却不能解释热膨胀现象。因为在谐振状态下原子的平衡位置将与振幅无关。如果把这些振动看成是阵点加热的结果,则晶体的平均尺寸将不随温度而变化,即不存在热膨胀现象。

但是,X-射线结构分析表明,固态金属与合金在受热膨胀时每对相邻原子间距离 r 相应增大。为什么实际固体会发生热膨胀呢?这是因为使原子返回平衡位置的恢复力并不是位移的线性函数,而是比较复杂的不对称函数,这就导致势能曲线偏离了谐振时的抛物线形式。在势能曲线的右方有水平的渐近线,在左方有垂直的渐近线,它是一条非常不对称的曲线。

下面讨论原子在一定总能量下的振动。为了决定原子在靠近与远离的两方面所能离开平衡位置的位移,必须画出一条表示原子总能量的水平线。当 $r=r_0$ 时,原子的能量全部为动能。随着原子对平衡位置的偏离,这些动能逐步地转变为势能。表示原子总能量的直线与势能曲线的两个相交点得到最大的势能值,如图 4.16 所示。

不难看出,在同一总能量下原子向右的最大位移比向左的要大,且原子的总能量越大,这种不对称性表现得越突出。假如把所研究模型的长度定为静止原子中心至运动原子位移平均位置的距离,那么随着温度的上升,即随着运动原子振动能量的增大,原子的平均位置将向右方移动。图 4.16 中原子不同总能量描述了振动的界限。这些线段的中心连成的曲线表示不同温度(相应于原子不同能量)下双原子模型的热膨胀过程。总能量接近于零的情况对应于无穷大的热膨胀。

关于固体双原子模型热膨胀的描述,可以推广到任意数量原子链(一维晶体)以至三维晶体中,而且也可以根据势能曲线不对称的特殊情况,解释某些固体具有负膨胀系数的现象,如图 4.17 所示。

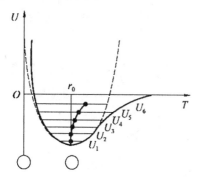

图 4.16　双原子模型热膨胀过程示意图

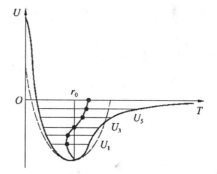

图 4.17　出现负膨胀示意图

4.5.3　热膨胀系数的影响因素

1. 温度与相变的影响

根据原子热振动概念的热容理论,格留涅辛(Grüneisen)对立方晶系的线膨胀系数 α_T 进行的计算指出,膨胀系数随温度的变化应当与热容随温度变化的行程相似。铝在 $-196\ ℃$ 至 $700\ ℃$ 范围内的实验数据表明,格留涅辛的理论计算与实验符合得很好,如图 4.18 所示。可见,在没有相变时,膨胀系数随温度的升高连续增大。但对于铁、钴、镍等铁磁金属,在温度靠近居里点 θ_C 时,膨胀系数却出现明显的反常。其中镍的膨胀系数实验值高于理论值,如图 4.18 所示,称为正反常,而铁的实验值低于理论值,称为负反常。

如果金属在加热和冷却过程中发生相变,则由于组成相之间比容的差异,膨胀系数发生急剧变化。通常膨胀量变化与比热容变化的规律是一致的。从铁在加热时比热容变化的规律(见图 4.19)可以看出,在加热到 A_3 点以上比热容急剧地减小是由于 α-Fe 转变为 γ-Fe 使原子间距缩小的结果。A_4 点比热容的急剧增大则是由于 γ-Fe 转变为 δ-Fe 引起原子间距增大的缘故。虽然膨胀曲线和比热容的变化是一致的,但用膨胀的测量却不能直接得到相变体积效应的大小,例如用膨胀仪测得纯铁在 A_3 点的长度收缩为 0.8%,而根据计算长度收缩应为 3.8%。这种差别与加热速度、晶体缺陷以及铁中的气体含量等有关。但是膨胀的测量对于了解相变的动态过程,特别对于测量相变点却是一个很有效的方法。

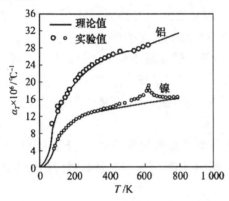

图 4.18 铝、镍实验值和理论值的比较

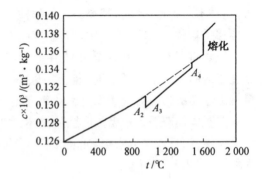

图 4.19 铁加热时比热容的变化

2. 合金元素的影响

目前对合金相的热膨胀研究得很少。根据已有的数据,固溶体的膨胀系数总是比按化学成分线性关系所计算的数值要低一些。图 4.20 表示一些金属形成固溶体的线膨胀系数与成分的关系,可以看出,在含有过渡族金属(如 Pd)的固溶体中,膨胀系数随溶质原子分数的变化对直线规则的偏离较大。对于普通金属 Ag 及 Au 的合金膨胀系数与成分几乎呈直线关系。

在铝中溶入 Cu、Si、Ni、Fe、Be,即溶入比溶剂的膨胀系数小的元素时,其膨胀系数减小。在铜中溶入 Pd、Ni 及 Au 时也是这样。

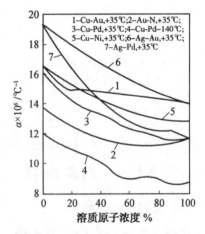

图 4.20 固溶体线膨胀系数随溶质原子浓度的变化

相反地在铜中溶入 Zn 及 Sn 时,膨胀系数增大,因为溶质组元的膨胀系数比铜的大。锑是一个例外,虽然它有比铜小的膨胀系数,但它使铜的膨胀系数增大。

根据最可靠的研究,在 0~100 ℃温区中纯铁的线膨胀系数在 $11.7 \times 10^{-6} \sim 12.3 \times 10^{-6}$ ℃$^{-1}$ 之间。碳钢各组成相的膨胀系数及其他体积性质列于表 4.8 中。看来具有比较致密点阵的金属相在加热的情况下膨胀也比较强烈,这和最致密点阵金属在熔化时表现最大的体积膨胀是一致的。例如 γ-Fe 具有比 α-Fe 小的比热容,前者的膨胀系数也比后者更大。与此相应,奥氏体钢具有比珠光体钢及马氏体钢更高的膨胀系数。

表 4.8 碳钢中各组成相的体积特性

相的名称及碳含量%	单位晶胞中平均原子数	点阵常数/nm	密度/$(cm^3 \cdot g^{-1})$	每1%碳原子体积的增加量/nm	平均膨胀系数$\times 10^6/℃^{-1}$ 线膨胀系数 α_l	体膨胀系数 α_V
铁素体	2.000	0.286 1	0.127 08		14.5	43.5
奥氏体 0%	4.000	0.355 86	0.122 27			
奥氏体 0.2%	4.037	0.356 50	0.122 70			
奥氏体 0.4%	4.089	0.357 14	0.123 13			
奥氏体 0.6%	4.156	0.357 78	0.123 66	0.009 6	23.0	70.0
奥氏体 0.8%	4.224	0.358 42	0.123 99			
奥氏体 1.0%	4.291	0.359 06	0.124 42			
奥氏体 1.4%	4.427	0.360 34	0.125 28			
马氏体 0%	2.000	$a=0.286\ 1$ $c=0.286\ 1$	0.127 08			
马氏体 0.2%	2.018	$a=0.285\ 8$ $c=0.288\ 5$	0.127 61			
马氏体 0.4%	2.036	$a=0.285\ 5$ $c=0.290\ 8$	0.128 12			
马氏体 0.6%	2.056	$a=0.285\ 2$ $c=0.293\ 2$	0.128 63	0.077 7	11.5*	35.0*
马氏体 0.8%	2.075	$a=0.284\ 9$ $c=0.295\ 5$	0.129 15			
马氏体 1.0%	2.094	$a=0.284\ 6$ $c=0.297\ 9$	0.129 65			
马氏体 1.4%	2.132	$a=0.284\ 0$ $c=0.202\ 6$	0.130 61			
渗碳体	Fe=12 C=4	$a=0.451\ 44$ $b=0.507\ 67$ $c=0.672\ 97$	0.130 23		12.5	37.5

*这些数值不够可靠,仅供参考。

在多相合金中膨胀系数的变化很复杂,但多相合金的膨胀系数可以认为是各组成相所作贡献的总和。值得注意的是,合金元素在钢中的存在形式对膨胀系数有不同的影响,如图 4.21 所示。溶解在铁素体中的合金元素使膨胀系数降低(如 Ni,Cr,Mn),而当合金元素以碳化物形式存在时却通常要提高膨胀系数(如 Cr_3C_2 和 Mn_3C)。

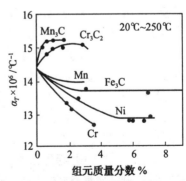

图 4.21 不同组成相对铁膨胀系数的影响

3. 格留涅辛极限方程

实验表明,金属的熔点和体积膨胀存在一定的关系,即对于所有纯金属有

$$\frac{V_m - V_0}{V_0} = 0.06 \tag{4.31}$$

确切地说,对于具有立方及六方点阵的不同金属,这个值在6%到7.6%之间波动。对于四方点阵的金属(In,β-Sn)这个值降到2.76%。这些金属接近于非金属,而且具有共价结合的特征。式(4.31)称为格留涅辛极限方程,式中,V_m为到达熔点时固态的体积;V_0为在绝对零度下的体积。式(4.31)表明,当金属体积增大6%时,空间点阵的原子间内聚力变弱,以至金属熔化。既然不同金属从绝对零度到熔点的体积膨胀都一样,那么熔点越低,膨胀系数越大;熔点越高,膨胀系数越小。

4.5.4 铁磁状态的热膨胀反常

1. 膨胀合金的工业应用

铁磁合金的热膨胀反常在工业上有重要的应用。这里大体可分为两大类:低膨胀合金和定膨胀合金。

(1) 低膨胀合金

低膨胀合金最初是在改进标准尺质量的过程中发展起来的。1889 年国际度量衡管理局规定 Pt-Ir 合金为标准尺。它的膨胀系数为 $\bar{\alpha}_{20-100} \approx 8 \times 10^{-6} ℃^{-1}$,作标准尺不够理想,且 Pt、Ir 都是贵金属,应用上受到一定限制。1896 年圭洛姆(Guillaume)发现 Ni30-Fe 合金在常温附近的膨胀系数比 Pt 的 $9 \times 10^{-6} ℃^{-1}$ 低 1/3。为了得到更好的性能,经继续研究找到了一种 Ni36-Fe 合金,在常温附近膨胀系数为 $1.2 \times 10^{-6} ℃^{-1}$,是一种尺寸几乎不随气温变化的合金,称为因瓦合金(取 Invariable 的词根,寓"不变"的意思)。以后,在 1927 年日本学者增本量以 5% Co 取代因瓦合金中的部分镍,提高了合金的居里点,从而得到常温附近膨胀系数低达 $0 \sim 0.5 \times 10^{-6} ℃^{-1}$ 的合金,称为"超因瓦"(Ni32Co5-Fe)。以后又研究出膨胀系数更低且耐蚀性很好的 Co54Cr9-Fe 合金,称为"不锈因瓦"。

图 4.22 表示了铁镍合金在各种温度下真膨胀系数 α_T 的大小与合金成分的关系。可以看出,在 0 ℃下 $w(Ni) = 35.6\%$ 的合金具有最小的膨胀系数,当温度升高时,所有铁镍合金的线膨胀系数显著地增大,甚至超过普通铁的数值。

必须指出,在黑色金属中常见的杂质与合金元素都能使膨胀系数升高,其中碳的影响最为显著,如图 4.23 所示。因此,通常需要设法使因瓦合金中的含碳量降到最低值,因为即使少量的碳也会引起合金的时效,从而使构件的尺寸随时间而改变。曾经发现,轧材在 30 年中连续出现缓慢伸长的现象。这种时间的稳定性,对于在野外测量工程等使用的因瓦和超因瓦合金是很重要的一个指标。这里除了膨胀系数应该不大于 $1 \times 10^{-6} ℃^{-1}$ 外,还要求一年中的长度变化不超过 $0.3 \mu m/m$,这样通常可以使用 10 年。

随着空间技术的发展,提出研制低温及超低温下具有特殊机械性能和热性能的新合金,特别是用来制造液氧、液氮、液氢、液氦容器和真空管道的低膨胀系数、低热导率和高机械性能的合金。实验表明,Ni36-Fe 和 Ni39-Fe 在 60 K 时即具有不稳定的热膨胀系

数。1971 年曾经报道,在 Ni36-Fe 合金中加入 0.56% Cr 试制成功的 Ni36Cr0.56-Fe 合金,即使在 20 K 时也不出现 α 相,解决了超低温下膨胀系数不稳定的问题。

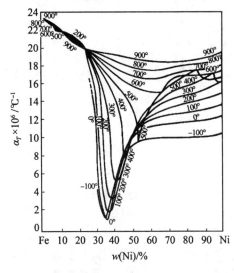 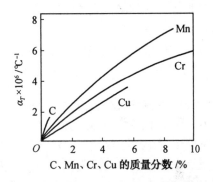

图 4.22　铁镍合金真膨胀系数 α_T 的等温线　　图 4.23　杂质对因瓦合金膨胀系数的影响

超高频技术尤其是量子电子学技术的发展,要求提供膨胀系数极低的合金。在度量衡测量和精密仪表制造方面广泛使用的因瓦合金,膨胀系数达不到要求,而膨胀系数比因瓦合金低一倍的超因瓦合金,其低温相稳定性却较差。因而,寻求膨胀系数极低,相稳定性良好的合金已成为这一领域迫切的问题。

一般说来,因瓦型合金的成分不同,其热膨胀系数急剧上升的温度也不同,这是由于合金成分对材料铁磁转变温度(居里点)发生影响的缘故。图 4.24 表示几种铁镍合金膨胀系数 α 与温度的关系。

随着谐振腔体发射能量的增加和使用温度范围的提高,要求材料在高温下具有低的膨胀系数,以保证发射频率的精确性。研制出高温下具有低膨胀系数的合金,从以往的实践来看,是一项非常艰巨的任务。

(2) 定膨胀合金

定膨胀合金是适应电真空技术的需要而发展起来的。最初制造电子管是采用 Pt 来解决和软玻璃的气密封接问题,后来人们研究出 Ni46-Fe 合金,其膨胀系数同 Pt 相近,且加工性和耐蚀性都很好,从而代替了 Pt。随着电真空技术的发展,采用了熔点较高、膨胀系数较低的硬玻璃,相应的用 W、Mo 与之匹配封接,但因 W、Mo 的加工性差,很难加工成圆环、薄壁管等形状复杂的零件。20 世纪 30 年代斯柯特(Scott)和霍尔(Hull)等人经过多年研究,制得一种膨胀系数更接近硬玻璃、塑性很好、且其氧化物能很好地被玻璃浸润的合金(如 Ni29Co17Mn0.6-Fe),称为"可伐"合金,英文称为 KOVAR,也称铁镍钴合金,因而取代了 W、Mo 得到广泛的应用。图 4.25 表示可伐合金和两种耐熔玻璃的伸长 $\Delta L/L$ 与温度的关系。可以看出,在很宽的温度范围内这些曲线符合得很好,这就可以把可伐合金焊在耐熔玻璃上,而不会发生明显的内应力。玻璃曲线上的折点相当于它们软化的温度,而可伐合金曲线上的折点相当于磁性转变温度(居里点)。

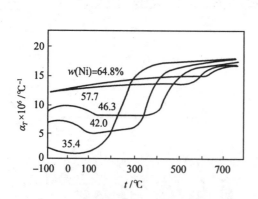 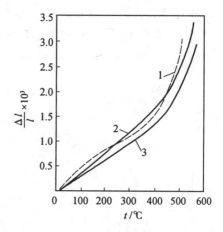

图4.24 铁镍合金膨胀系数随温度的变化　　图4.25 可伐合金与耐熔玻璃的热膨胀匹配图

由于陶瓷的熔点高、介电损耗低、抗机械振动和热冲性比玻璃好得多,因此在超高频大功率电子管中逐渐取代了玻璃作为介电材料。陶瓷和金属封接的技术在第二次世界大战期间最先在德国得到研究,战后在美、俄等国有了迅速发展。用来同陶瓷封接的合金先后有 Ni46-Fe,Ni47Cu5-Fe,Ni33Co17-Fe,Ni27Co25-Fe,Ni28Co23-Fe 以及铌基合金和锆基合金等。

在电光源方面,大功率高能量的脉冲氙灯、激光器,需要在高的温度下具有低膨胀系数的合金用来与石英玻璃封接。国外报道都是从封接工艺上加以解决,但这样就限制了器件发射能量的提高。

目前,电真空工业对于大量用于封接结构材料的可伐合金都在设法减少贵重的 Co 含量。研制低钴或无钴的合金来代替可伐合金的需求非常迫切,然而单从合金方面达到目的相当困难。俄、日等国正在发展相应的玻璃研究,以实现合金与玻璃的配合使用。

2. 因瓦合金膨胀分析

关于因瓦合金低膨胀反常的现象,很早就引起了各国学者的兴趣。法、德、日、俄等国为解释这一现象都有过报道。

早期人们对因瓦合金低膨胀特性的解释是,由于合金中存在超结构化合物 Fe_2Ni 引起的。然而 X 射线分析表明,在 $w(Ni)=30\% \sim 45\%$ 的铁镍合金中不存在任何超结构化合物。后来又有人把这种低膨胀特性归因于合金在室温附近存在 $\alpha \Leftrightarrow \gamma$ 相转变。由于 γ 相的比热容比 α 相小,故加热时 $\alpha \to \gamma$ 转变引起体积收缩,抵消了一般情况下分子热振动引起的热膨胀,因而出现低膨胀反常。系统研究 Fe-Ni 二元相图表明,Ni 含量高于34%的铁镍合金在 0 ℃ 以上不发生任何相变。

增本量较早从铁磁学角度解释因瓦合金的低膨胀反常现象,但系统提出因瓦合金低膨胀反常与磁致伸缩间关系的是白洛夫(Belov)。现简单介绍如下。

实验表明,因瓦合金的低膨胀反常源于铁磁本质,当温度升高到居里点以上时,这种膨胀的反常现象即已消失。当材料磁化时,由于原子间距的变化,铁磁体的体积将发生改变,表现为磁致伸缩。这里包括技术磁化过程的磁致伸缩 λ_t 和真磁化过程的磁致伸缩 λ_n。λ_t 与每个磁畴的向量 M_s 沿外磁场的取向有关;λ_n 与每个磁畴内元磁矩排列不整齐程度的改善有关。随着温度向居里点靠近,每个磁畴中元磁矩排列不整齐程度增加;而随着磁场的增大,这种不整齐程度可以部分地被消除。换言之,当铁磁体磁化时也存在着顺磁饱和的因素,不过在通常情况下这一真磁化过程可以忽略罢了。

早在1937年就已发现,因瓦合金在强磁场中存在顺磁磁化现象,且相应的λ_n很大,白洛夫的数据也表明,大的λ_n值是因瓦合金的特征。分析了由实验发现的反常热膨胀与磁致伸缩之间的关系后,白洛夫提出,合金的热膨胀系数应看成由三个部分组成,即

$$\alpha = \alpha_{M_s} + \left(\frac{d\lambda_T}{dT}\right)_m + \left(\frac{d\lambda_T}{dT}\right)_n \tag{4.32}$$

式中,α_{M_s}为非铁磁性(例如在磁饱和的条件下)的"正常"线膨胀系数;$\left(\frac{d\lambda_T}{dT}\right)_m$为随着温度升高,技术磁化($M_s$向量的重新分配)磁致伸缩的变化;$\left(\frac{d\lambda_T}{dT}\right)_n$为真磁化过程磁致伸缩的变化,即在加热与$M_s$的减小同时发生的体积效应。

由于通常情况下$\left(\frac{d\lambda_T}{dT}\right)_m$很小,且在一级近似中可以略去不计,那么

$$\alpha = \alpha_{M_s} + \left(\frac{d\lambda_T}{dT}\right)_n \tag{4.33}$$

为了确定式(4.33)中第二项,把它代换成可以测量的其他量

$$\alpha = \frac{dL}{dT} \cdot \frac{1}{L} = \alpha_{M_s} + \frac{\partial \lambda_n}{\partial H} \cdot \frac{\partial M_s}{\partial T} \cdot \frac{1}{x_n} \tag{4.34}$$

式中,x_n为真磁化过程的体积磁致伸缩,等于$\partial M_s / \partial H$。

由于式(4.32)中存在$(d\lambda/dT)_m$项,因瓦合金的热膨胀系数在一定范围内以影响技术磁化的内应力而变。

综上所述,因瓦合金低膨胀反常的物理本质可以归结为,这一类合金在铁磁性相互作用下随温度的降低而使比热容增大,故在加热过程中正常的热膨胀被铁磁现象引起的附加收缩所抵消。

4.5.5 热膨胀的测量

长期以来,膨胀测量已成为广泛用于材料热性能研究的一种物理方法。它不仅应用于测定材料的膨胀特性,还可以用来分析不同温度区间的组织结构变化。最初,由于技术上的限制,膨胀法仅限于在慢速的加热、冷却过程中进行测量,后来随着加热方法(炉型和电子控制系统)的改进以及位移测量方面的进步,膨胀分析的优点发挥出来。特别应该指出的是,膨胀法在快速加热、冷却的热循环中对于研究材料组织结构转变具有独特的贡献。

1. 简易膨胀仪

膨胀仪的基本结构通常由加热炉、试样热膨胀时位移的传递机构和位移的记录装置组成。最简单的膨胀仪是将待研究的试样[$\phi(3 \sim 5)$mm×$(30 \sim 50)$mm]安放在一端封闭的石英管底部,使其保持良好的接触,试样的另一端通过一个石英顶杆将膨胀引起的位移

传递到千分表上,即可读出不同温度下的膨胀量,如图4.26所示。

为了减少加热炉(特别是炉口)的散热对千分表精确度的影响,通常在炉子周围加上冷却水套。选用石英做套管和顶杆是因为在0~1 000 ℃范围内,石英不发生相变,且膨胀系数极低(约为碳钢1/20),在通常情况下可以忽略不计。

这种膨胀仪简单易行,但其精确度受千分表的最小刻度(0.001 mm)所限,且不能进行膨胀量的放大与记录,对于体积效应较小的相变在实验数据中得不到反映。

2. 光学膨胀仪

光学膨胀仪是应用广泛而又较精密的一种膨胀仪。其特点是把加热炉做成卧式,使

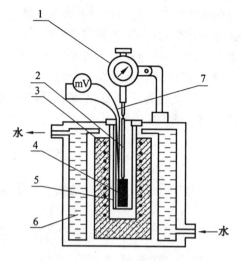

图4.26 简易膨胀仪

1—千分表;2—石英顶杆;3—加热炉;4—试样;
5—石英套管;6—冷却水套;7—热电偶

炉温比较均匀;由于采用了光学放大系统并通过照相进行记录,因此机械惯性小,提高了仪器的灵敏度;此外,在光学膨胀仪中一般都采用与待研究试样一起加热的标准试样,利用其伸长量来标定试样的温度,这就使得试样温度的测量比较方便。根据仪器的测量原理可以分为普通光学膨胀仪和示差光学膨胀仪两种。

(1)普通光学膨胀仪

在这种膨胀仪中,以标准试样的膨胀量来标定温度。那么,标准试样的选择必须满足:导热系数与待研究试样的接近;伸长与温度成正比;在使用温度范围内没有相变;有较大的膨胀系数且不易发生氧化。因此,通常选用纯铝或纯铜作为在较低温度下研究有色合金的标准试样,比洛司合金($w(Ni)=80\%$,$w(Cr)=16\%$,$w(W)=4\%$)则可以作为研究钢铁的标准试样。这种合金在0~1 000 ℃范围内不发生相变,其膨胀量与温度的关系预先已知,膨胀系数均匀地由$12.57×10^{-6}℃^{-1}$增加到$21.24×10^{-6}℃^{-1}$。

为了使标准试样能正确地反映待研究试样的温度,必须使两个试样处于相同的加热条件下,特别在测定马氏体相变温度的淬火试验中,把标样与试样的几何形状与尺寸做得一样是比较有利的。

普通光学膨胀仪测量的核心部分是由一块小的直角等腰三角板组成的光学杠杆机构,如图4.27所示。三角板当中安装一个凹面镜,三角板的直角顶点由铰链固定在机架上,当试样与标样加热时,它们的膨胀量分别由两根石英顶杆传递到三角板两个锐角顶点。假如待测试样长度不变,只有标样伸长,则从光源反射到照相底片上的光点做水平移动,光点在水平轴上的位置表示着温度的高

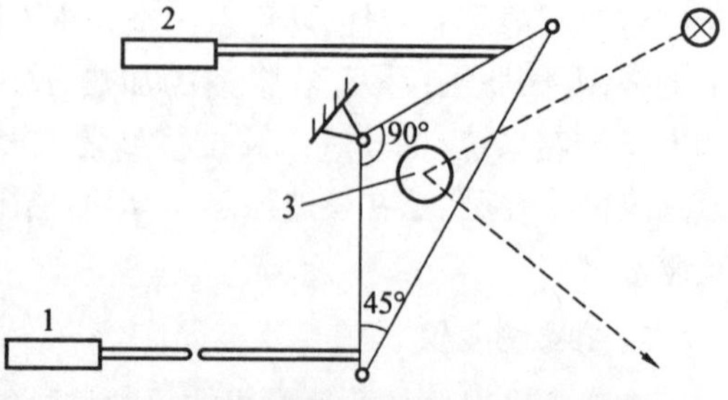

图4.27 普通光学膨胀仪原理图

1—待测试样;2—标准试样;3—凹面镜

低;假如标样长度不变,仅仅待测试样伸长,则反射光点做垂直向上移动。现在两个试样在加热过程中同时伸长,那么在照相底片上就可得到如图4.28所示的热膨胀曲线。

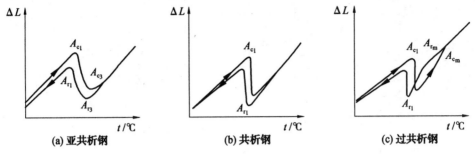

图4.28 碳钢的热膨胀曲线

这种膨胀仪既可作材料膨胀特性的测量,也可作临界点的测定。

(2)示差光学膨胀仪

示差光学膨胀仪是为了提高相变测试的灵敏度在普通光学膨胀仪基础上的一种改进。和普通光学膨胀仪不同的是,测量部分的三角板不是等腰三角形,而是一个具有30°角和60°角的直角三角形。30°角的顶点用铰链固定,60°角的顶点通过石英顶杆与待测试样1接触,直角顶点通过另一石英顶杆与标准试样2接触,如图4.29所示。如果标准试样长度不变,仅待测试样伸长时,反射的光点在底片上将垂直向上移动;如果待测试样长度不变,仅标准试样伸长时,反射光点不是沿水平方向移动,而是沿与水平轴成α角的方向移动,如图4.30所示。可见,$\overline{OB}$代表待测试样的伸长,而$\overline{OA}$代表标准试样的伸长。现在两个试样被加热同时伸长,则光点沿$\overline{OC}$移动,C点的纵坐标$\overline{CC'}$反映了待测试样伸长$\overline{OB}$与标准试样伸长在纵轴上投影$\overline{OA}\sin\alpha$之差,即

$$\overline{CC'} = \overline{OA}\sin\alpha - \overline{OB} \tag{4.35}$$

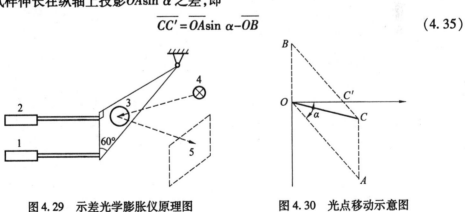

图4.29 示差光学膨胀仪原理图
1—待测试样;2—标准试样;3—凹面镜;
4—光源;5—照相底片

图4.30 光点移动示意图

如果标准试样的选择原则如前,当待测试样中不发生相变时,由于两试样的伸长相互抵消,光点在照相底片上的位移不大。因此,在示差光学膨胀仪中可以采用更大的光学放大倍数,这样就可以使相变引起的膨胀效应显示得更为突出,从而提高了测量的灵敏度。示差光学膨胀仪所记录的膨胀曲线如图4.31所示。

必须指出,示差光学膨胀仪在相变测试方面比普通光学膨胀仪要灵敏,但不能用于材料膨胀系数的测定。

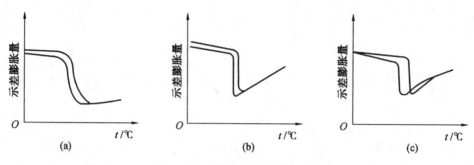

图 4.31　碳钢的示差膨胀示意图

4.5.6　热膨胀分析的应用

1. 测定临界点

众所周知,相变研究是材料科学中的一项基础研究工作,而相变临界点的测定对于每个新钢种(或合金)总是不可缺少的。以钢铁为例,由于在加热和冷却过程中存在同素异构转变,产生明显的体积效应,因而采用膨胀的测量确定相变温度是一个很有效的方法。一般碳钢在临界点附近温度区间的膨胀曲线如图 4.32 所示。根据膨胀曲线来确定钢中 $\alpha \Leftrightarrow \gamma$ 转变温度通常有两种方法:

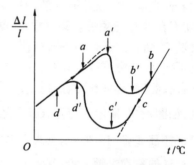

图 4.32　碳钢膨胀曲线

①取热膨胀曲线上偏离纯热膨胀的开始温度作为 A_{c_1}(或 A_{r_3}),对应于图 4.32 中的 a 点及 c 点。取膨胀曲线上恢复纯热膨胀的开始温度为 A_{c_3}(或 A_{r_1}),对应于图 4.32 中的 b 点及 d 点。

②取加热与冷却曲线上的四个极点值 a',b',d',c' 的温度分别为 $A_{c_1},A_{c_3},A_{r_1},A_{r_3}$。

严格地说,只有第一种方法是正确的,因为对热膨胀的偏离是由相变引起的体积效应造成的,但这种方法容易造成由观测者主观因素决定的偶然误差,只有在高精度膨胀仪上测定才能减少这种误差。第二种方法所得的临界点与真实值有一定偏离,但对相变温度的判断却十分明显。因此,在研究各种因素(如合金元素、原始组织状态、加热和冷却速度等)对相变温度的影响时,用这种方法更易于对数据进行分析与比较。

显然,加热和冷却速度不同所得到的临界点也不同,在相图的制作过程中必须确定平衡态的相变温度。对于合金钢来说,当加热和冷却速度低于 $1\ \text{℃} \cdot \text{h}^{-1}$ 时所得到的临界点可以认为接近于平衡温度,但要控制这样慢的均匀加热与冷却,对实验技术要求很高,且时间上也不经济。根据加热与冷却速度无限减慢时,加热与冷却临界点趋近的事实,可以用外推法得到平衡相变温度。

如果钢的 $A_{c_1},A_{c_3},A_{r_1},A_{r_3}$ 温度与加热或冷却速度 V_c,V_r 符合线性关系

$$\ln V_c + AT_c + B = 0 \quad (4.36)$$
$$\ln V_r + aT_r + b = 0 \quad (4.37)$$

式中，A,B 和 a,b 分别为与钢种有关的常数；T_c 和 T_r 分别为加热和冷却的临界点，可以通过实验得到不同加热（或冷却）速度下的临界点 $A_{c_1},A_{c_3},A_{r_1},A_{r_3}$。在 $\ln V$-T 图上把 A_{c_1} 曲线与 A_{r_1} 曲线延长相交，其交点所对应的温度即为 A_1，同样方法可以得到 A_3，如图 4.33 所示。

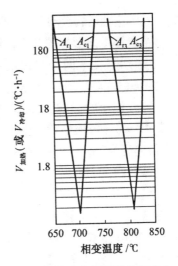

图 4.33 外推法确定钼钢的临界点（$w(\mathrm{Mo})=0.20\%$）

2. 研究加热转变

膨胀分析可以用来研究钢与合金的加热转变。例如，不同的加热速度，对马氏体时效钢组织转变的影响就可以从膨胀测量中反映出来。图 4.34 表示了含有 Ni，Co，Mo 的马氏体时效钢不同加热速度下的膨胀曲线（δl-t）和与其相对应的膨胀速度曲线（$\mathrm{d}l/\mathrm{d}t$-t）。可以看出，当加热速度比较小时（$0.1\sim 0.5\ ℃\cdot \mathrm{s}^{-1}$），原始组织（马氏体）在到达向奥氏体转变的开始点 A_s 之前，就已经有组织变化，这是因为在马氏体中形成的金属间化合物沉淀，使母相中的 Mo 含量减少，相当于膨胀曲线 ab 段的收缩，而 b 点与合金的 A_s 点相吻合。从以 $0.1\ ℃\cdot \mathrm{s}^{-1}$ 速度加热的膨胀曲线可以看出，奥氏体转变明显地分为两个阶段：bc 与 cd，d 点与奥氏体转变完成的 A_f 相吻合。第一阶段同时形成两个相：体心立方的贫镍相 α_p（铁素体）和面心立方的富镍相 γ_r（奥氏体）。第二阶段为铁素体到奥氏体的转变 $\alpha_p \to \gamma_r$，然后超过了 A_f 点，这时合

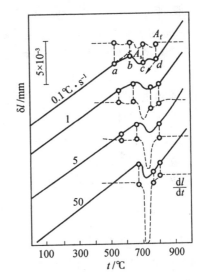

图 4.34 加热速度对马氏体时效钢膨胀曲线的影响

金由含镍量截然不同的奥氏体组成，均匀化仅在温度超过 850 ℃ 以后才发生。

在高速加热（$>25\ ℃\cdot \mathrm{s}^{-1}$）的条件下，初始马氏体直接逆变为奥氏体，这是通过切变机制发生的唯一过程。图中的 $\mathrm{d}l/\mathrm{d}t$ 微分曲线（虚线）可以很好地精确确定不同转变发生的温度。系统的研究表明，从扩散机制到切变机制的临界加热速度大约为 $15\ ℃\cdot \mathrm{s}^{-1}$。

3. 研究冷却转变

当高温均匀稳定的固溶体（如钢的奥氏体）冷却到平衡相变温度以下时经常要发生转变。众所周知，在这种原子位移型的相变中有两种不同机制：扩散过程控制和非扩散的

切变机制。在钢中前者得到珠光体、曲氏体和贝氏体等不同形态的组织,后者通常得到针状、条状、透镜状等不同形态的马氏体组织。

图4.35表示了在不同冷却速度对低合金钢35CrMo($w(C) = 0.35\%$, $w(Cr) = 1\%$, $w(Mo) = 0.4\%$)相变的影响。显然,在冷却速度为$0.2\ ℃ \cdot s^{-1}$时,钢中只发生珠光体型转变;在冷却速度为$1.5\ ℃ \cdot s^{-1}$时,钢中先发生部分珠光体型转变,接着在中温区发生贝氏体转变,最后发生马氏体转变;$6\ ℃ \cdot s^{-1}$的冷却速度基本上抑制了珠光体型转变;而$30\ ℃ \cdot s^{-1}$冷却速度则同时抑制了珠光体和贝氏体转变,最终得到几乎全部马氏体组织。

由于奥氏体转变为马氏体所引起的体积效应最大,因此利用膨胀法测定M_s点是一种很有效的方法。测定M_s点的原理与前述A_r点相同,只是为了避免奥氏体在高温分解,对于多数钢种来说需要实现快速冷却和快速记录装置。

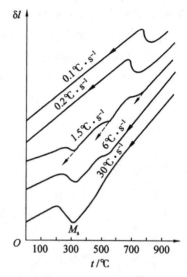

图4.35 35CrMo低合金钢不同冷却速度下的膨胀曲线

如果要利用膨胀法来测定马氏体的转变量,必须考虑两个因素:一方面由于温度下降引起试样正常的线性收缩;另一方面由奥氏体转变为马氏体引起试样的膨胀效应。在M_s和M_f的温度区间,仪器测量到的膨胀量是由膨胀与收缩两者综合作用的结果。假定马氏体的转变量与其产生的体积效应成正比,并考虑到新相和母相之间膨胀系数的差异,在M_s和M_f温区所形成的马氏体量可以根据杠杆法则来进行计算,即

$$M = \frac{CF}{EF} \times Q \times 100\% \quad (4.38)$$

式中,M为某一温度t时的马氏体转变量;Q为转变结束时马氏体量的质量分数,如图4.36所示。对于低碳钢和中碳钢而言残余奥氏体量极少,马氏体转变相当完全,可认为$Q=100$。对于高碳钢等残余奥氏体含量不可忽视的情况下,应借助于磁性法或X射线法来确定转变结束后的残余奥氏体的质量分数$A_残$。这时$Q=(100-A_残)$。

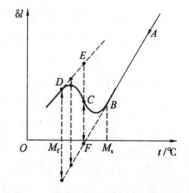

图4.36 马氏体转变温度与转变量的确定

必须指出,膨胀测量不但可以作为确定钢中马氏体转变量的一个简便方法,上述杠杆法则还可以推广到高温相变时新相与母相数量的确定。

4. 绘制 TTT 图和 CCT 图

众所周知,过冷奥氏体的分解特性对于每个钢种在应用上有重要的意义,通常这种特性是由等温转变曲线(TTT 曲线)和连续冷却转变曲线(CCT 曲线)表示。目前 TTT 曲线的测定主要采用磁性法和膨胀法,而 CCT 曲线的确定主要采用膨胀法。因为与经典的金相法相比,这些物理方法不但大大减轻了工作量,而且所得到的结果要可靠得多,因此它们至今仍然是其他方法所不能比拟的。

从钢的膨胀特性知道,过冷奥氏体不论是转变成高温区的珠光体、中温区的贝氏体,还是低温区的马氏体都发生相应的体积膨胀。特别重要的是,转变量的多少与膨胀量成正比,这就使得膨胀法很容易确定过冷奥氏体的分解程度。具体地说,TTT 曲线的测定,是在一个可以进行等温淬火的膨胀仪上测量出试样在不同温度等温时,膨胀量随时间变化的膨胀曲线。显然,试样开始膨胀之前这一段时间即为过冷奥氏体在该温度的孕育期;试样不再伸长表示奥氏体分解完毕。由于奥氏体的转变量与膨胀量之间的线性关系,可以把膨胀曲线直接表示成转变量与时间的关系,即等温转变动力学曲线,如图 4.37 所示。由于等温转变完成的时间可能很长,故对图 4.36 的时间坐标做了对数据减缩。根据一系列等温转变动力学曲线的开始和终了时间,便可建立奥氏体等温转变曲线(TTT 图)。图 4.38 就是根据图 4.37 绘制而成的 T10Cr 钢 TTT 图。由图可见,T10Cr 钢过冷奥氏体存在着两个不稳定温度区间,在 500 ℃ 以上为珠光体转变区,500 ℃ 以下为贝氏体转变区。

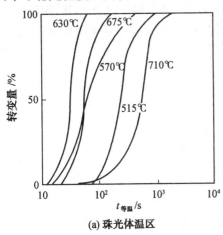
(a) 珠光体温区

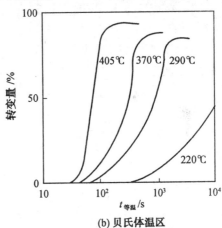
(b) 贝氏体温区

图 4.37 T10Cr 钢等温转变动力学曲线

必须指出,在珠光体转变区内过冷奥氏体可以 100% 地分解完毕,而在贝氏体转变区却可能存在残余奥氏体。因此,在贝氏体区内膨胀的终止线仅表示过冷奥氏体向贝氏体转变停止的时刻,其实际转变量可以由其他方法配合加以确定并换算。

关于连续冷却转变曲线(CCT 图)的建立问题,首先必须有一个冷却速度连续可控的膨胀仪。为了得到不同冷却速度下各个阶段的转变温度、转变产物和转变量,可以在快速膨胀仪上作出冷却过程中的膨胀曲线(见图 4.35)。在没有相变的情况下,膨胀量仅由纯粹热胀冷缩的作用产生,因而是接近线性的。发生相变时,膨胀曲线就要出现拐折,这时的膨胀量为纯膨胀(收缩)与相变的体积效应叠加的结果。拐折的起点和终点便是转变

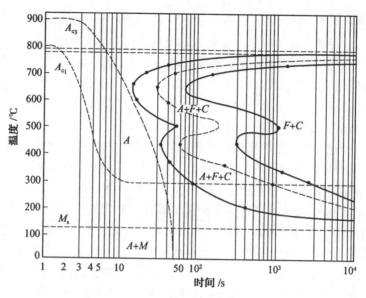

图 4.38 T10Cr 钢的 TTT 曲线

的开始温度和终止温度,而拐折的程度则反映过冷奥氏体转变量的多少,具体的计算也可以应用杠杆法则。显然,根据膨胀曲线拐折出现的温度范围可以判断出各自的转变类型。图 4.39 便是根据图 4.35 的膨胀曲线绘制出来的 35CrMo 钢连续冷却转变曲线(CCT 图)。绘制的方法是:在以温度为纵坐标,以时间的对数为横坐标的单对数坐标纸上,先绘出不同冷却速度的膨胀曲线,并标上发生转变的起始温度和终止温度,然后按冷却速度大小顺序将这些同类的点联结起来,这样便得到了 CCT 图。

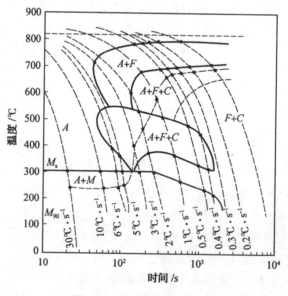

图 4.39 35CrMo 钢的 CCT 图

· 136 ·

4.6 热传导

4.6.1 导热系数、导温系数和热阻

由于材料相邻部分间的温差而发生的能量迁移称为热传导。在热能工程、制冷技术、工业炉设计、工件加热和冷却、房屋采暖与空调、燃气轮机叶片散热以及航天器返回大气层的隔热等一系列技术领域中,材料的导热性能都是一个重要的问题。

设有一块横截面为 S 而厚度为 Δx 的板材,板的两面存在温差 ΔT,量出在时间 Δt 内流过的热量为 ΔQ。实验证明,单位时间内流过的热量 $\Delta Q/\Delta t$ 与 S 和 ΔT 均成正比而与厚度 Δx 成反比,即

$$\frac{\Delta Q}{\Delta t} \propto A \frac{\Delta T}{\Delta x} \tag{4.39}$$

在板材厚度为无限小的 dx 情况下,板两面温差为 dT,则可以得到热传导的傅里叶(Fourier)定律:

$$\frac{dQ}{dt} = -\kappa S \frac{dT}{dx} \tag{4.40}$$

式中,dQ/dt 称为热量迁移率;dT/dx 为温度梯度;κ 代表材料导热能力的常数,称为"导热系数"或"热导率",其单位为 $W \cdot m^{-1} \cdot K^{-1}$ 或 $W \cdot cm^{-1} \cdot K^{-1}$。由于热量沿 T 降低的方向流动,方程中加负号使 dT/dx 为负值时,dQ/dt 为正值。表4.9列出了一些材料在常温下的热导率。显然,与非金属相比,金属为热的良导体,而气体则是热的绝缘体。

表4.9 不同材料常温下的热导率 κ $W \cdot m^{-1} \cdot K^{-1}$

金属	热导率	非金属	热导率	气体	热导率
铝	205	石棉	0.084	空气	0.024
黄铜	109	混凝土	0.837	氢气	0.138
铜	385	软木	0.167	氧气	0.023 4
铅	347	玻璃	0.837		
银	414	冰	1.674		
钢	46	木材	0.084		

理论分析表明,不稳定导热过程与体系的热焓相联系,而热焓的变化速率与材料的导热能力(κ)成正比,与贮热能力(体积热容)成反比。因此,在工程上常采用与导热系数有关的一个参数,称为导温系数或热扩散率 a,定义为

$$a = \frac{\kappa}{\rho c} \tag{4.41}$$

式中,κ 为热导率;c 为比热容;ρ 为密度。导温系数的引入是出于不稳定热传导过程的需要。在不稳定热传导过程中,材料内经历着热传导的同时还有温度场随时间的变化。热扩散率正是把两者联系起来的物理量,表示温度变化的速率。在加热和冷却相同的条件

下，D 越大的材料各处的温差越小。例如，金属工件在加热炉内被加热的情形就是一种典型的不稳定导热过程。要计算出经过多长时间才能使工件达到某一预定的均匀温度，就需要知道导温系数。

与电导率和电阻率之间的关系一样，也可以引入热阻率 $\bar{R}=1/\kappa$ 的概念，且同样可以把合金固溶体的热阻分为基本热阻（本征热阻）$\bar{R}(T)$ 和残余热阻 $\bar{R}_0$ 两部分。基本热阻也是基质纯组元的热阻，为温度的函数，而残余热阻则与温度无关，即

$$\bar{R}=\bar{R}_0+\bar{R}(T) \tag{4.42}$$

由于热阻的大小表征着材料对热传导的阻隔能力，故可以根据材料热阻的数值对工程技术的不同装置进行"隔热"或"导热"的计算。此类隔热装置的应用十分广泛，例如锅炉、冷冻、冷藏、石油液化、建筑结构等需要隔热；燃气轮机叶片和电子元件散热器等要求导热，特别是那些超低温和超高温装置对隔热材料更有严格的要求。例如，近代低温物理技术已能达到 10^{-4} K，液化天然气需要长途运输，航天飞行器需要携带液氢燃料而飞船返回大气层时前沿局部要经受 4 273~5 773 K 的高温。隔热材料和热防护材料对于实现这些目标是至关重要的。

4.6.2 维德曼-弗兰兹定律

在量子论出现之前，人们研究金属材料的热导率时发现一个引人注目的实验事实：在室温下许多金属的热导率与电导率之比 κ/σ 几乎相同，且不随金属不同而改变，称为维德曼-弗兰兹（Widemann-Franz）定律。这一定律同样表明，导电性好的材料，其导热性也好。后来洛伦兹（Lorenz）进一步发现，比值 κ/σ 与温度 T 成正比，该比例常数称为洛伦兹数，且可导得

$$L=\frac{\kappa}{\sigma T}=\frac{\pi^2}{3}\left(\frac{k_B}{e}\right)^2=2.54\times10^{-8}\ \mathrm{W\cdot\Omega\cdot K^{-2}} \tag{4.43}$$

式中，k_B 为玻耳兹曼常数；e 为电子电量。

表 4.10 列出的一些金属的洛伦兹数实验值表明，这一数值与实验结果符合得尚好。

表 4.10 若干金属洛伦兹数的实验值

金属	$L\times10^5/(\mathrm{W\cdot\Omega\cdot K^{-2}})$		金属	$L\times10^5/(\mathrm{W\cdot\Omega\cdot K^{-2}})$	
	0 ℃	100 ℃		0 ℃	100 ℃
Ag	2.31	2.37	Pb	2.47	2.56
Au	2.35	2.40	Pt	2.51	2.60
Cd	2.42	2.43	Sn	2.52	2.49
Cu	2.23	2.33	W	3.04	3.20
Ir	2.49	2.49	Zn	2.31	2.33
Mo	2.61	2.79			

各种金属的洛伦兹数都一样这一事实，是因为它所表征的同是费米面上的电子所参与的物理过程。但许多事实也表明，洛伦兹数只有在 $T>0$ ℃ 的较高温度时才近似为常数。当 $T\to 0$ K 时洛伦兹数也趋近于零。因为金属中的热传导不仅仅依靠电子来实现，也

还有声子(点阵波)的作用,尽管它所占的比例很小。然而,随着温度的降低电子的作用很快被削弱,使导热过程变得复杂起来。因此,不同金属的洛伦兹数偏离恒定值也就容易理解。从表 4.10 可见,不同金属的 L 值有些差别,对于合金间的差异则更大。如果计算出声子(点阵波)的导热系数 κ_1,从总的热导率 κ 中减去声子部分的贡献,则洛伦兹数被修正为

$$L' = \frac{\kappa - \kappa_1}{\sigma T} \approx 2.5 \times 10^{-8} \text{ W} \cdot \Omega \cdot \text{K}^{-2} \tag{4.44}$$

修正后的洛伦兹数 L' 除 Be 和 Cu 以外,对绝大多数金属都符合得很好,对合金也可适用。

应当看到,即使维德曼-弗兰兹定律和洛伦兹数是近似的,但它们所建立的电导率与热导率之间的关系还是很有意义的。因为,与电导率相比热导率的测定既困难又不准确,这就提供了一个通过测定电导率来确定金属热导率的既方便又可靠的途径。

4.6.3 热传导的物理机制

热传导过程就是材料内部的能量传输过程。在固体中能量的载体可以有自由电子、声子(点阵波)和光子(电磁辐射)。因此,固体的导热包括电子导热、声子导热和光子导热。对纯金属而言,电子导热是主要机制;在合金中声子导热的作用要增强;在半金属或半导体内声子导热常常与电子导热相仿;而在绝缘体内几乎只存在声子导热一种形式。通常可以不考虑光子导热,因为只有在极高温下才可能有光子导热存在。根据不同导热机制的贡献,可以把固体材料的热导率写成

$$\kappa = \kappa_e + \kappa_1 \tag{4.45}$$

式中,κ_e 为电子热导率;κ_1 为声子(点阵波)热导率。

按照气体分子运动论并取某种近似,可得到的气体导热系数为

$$\kappa = \frac{1}{3} c v \bar{l} \tag{4.46}$$

式中,c 为单位体积气体比热容;v 为分子速度;$\bar{l}$ 为分子的平均自由程。借用气体热导率公式近似地描述固体材料中电子、声子和光子的导热机制,则有

$$\kappa = \frac{1}{3} \sum_j c_j v_j \bar{l}_j \tag{4.47}$$

式中,带下标 j 的参数表示不同载热体类型的相应物理量。电子的热导率可写成

$$\kappa = \frac{1}{3} c_e v_e \bar{l}_e \tag{4.48}$$

由于电子的平均自由程 $\bar{l}_e$ 完全由金属中自由电子的散射过程所决定,所以,如果点阵是完整的,电子运动不受阻碍,即 $\bar{l}_e$ 为无穷大,则热导率也无限大。实际上,由于热运动引起阵点上原子的偏移,杂质原子引起的弹性畸变,位错和晶界引起的点阵缺陷,电子导热受到这些散射机制的影响变得十分复杂。通过近似计算知,金属中电子热导率和声子热导率之比 $\kappa_e/\kappa_1 \approx 30$。可见,金属中电子导热占主导地位,而声子对导热的贡献仅占全部的几十分之几,十分微弱。同样可以得到金属热导率与绝缘体热导率之比 $\kappa_{\text{金属}}/\kappa_{\text{绝缘体}} \approx 30$,因为金属阵点上正离子所起的导热作用与绝缘体中的情形大致相同。但是,由于电子对声子的散射而使得金属的声子导热与绝缘体的还有所不同。在低温下金属中电子对声

子的散射通常起主导作用,因而限制了声子的平均自由程,使得金属中的声子导热 κ_1 比起具有相同弹性性能绝缘体的 κ_1 要小。

由于"电子-电子"间的散射对于能态密度很高的金属相当重要,因此在许多场合下对于过渡族金属必须考虑其影响。此外,在极低温度下,位错通常是散射声子最重要的因素,在高温和高点缺陷浓度的情况下,点缺陷引起的热阻与点阵的非谐振动相联系。实验表明,点缺陷对声子的散射有一个粗略的规则:大区域缺陷主要在最低温度下显示对热阻的贡献;点、面缺陷则主要在中等温度下显示出来。

4.6.4 热传导的影响因素

1. 温度对热传导的影响

对金属而言,当温度很低时,热导率 $\kappa_e \propto T$;温度升高到一定程度后,$\kappa \propto T^{-2}$,因此,在这一温区内 κ 会出现一个极大值;到更高的温度,则 κ 几乎不变。图 4.40 表示金属热导率 κ 与温度关系的典型曲线。

玻璃体的热导率随温度的降低而减小。在室温下玻璃体的热导率比晶体的要低一个数量级左右。图 4.41 表示熔石英玻璃(SiO_2)和非晶态聚苯乙烯(PS)的热导率随温度的变化。石英玻璃在室温下的热导率低,从其电子平均自由程 $\bar{l}_e$ 仅 0.8 nm 即可说明。这 $\bar{l}_e$ 值只是 SiO_2 四面体尺寸(0.7 nm)的数量级。电介质晶体可能具有和金属一样高的热导率。例如,合成蓝宝石(Al_2O_3)是热导率最高的材料之一,其 κ 在 30 K 温度下将近 2×10^4 W·m^{-1}·K^{-1}。蓝宝石热导率的极大值超过铜的热导率近 1×10^4 W·m^{-1}·K^{-1}。但是,金属镓在 1.8 K 下的热导率为 8.45×10^4 W·m^{-1}·K^{-1},仍然最大。

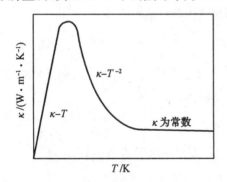
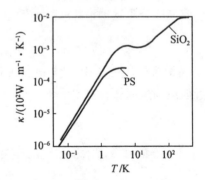

图 4.40 典型金属的导热系数曲线　　图 4.41 熔石英玻璃(SiO_2)和非晶态聚苯乙烯(PS)热导率随温度的变化

2. 原子结构对热传导的影响

由于金属的热传导主要是自由电子所起的作用,而热导率与电导率又有密切的关系,可以想象物质的电子结构将对金属的热传导有重大影响。图 2.2 所列出的金属单质导电性随元素族号的变化,也大体可以相应地反映出导热性的变化趋势。

3. 热导率与成分、组织的关系

离子的热传导往往和加入的杂质原子的类型有关。格梅(Lomer)发现当锌加入铜时,导致 κ_1 明显增大;虽然 κ_1 不可能估计得很准确,但从一些 Cu-Zn 合金的热导率的结果中可以看出,当掺入较多的杂质时,热导率的减少十分明显。

在连续固溶体中,合金成分离纯金属越远,热导率降低越多,而且热导率极小值约位于50%原子含量处,如图4.42 所示。在固溶体系列中,热导率的极小值可能较组元的热导率小数倍。从图4.42 中看出,当加入少量杂质时,组元的热导率降低得很剧烈,但随着浓度的增加对热导率的影响要小得多。

在与铁或其他铁磁性金属形成的固溶体连续系列中,热导率的极小值可能不在50%原子含量处。在固溶体有序化时热导率升高;在合金完全有序时,热导率达到极大值。

在两相区,热导率随体积浓度近于成直线地变化,如图4.43 所示。对中间相及化合物的热导率的研究较少。

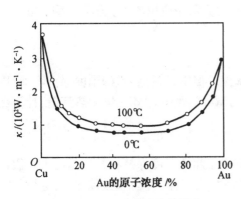

图 4.42 Cu-Au 合金的热导率

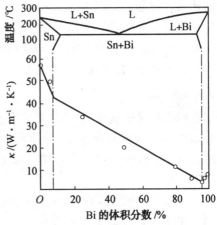

图 4.43 Sn-Bi 合金的平衡相图和热导率与成分的关系

另外,热导率还与晶粒尺寸有关。即随晶粒尺寸的增加而增加。真空中熔化后的电解铁的热导率随晶粒大小的变化示于表4.11 中。

表 4.11 Fe 的热导率随晶粒尺寸的变化

每 1 cm^2 的晶粒数	$\kappa(W \cdot m^{-1} \cdot K^{-1})$
10	93.37
170	90.02
634	83.74

金属材料的热传导是金属材料的重要特性之一。随着低温技术和航空、航天工业的发展,材料的热传导是必须考虑的重要问题,并要求材料有最低的热导率。

4. 半导体的热导率

热量在半导体材料中的传导由声子和电子二者共同承担。温度较低时,声子是主要的载子;温度较高时,电子可以被激发穿过小的禁带而进入导带,同时在价带中留下了空穴和电子一样,空穴的运动也会导致在温度梯度作用下产生热能传导,从而对导热系数作出贡献。在本征半导体中,导带中电子和价带中的空穴随温度升高而增加,导致热导率随温度升高而升高。

4.6.5 热导率的测量

材料导热系数的测量方法很多,对不同测量温度和不同导热系数范围常需要采用相应的测量方法,很难找到一种对各种材料和各个温区都适用的方法,而往往要根据材料导热系数的范围、所需结果的精确度、要求的测量周期等因素确定试样的几何形状和测量方法。

根据试样内温度场是否随时间改变可将热导率测量方法分为两大类:稳态法和非稳态法。稳态法具体测量的是每单位面积上的热流速率和试样上的温度梯度;非稳态法则直接测量导温系数,因此在试验中要测定热扰动传播一定距离所需的时间,要得到材料的密度和比热容数据。

热导率是重要的物理参数。在宇航、原子能、建筑材料等工业部门都要求对有关材料的热导率进行预测或实际测定。但在物理冶金研究方法中应用较少。热导率测试方法可以分为稳态测试和动态测试,下面分别予以介绍。

1. 稳态测试

常用的方法是驻流法,该方法要求在整个试验过程中,试样各点的温度保持不变,以使流过试样横截面的热量相等,然后利用测出的试样温度梯度 dT/dx 及热流量,计算出材料的热导率。驻流法又分为直接法和比较法。

(1)直接法

将一长圆柱状试样一端用小电炉加热,并使样品此端温度保持在某一温度上。假设炉子的加热功率 P 没有向外散失,完全被试样吸收,则试样所接收的热量就是电炉的加热功率。如果试样侧面不散失热量,只从端部散热,那么当热流稳定时(即样品二端温差恒定),测得试样长 L,两点温度为 T_1、$T_2(T_2>T_1)$,根据下式可以得出

$$\frac{P}{S}=\kappa\frac{T_2-T_1}{L} \quad (4.49)$$

即

$$\kappa=\frac{PL}{S(T_2-T_1)}$$

式中,P 为电功率,W;S 为试样截面积,cm²;T_1、T_2 为温度,K。

图 4.44 为测试较高温度下材料热导率的装置结构示意图。试棒 1 的下端放入铜块 2 内,其外由电阻丝加热。试棒的上端紧密地旋入铜头 3,它以循环水冷却。入口水的温度用温度计 4 测量,出口水温用温度计 5 测量。假若所有的热量在途中无损耗,全部为冷却水带走,则知道了水的流量和它的注入、流出之温差,就可以计算单位时间中经过试样截面的热量。图中 6、7、8 为三个测温热电偶。为了减少试棒侧面的热损失,围绕它有保护管 9,保护管

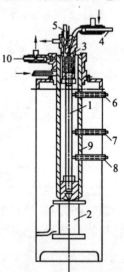

图 4.44 热导率测定装置示意图
1—试棒;2—铜块;3—铜头;4,5—温度计;6,7,8—测温热电偶;9—保护管;10—水套

上部由水套 10 冷却,使沿保护管的总温度降落和试样的一样,这样侧面就不会向外散失热量。若已知注入水的温度为 t_1,出水温度为 t_2,水流量为 G,试样横截面积为 S,其距离为 L 的两点的温度为 T_1、T_2,则热导率

$$\kappa = \frac{QL}{S(T_2-T_1)} = \frac{cG(t_2-t_1)L}{S(T_2-T_1)} \tag{4.50}$$

式中,c 为比热容。

这种用度量冷却器中所带的热量的方法,没有以度量电炉消耗于加热试样的电功率的方法优越。为了准确估计消耗的电能,电炉(具体就是指电阻丝)不是置于试样外,而是置于内部,这样可以减少无法估计的热损失。图 4.45 就是这种结构的简单示意图。其试样同样以保护管围绕。即以图 4.44 所示的装置所用方法减少试样侧面的热损失,以使热导率测定更准确。

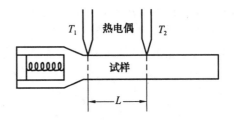

图 4.45 内热式测热导率结构示意图

(2)比较法

将一热导率已知的材料做成一标样,待测试样做成与标样完全一样,同时将它们一端加热到一定温度,然后测出标样和待测试样上温度相同点的位置 x_0,x_1。则热导率可按下式计算

$$\frac{\kappa_0}{\kappa_1} = \frac{x_0^2}{x_1^2} \tag{4.51}$$

式中,下标"0"表示标样;下标"1"表示待测试样。x_0,x_1 距离都是从热端算起。静态测试热导率最难于解决的问题是如何防止热损失。为此,可以采用测定样品电阻率来估计其热导率,精度约为 10%,或者采用动态测试方法。

2. 动态测试

动态(非稳态)测试主要是测量试样温度随时间的变化率,从而直接得到热扩散系数。在已知材料比热容后,可以算出热导率。这种测试方法主要有闪光法(Flash Method),下面介绍这种方法所使用的设备——激光热导仪,以说明动态测试方法的特点。

激光热导仪是 1961 年以后才发展起来的。图 4.46 为激光热导仪装置示意图。图中激光器多为钕玻璃固体激光器,作为瞬时辐照热源。炉子既可以是一般电阻丝绕的中温炉,也可以是以钽管为发热体的高温真空炉。测温所用温度传感器可以是热电偶或红外接收器。在 1 000 ℃ 以上可以使用光电倍增管。由于测试时间一般都很短,记录仪多用响应速度极快的光线示波器等记录。试样为薄的圆片状。

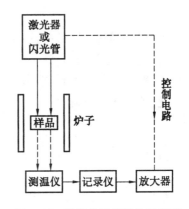

图 4.46 激光热导仪结构示意图

当试样正面受到激光瞬时辐照之后,在没有热损失的条件下,其背面的温度随时间变

化的理论规律如图 4.47 所示。其中纵坐标表示背面温度与其最高温度 T_{max} 的比值,横坐标表示时间(乘以 $\frac{\pi^2 a}{L^2}$ 因子,a 为热扩散系数,L 为试样厚度)。理论研究表明,当 $T/T_{max} = 0.5$ 时,$\frac{\pi^2 at}{L^2} = 1.37$。那么,热扩散系数为

$$a = \frac{1.37 L^2}{\pi^2 t_{1/2}} \tag{4.52}$$

式中,$t_{1/2}$ 表示试样背面温度达到其最大值一半时所需要的时间。

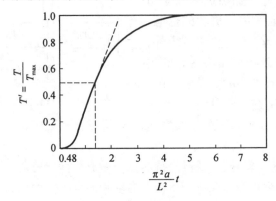

图 4.47 试样背面温度随温度变化的曲线

由式(4.52)可见,只要测出被测试样背面温度随时间的变化曲线,找出 $t_{1/2}$ 的值,代入式(4.52)即可求出热扩散系数,然后利用式(4.41)算出热导率。

计算热导率所用比热容 c 往往可在同一台设备上用比较法测出。设已知标样比热容为 c_0,标样与试样质量分别为 m_0、m,最大温升分别为 T_{m_0}、T_m,吸收的辐射热量分别为 Q_0、Q,则

$$c = c_0 \frac{m_0 T_{m_0} Q}{m T_m Q_0} \tag{4.53}$$

激光热导仪测热导率较稳态法速度快,试样简单,高温难熔金属及粉末冶金材料都可测试。由于加热时间极短,往往热损失可以忽略,据报道,一般在 2 300 ℃ 时测试精度可达 ±3%。缺点是对所用电子设备要求较高,当热损失不可忽略时,往往会引入较大误差。尽管如此,该方法仍日益获得广泛应用。

4.7 热电性

4.7.1 热电效应及其规律

1. 塞贝克(Seebeck)效应

1821 年塞贝克发现在锑与铜两种材料组成的回路中,当两个接触点处于不同温度时,回路中就有电流通过,产生这种电流的电动势称为热电势。如果两种材料 A 和 B 完

全均匀,则回路中热电势 E_{AB} 的大小仅与两个接触点的温度 T_1 和 T_2 有关,如图 4.48 所示。由于两种金属中电子密度不同和逸出功不同,电子从一种金属越过界面向另一种金属迁移,故在接点处形成与温度有关的接触电势。倘若回路的两接触点温度不同,接触电势的代数和不等于零,所产生的接触电势差就是热电势。当两接点的温差不大时,热电势与温差成正比,即

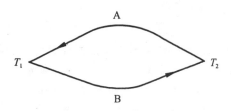

图 4.48 温差产生热电势示意图

$$E_{AB} = S_{AB} \Delta T \tag{4.54}$$

式中,E_{AB} 为 A,B 两种材料所产生的热电势;$\Delta T = T_2 - T_1$ 为两接点间的温差;S_{AB} 不仅取决于两种材料的特性,且与温度有关,称为塞贝克系数,其物理意义为两种材料的相对热电势率。

与塞贝克效应相关的基本规律是:①要确定塞贝克热电势的大小必须保证 A、B 两种材料的化学成分和物理状态完全均匀,否则将要叠加一个难以确定的附加电势,这一规律有时称为均质导体定律;②如果在回路中引入第三种金属导体,那么只要第三种金属接入的两端温度相同,则对原回路所产生的热电势将不发生影响,如图 4.49 所示,这个规律称为中间导体定律;③只要两种材料均质,两端温度恒定,即使回路中某一部分处于任何其他温度,原回路产生的热电势不变,这一规律称为中间温度定律。

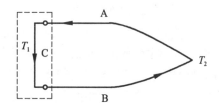

图 4.49 三种材料组成的回路,材料 C 的两个接点温度相同

接触电势产生的原因是由于不同的金属材料具有的自由电子密度不同,当两种不同的金属导体接触时,在接触面上就会发生电子扩散。电子的扩散速率与两导体的电子密度有关并和接触区的温度成正比。设导体 A 和 B 的自由电子密度为 n_A 和 n_B,且有 $n_A > n_B$,电子扩散的结果使导体 A 失去电子而带正电,导体 B 则因得到电子而带负电,在接触面形成电场。这个电场阻碍了电子继续扩散,达到动平衡时,在接触区形成一个稳定的电位差,即接触电势,其大小可表示为

$$\varepsilon_{AB}(T) = \frac{k_B T}{e} \ln \frac{n_A}{n_B} \tag{4.55}$$

式中,$\varepsilon_{AB}(T)$ 为导体 A 和 B 的接点在温度 T 时形成的接触电势;e 为电子电荷;k_B 为玻耳兹曼常数;n_A、n_B 分别为导体 A 和 B 的自由电子密度。

2. 珀耳帖(Peltier)效应

1834 年珀耳帖发现电流通过两种金属时,将会使接点吸热或放热。如果电流从一个方向流过接点使接点吸热,那么电流反向后就会使其放热。在两种金属的闭合回路中,若电流方向在接点处与塞贝克效应产生的热电流方向一致时,该接点就要吸热;这时,另一端的接点处电流方向将与塞贝克效应的热电流方向相反,该接点就要放热。这一现象称为珀耳帖效应。单位时间内两种金属接点吸收(或放出)的热量 Q_{AB} 与流过接点的电流 I

成正比，可写成

$$Q_{AB} = \pi_{AB} I \tag{4.56}$$

式中，π_{AB} 取决于两种材料的性质，称为珀耳帖系数。珀耳帖效应发生的热量总是叠加到焦耳热中或从中减去，而不能以单独的形式得到。利用焦耳热与电流方向无关的事实，假设先按一个方向通电，然后按另一方向通电，若从量热计测到两种情况的热量相减即可消去焦耳热。相减的结果即为珀耳帖热的两倍。

3. 汤姆逊(Thomson)效应

1847年汤姆逊发现，当电流通过一个有温度梯度的金属导体时，在整个导体上有放热或吸热现象。单位时间内单位长度导体所吸收(或放出)的热量 $\dot{Q}$ 与通过的电流 I 成正比，与导体中的温度梯度 dT/dx 成正比，可写成

$$\dot{Q} = \tau I \frac{dT}{dx} \tag{4.57}$$

式中，τ 取决于材料的性质，称为汤姆逊系数。若电流方向与温度梯度产生的热流方向一致时，为放热效应；反之，若电流方向与热流方向不一致时，为吸热效应。

对一个有温度梯度的金属导体，导体的两端间会产生电势，称为温差电势。其本质是导体内自由电子在高温端具有较大的动能，因而向低温端扩散的结果。高温端失去电子而带正电，低温端则因得到电子而带负电。温差电势的大小可表示为

$$E_A(T, T_0) = \int_{T_0}^{T} \tau_A dT \tag{4.58}$$

式中，$E_A(T, T_0)$ 为导体 A 两端温度为 T、T_0 时形成的温差电势；τ_A 为导体 A 的汤姆逊系数。

汤姆逊效应也是一种可逆的热过程。利用它有别于不可逆的焦耳热效应，也可以和珀耳帖效应一样，由实验从通电时所产生的焦耳热分出。显然，汤姆逊效应又不同于珀耳帖效应，它是普遍存在于整个均匀金属导体中的效应，而珀耳帖效应则出现于两种金属的连接处。实验表明，汤姆逊效应是比珀耳帖效应更弱的一种热效应。

综上所述，在有不同接点温度 T_1 和 T_2 的金属导体 AB 中，上述所有三种效应将同时出现。倘若回路闭合，热电势将引起热电流。当热电流通过接点时，其中一个接点放出珀耳帖热，另一个接点吸收珀耳帖热。由于存在温度降落，导体 A 和 B 中又有热电流通过，故也将出现汤姆逊效应，即在每一条导体的全长上放出或吸收汤姆逊热。

4. 汤姆逊关系与绝对热电势率

根据不可逆过程热力学理论，可以得到三个热电系数之间的关系，称为汤姆逊关系。

$$\tau_B - \tau_A = \frac{d\pi_{AB}}{dT} - S_{AB} \tag{4.59}$$

和

$$\pi_{AB} = T S_{AB} \tag{4.60}$$

将式(4.60)对 T 求微分后代入式(4.59)得

$$\tau_B - \tau_A = T \frac{dS_{AB}}{dT} \tag{4.61}$$

求积分,则得

$$S_{AB} = \int_0^T \frac{\tau_B}{T}dT - \int_0^T \frac{\tau_A}{T}dT \quad (4.62)$$

可见相对热电势率 S_{AB} 可以分为两个部分,它们分别只与每种材料各自的性质有关,称为绝对热电势率或绝对塞贝克系数,可写成

$$\left. \begin{array}{l} S = \int_0^T \frac{\tau}{T}dT \\ S_{AB} = S_B - S_A \end{array} \right\} \quad (4.63)$$

代入式(4.60)同样可以定义绝对珀耳帖系数

$$\left. \begin{array}{l} \pi = TS \\ \pi_{AB} = \pi_B - \pi_A \end{array} \right\} \quad (4.64)$$

这样,就得到只决定于一种金属本身性质的三个绝对热电系数 S、π 和 τ,可作为代表材料热电性的参数。

如果回路中两个接触点的温度 T_1 和 T_2 固定,如图 4.48 所示,则热电势 E_{AB} 的大小还可表示为

$$\begin{aligned} E_{AB}(T_2, T_1) &= \varepsilon_{AB}(T_2) - \varepsilon_{AB}(T_1) - \varepsilon_A(T_2, T_1) + \varepsilon_B(T_2, T_1) = \\ & \left. \frac{k_B T}{e} \ln \frac{N_A}{N_B} \right|_{T=T_2} - \left. \frac{k_B T}{e} \ln \frac{N_A}{N_B} \right|_{T=T_1} + \int_{T_1}^{T_2} (-\tau_A + \tau_B)dT \end{aligned} \quad (4.65)$$

从式(4.65)可以看到,如果 A 和 B 为材料相同的均质导体,则无论两接点温度如何,回路内的总热电势为零;如果两接点温度相等,则尽管导体 A 和 B 的材料不相同,回路内的总热电势亦为零;回路内的总热电势与中间温度无关,只与接点温度有关。

4.7.2 金属的热电势

金属及合金中的热电现象很复杂。由接触电位差引起的热电势依赖于离子的热振动(声子)和电子的扩散。由于声子热流的定向运动挟带着传导电子,从而使得热电势随温度上升而增大。热电势的大小除与成分有关外,磁场、有序过程、冷加工、电子浓度等因素对合金热电势也有明显影响。而把这些影响因素区分开来是个很复杂的任务。

合金的热电势主要取决于成分。例如,对于由非过渡族金属所组成的固溶体的绝对热电势,可用式(4.66)来表述。所谓绝对热电势 $E_{绝对}$ 是指把该金属(或合金)与超导体组成热电偶回路,在超导临界温度以下测量的热电势。因此时超导体的 $E_{绝对}=0$。

$$E_{合金} = E_{掺杂} + \frac{\rho_0}{\rho_{合金}}(E_0 - E_{掺杂}) \quad (4.66)$$

式中,$E_{合金}$ 为组成合金后的热电势;$E_{掺杂}$ 为在基体金属中加入杂质元素后使溶质元素热电势叠加上的部分;ρ_0 为基体金属的电阻率;$\rho_{合金}$ 为合金的电阻率;E_0 为基体金属的热电势。式(4.66)表明:$E_{合金}$ 与 $1/\rho_{合金}$ 成正比。大量的实验数据证实了式(4.66)中的 $E_{合金}$ 与 $1/\rho_{合金}$ 的线性依赖关系。

在 Cu 与 Ag 中加入具有不同价数(从 2 价到 5 价)的非过渡族金属元素组成固溶体,其热电势依赖于价电子的浓度,$E_{绝对}$ 随价电子的浓度增大而减小。当固溶体中发生有序

转变时,导致合金热电势的减小。对热电偶施加外场可以使热电势发生变化。例如对 Cu-Ni₃Mn 热电偶,Ni₃Mn 有序程度越高则磁场改变热电势的效应越大。当形成半导体性质的化合物时,增强了共价结合,使合金热电势显著增大。例如,在室温下,Cu 与下述半导体化合物组成的热电偶,其热电势对 Mg_3Sb_2 为 600 μV/K,对 Mg_2Sn 为 250~280 μV/K,对 SbZn 为 200~250 μV/K。淬态钢丝的热电势比退火态的高,原因是在淬态下使碳溶入固溶体中所致。冷加工可使合金热电势增大。由此可以看出,合金热电势是个组织敏感参量,因此要制出符合需要的热电偶材料必须对成分及加工工艺精确地控制。

热电效应广泛地被运用于加热、致冷和发电。在发电方面的研究尤其受到重视。热电偶材料除用于测温外,也可以制成换能器,如热离子换能器便是一种。

思 考 题

1. 爱因斯坦热容理论比杜隆-珀蒂规律主要有什么进步?
2. 何谓德拜温度? 有什么物理意义? 对它有哪些测试方法?
3. 何谓差热分析? 画出共析钢差热分析曲线,并分析亚共析钢差热分析曲线与其区别。
4. 试计算铜室温下自由电子摩尔热容,并说明为什么可以忽略不计。
5. 已知亚共析钢"921"的临界温度 A_{c_1}(725 ℃),A_{c_3}(800 ℃),试用膨胀法确定(定量)750 ℃和780 ℃高温淬火钢的 α 相含量(淬态组织为 M+α)。
6. 举例说明膨胀的反常行为有什么实际意义。
7. 某合金钢的试样,利用膨胀法测量得其实验曲线如图 4.50 所示(加热速度很慢)。

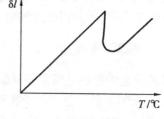

图 4.50

(1)找出材料的相变点。
(2)如果加热速度较快,曲线有什么变化? 请绘出示意图。
(3)如果改用差热分析测定此试样的相变温度,实验曲线大约是什么样?
8. 根据维德曼-弗兰兹定律计算镁在 400 ℃ 的热导率 κ。已知镁在 0 ℃ 的电阻率 ρ = 4.4×10^{-6} Ω·cm,电阻温度系数 α=0.005 ℃。
9. 计算室温(298 K)及高温(1 273 K)时莫来石瓷的摩尔热容值,并请和按杜隆-珀蒂规律计算的结果比较。
10. NaCl 和 KCl 具有相同的晶体结构,它们在低温下的德拜温度 θ_D 分别为 310 K 和 230 K,KCl 在 5 K 的定容摩尔热容为 3.8×10^{-2} J/(K·mol),试计算 NaCl 在 5 K 和 KCl 在 2 K 的定容摩尔热容。
11. 试计算一条合成刚玉晶体 Al_2O_3 棒在 1 K 的热导率,它的相对分子质量为 102,直径为 3 mm,声速为 500 m/s,密度为 4 000 kg/m³,德拜温度为 1 000 K。
12. 一样品在 300 K 的热导率为 320 J/(m²·s·K),电阻率为 10^{-2} Ω·m,求其电子热导热的比值(洛伦兹常量 $L=2.45 \times 10^{-8}$ W·Ω·K⁻²)。

第5章 光学性能

5.1 概 述

长期以来,人们对材料的光学性能给予了很大的关注。众所周知,材料对可见光的不同吸收和反射性能使我们周围的世界呈现五光十色。由于金和银对红外线的反射能力最强,所以常被用来作为红外辐射腔内的镀层。玻璃、石英、金刚石是熟知的可见光透明材料,而金属、陶瓷、橡胶和塑料在一般情况下对可见光是不透明的。但是,橡胶、塑料、半导体锗和硅却对红外线透明。因为锗和硅的折射率大,故被用来制造红外透镜。许多陶瓷和密胺塑料制品在可见光下完全不透明,但却可以在微波炉中做食品容器,因为它们对微波透明。

作为一个特殊材料领域的光学材料是光学仪器的基础。它们由于在一些高、新技术上的应用,已越来越受到人们的青睐。玻璃、塑料、晶体、金属和陶瓷都可以成为光学材料。光学玻璃的生产已有 200 多年的历史,其传统的应用有望远镜、显微镜、照相机、摄影机等使用的光学透镜。而今除了传统的应用外又出现了高纯、高透明的光通信纤维玻璃。这种玻璃制成的纤维对工作频率的吸收低达普通玻璃的万分之几,使远距离光通信成为可能。

钕玻璃是应用最广泛的大功率激光发射介质。20 世纪 70 年代以来,国内外先后采用钕玻璃建立了输出脉冲功率为 $10^{12} \sim 10^{14}$ W 的高功率激光装置。掺钕的钇铝石榴石晶体在中小型脉冲激光器和连续激光器方面都得到广泛应用。光学塑料做隐形眼镜已被普遍采用,聚甲基丙烯酸甲酯、聚苯乙烯、聚乙烯、聚四氟乙烯等光学塑料的许多优点之一,就是对紫外和红外光的透射性能均比光学玻璃好。

发光材料的进步对于信息显示技术有重要意义,它给人类的生活带来了巨大的变化:1929 年 Zworykin 成功地演示了黑白电视接收机;1953 年出现了彩色电视;1964 年以稀土元素的化合物为基质和以稀土离子掺杂的发光粉问世,成倍地提高了发红光材料的发光亮度,这一成就使得"红色"能够与"蓝色"和"绿色"的发光亮度相匹配,实现了如今这样颜色逼真的彩色电视。光盘与光记录不论对于电子计算机,还是激光唱盘或影碟都是一次非凡的突破。彩色照相技术的出现也给人们的生活增添了一份乐趣。这一切都与材料光学性能的开发和应用联系在一起。

5.2 光的本性

5.2.1 波粒二象性

早期以牛顿(Newton)为代表的一种观点认为,光是粒子流。后来以惠更斯(Huygens)为代表的观点认为,光是一种波动。麦克斯韦创立了电磁波理论,既能解释光的直线行进和反射,又能解释光的干涉和衍射,表明光是一种电磁波。然而在19世纪末,当人们深入研究光的发生及其与物质的相互作用(如黑体辐射和光电效应)时,波动说却遇到了难题。于是普朗克提出了光的量子假设并成功地解释了黑体辐射。接着爱因斯坦进一步完善了光的量子理论,不仅圆满地解释了光电效应,而且解释了后来的康普顿(Compton)效应等许多实验。爱因斯坦首先提出电磁场(或光场)的能量是不连续的,可以分成一份一份最小的单元,其数值为

$$\varepsilon = h\nu \tag{5.1}$$

式中,ν 为光波电磁场的频率;h 为普朗克常量,这个最小的能量单元称为"光子"。电磁场则由许许多多光子组成。

爱因斯坦还根据相对论的质能关系预言这个光子具有分立的动量,其数值为

$$p = \frac{h}{\lambda} \tag{5.2}$$

式中,λ 为光的波长。根据这个观点,光波照射到物体上就相当于一串光子打到物体表面,它们对物体表面会产生一定的压力(尽管很小)。这个论断也为后来测量光压的实验所证实。光子的能量和动量虽小,却不能再分割。最微弱的光源至少发射一个光子,要么不发射,不能发射半个光子。

1927年狄拉克提出了电磁场的量子化理论,进一步以严格的理论形式把波动理论和量子理论统一起来,大大提高了人们对光本性的认识。

尽管人们对光的本性有了全面认识,但这并不排除经典理论在一定范围内的正确性。在涉及光传播特性的场合,只要电磁波不是十分微弱,经典的电磁波理论还是完全正确的。当涉及光与物质相互作用并发生能量、动量交换的问题时才必须把光当做具有确定能量和动量的粒子流来看待。本章在讨论材料的光学性能时,将根据需要分别或同时采用光子和光波两种概念。

5.2.2 光是电磁波

光是一种电磁波,它是电磁场周期性振动的传播形成的。在光波中,电场和磁场总是交织在一起的。麦克斯韦的电磁场理论表明,变化着的电场周围会感生出变化的磁场,而变化着的磁场周围又会感生出另一个变化的电场,如此循环不已,电磁场就以波的形式朝着各个方向向外扩展。电磁波具有宽阔的频谱,如图5.1所示,其中可以用光学方法进行研究的那一部分光波只占很小的一部分,它的范围从远红外到真空紫外并延伸到X射线区。光波中人眼能够感受到的又只占一小部分,其波长大约在390~770 nm范围,称为可

见光。在可见光范围内不同的波长引起不同的颜色视觉。图 5.1 中给出了各种颜色的光波所对应的波长范围。

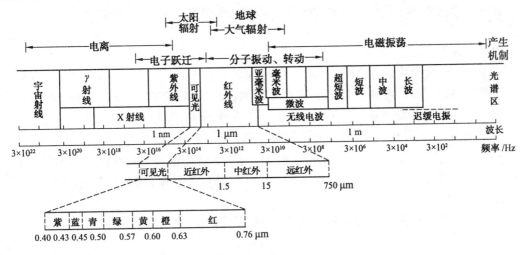

图 5.1 电磁波谱图

光波是一种横波,其中的电场强度 E 和磁场强度 H 的振动方向互相垂直。它们和光波的传播方向 S(即光的能量流动方向)之间构成一个直角坐标系,如图 5.2 所示。图中的电场强度 E 平行于 x 轴,电振动始终保持在 xOz 平面内,磁振动则平行于 y 轴并保持在 yOz 平面内,光波则沿 z 轴传播出去。由于人的视觉以及绝大多数测量光波的仪器对光的反应主要由光波中的电场所引起,磁场对介质的作用远比电场要弱,而且一旦得到电场强度就可以算出磁场强度,因此实际讨论光波时往往只需考虑电场的作用,而将磁场忽略。所以电场强度矢量被直接作为"光矢量"。

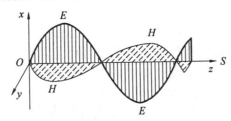

图 5.2 线偏振光波中电振动、磁振动及光传播方向

偏振性是横波的特有性质。图 5.2 所表示的光波电矢量只在一个方向振动,称为线偏振光。还可以有圆偏振光、椭圆偏振光等。光波也可以由各种振动方向的波复合而成。如果振动在垂直于光传播方向的平面内取向机会均等,这样的光就称为"自然光"。太阳光和普通照明灯光都属于自然光。利用偏振元件可以从自然光中分离出线偏振光。

光波的振动可用数学表达式描述。以沿 z 轴传播的线偏振光为例,假如初始的简谐振动发生在 $z=0$ 点,则电场强度变化规律可表示为

$$E = E_0 \cos(2\pi\nu t + \varphi_0) \tag{5.3}$$

式中,ν 为振动频率;φ_0 为初位相;E_0 为振幅。若经过时间 t 后振动传到空间的 z 点,则该点的电场强度应表示为

$$E = E_0 \cos[2\pi\nu(t-z/v) + \varphi_0] \tag{5.4}$$

式中,v 为光波传播的速度(位相速度)。光波在一个振动周期内传播的距离称为波长,以 λ 表示。光波从 $z=0$ 传到 $z=\lambda$ 点所需的时间应等于振动周期 $T=1/\nu$,因此有

$$\lambda = vT = v/\nu \tag{5.5}$$

故光波的速度

$$v = \nu\lambda \tag{5.6}$$

光波在不同介质中的传播速度不同,然而光振动的频率不变,因此相同频率的光波在不同介质中可有不同的波长。如果不加特别说明,通常使用的是真空中的波长值。

式(5.4)所表示的光波中,波的位相与空间坐标 z 有关,而与 x 和 y 无关。这表明在 xOy 平面上到处都与 $x=y=0$ 点有相同位相,这种形成等相面为平面的光波称为"平面波"。如果光波是从一个点出发,向各个方向均匀地向外传播,则等相面就是球面,这种光波称为"球面波"。

根据电磁场的麦克斯韦方程组,可以推算出电磁波在介质中的速度

$$v = \frac{c}{\sqrt{\varepsilon_r \mu_r}} \tag{5.7}$$

式中,c 为电磁波在真空中的速度,且

$$c = \frac{1}{\sqrt{\varepsilon_0 \mu_0}} \tag{5.8}$$

ε、ε_0 以及 μ、μ_0 分别为介质中和真空中的介电常数和磁导率。令

$$n = \sqrt{\varepsilon_r \mu_r} \tag{5.9}$$

则光在真空中的速度 c 与在介质中的速度 v 之比

$$\frac{c}{v} = n \tag{5.10}$$

后面我们将看到这个介质常数 n 决定了材料的光折射性质,称为介质的"折射率"。关于光在真空中的速度,人们曾经用多种方法进行了测量,已经达到的最准确的数值为

$$c = 2.997\,924\,562 \times 10^8 \text{ m/s} \tag{5.11}$$

光波的强度或光强可表示为

$$I = \frac{c}{4\pi} E_0^2 \tag{5.12}$$

在实际应用中人们常常只关心光强的相对值,故往往略去上式中的常数因子,而直接使用 $I = E_0^2$ 来表示光强与光波电场振幅的关系。

5.3 介质对光的反射和折射

5.3.1 反射定律和折射定律

光波从一种介质进入另一种介质时,在两种介质的界面上会发生反射和折射。人们经常接触到的是那些可以忽略衍射作用的实际光学问题。如果只关心光在传播过程中方

向的变化,则光波的振幅和光波传播过程中的位相变化都显得不太重要,只需注意光波的传播方向和光波等相面的形状就行了,这样就抽象出了光线和波面(等相面)这两个几何学概念。借助这些概念,以实验规律和几何定律为基础的光学就是几何光学。几何光学在实验基础上,简单明了地总结了如下几条有关光的传播特性的基本规律。

①光在均匀介质中的直线传播定律;②光通过两种介质的分界面时的反射定律和折射定律;③光的独立传播定律和光路可逆性原理。

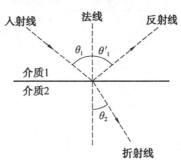

图 5.3 光的反射和折射

我们用图 5.3 来表示光在两种透明介质的平整界面上反射和折射时传播方向的变化。当光线入射到界面时,一部分光从界面上反射,形成反射线。入射线与入射点处界面的法线所构成的平面称为入射面。法线和入射线及反射线所构成的角度 θ_1 和 θ_1' 分别称为入射角和反射角。入射光线除了部分被反射外,其余部分将进入第二种介质,形成折射线。折射线与界面法线的夹角 θ_2 称为折射角。

反射定律指出,反射线的方向遵从:①反射线和入射线位于同一平面(即入射面)内,并分别处在法线的两侧;②反射角等于入射角,即 $\theta_1' = \theta_1$。

折射定律指出,折射线的方向满足:①折射线位于入射面内,并和入射线分别处在法线的两侧;②对单色光而言,入射角 θ_1 的正弦和折射角 θ_2 的正弦之比是一个常数,即

$$\frac{\sin \theta_1}{\sin \theta_2} = n_{21} \tag{5.13}$$

式中,比例常数 n_{21} 称为第二介质相对于第一介质的相对折射率。它与光波的波长及界面两侧介质的性质有关,而与入射角无关。如果第一介质为真空,则上式可写为

$$\frac{\sin \theta_1}{\sin \theta_2} = n_2 \tag{5.14}$$

式中,n_2 为第二介质相对于真空的相对折射率,或第二介质的绝对折射率,简称折射率。

通常,介质对空气的相对折射率与其绝对折射率相差甚少,实际上常常不加区分。表 5.1 列出了几种透明固体的折射率。图 5.4 描绘了多种无机固体的折射率与波长的关系。

不难推出两种材料的相对折射率与它们的绝对折射率之间的关系为

$$n_{21} = n_2 / n_1 \tag{5.15}$$

因此,折射定律可以改写成

$$n_1 \sin \theta_1 = n_2 \sin \theta_2 \tag{5.16}$$

由此可见,当光线在第二介质中沿着原来的折射线从相反方向入射到界面并经过折射后,在第一介质中必定逆着原入射线的方向射出。同理,根据反射定律,若光线沿反射线从相反方向入射,经过界面反射后必定逆原入射线的方向射出。这就是光路可逆性原理。

表5.1 几种透明固体的折射率

材料	各种颜色光的波长 λ/nm					
	紫(410)	蓝(470)	绿(550)	黄(580)	橙(610)	红(660)
硅酸硼冕牌玻璃	1.538 0	1.531 0	1.526 0	1.522 5	1.521 6	1.520 0
轻火石	1.604 0	1.596 0	1.591 0	1.587 5	1.586 7	1.585 0
重火石	1.698 0	1.683 6	1.673 8	1.667 0	1.665 0	1.662 0
石英	1.557 0	1.551 0	1.546 8	1.543 8	1.543 2	1.542 0
金刚石	2.458 0	2.443 9	2.426 0	2.417 2	2.415 0	2.410 0
冰	1.317 0	1.313 6	1.311 0	1.308 7	1.308 0	1.306 0
钛酸锶(SrTiO$_3$)	2.631 0	2.510 6	2.436 0	2.417 0	2.397 7	2.374 0
金红石(TiO$_2$)/E光	3.340 8	3.103 1	2.952 9	2.918 0	2.889 4	2.853 5

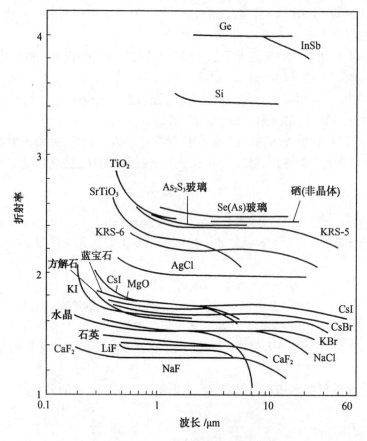

图5.4 一些无机固体的折射率

5.3.2 反射率

前面讨论了光在两种介质的界面上发生反射和折射时传播方向的变化。但是无论是几何光学定律还是惠更斯原理,都没有解决光波在反射前后和折射前后的能量变化规律。

根据麦克斯韦方程组和电磁场的边界条件可以得到有关的结果。反射光的功率对入射光的功率之比称为反射率(有时也称反射比)。经过折射进入第二介质的光为透射光,透射光与入射光功率之比称为透射率。理论分析表明,光的反射率和透射率与光的偏振方向有关,并随入射角度而变化。光是横波,在垂直于传播方向的平面上,电矢量可以取任何方向。因此,总可以把它分解成两种线偏振分量,一个振动方向垂直于光的入射面,称 S 分量或 S 波;另一个振动方向平行于入射面(即在入射面内),称为 P 分量或 P 波。对振动垂直于入射面的偏振光,反射率可表示为

$$R_S = \frac{\sin^2(\alpha-\gamma)}{\sin^2(\alpha+\gamma)} \tag{5.17}$$

式中,α 和 γ 分别为入射角和折射角。对于振动平行于入射面的偏振光,反射率为

$$R_P = \frac{\tan^2(\alpha-\gamma)}{\tan^2(\alpha+\gamma)} \tag{5.18}$$

当光线垂直入射时,$\alpha=\gamma=0$,上述两式相等,并有

$$R_S = R_P = R = \left(\frac{n_2-n_1}{n_2+n_1}\right)^2 \tag{5.19}$$

上式表明,两种介质的折射率差别越大,反射率也越大。

图 5.5 给出了光在空气和玻璃界面上反射时 P 波和 S 波的反射率与入射角的关系,其中居中的曲线表示平均情况,对应于自然光的反射率。从图中可以看出,当入射角 α 达到某特定值时,P 波的反射率下降到零。就是说此时反射光中没有平行于入射面的分量及 R_P,而只有垂直于入射面的分量及 R_S,这个角度称为布儒斯特(Brewster)角,以 α_B 表示。当入射角等于布儒斯特角时,这时反射光与折射光相互垂直,它的数值与界面两侧介质材料的折射率有关,普遍关系为

$$\tan \alpha_B = \frac{n_2}{n_1} \tag{5.20}$$

利用布儒斯特角(简称布氏角)可以产生线偏振光。图 5.6 表示入射光以布儒斯特角入射时,反射光中只有 S 分量的偏振光。图中以双箭头的短线表示 P 振动,以黑点表示 S 振动。在激光器中常将光学元件以布氏角安装以便产生偏振的激光束。

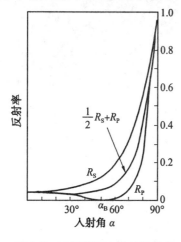

图 5.5 反射率随入射角的变化

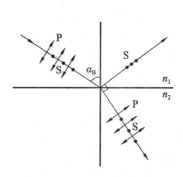

图 5.6 入射角为布儒斯特角时光路图

介质的折射率与波长有关,因此同一材料对不同波长有不同的反射率。例如,金对绿光的垂直反射率为50%,而对红外线的反射率可达96%以上。表5.2列出了多种金属薄膜的反射率与波长的关系。

表5.2　金属薄膜的反射率　　　　　　　　　　　　　　　　%

$\lambda/\mu m$	Ag	Al	Au	Rh	Cu
0.280	25.2	92.3	37.8	38.5	33.0
0.360	88.2	92.5	36.3	77.0	41.5
0.400	94.8	92.4	38.7	77.6	47.5
0.450	96.6	92.2	38.7	77.2	55.2
0.500	97.7	91.8	47.7	77.4	60.0
0.550	97.9	91.6	81.7	78.0	66.9
0.600	98.1	91.1	91.9	79.1	93.3
0.700	98.5	89.9	97.0	80.4	97.5
1.0	98.9	93.9	98.2	85.0	98.5
2.0	98.9	97.2	98.2	90.5	98.6
3.0	98.9	97.5	98.3	92.5	98.6
5.0	98.9	97.7	98.3	94.5	98.7
7.0	98.9	97.8	98.4	95.2	98.7
10.0	98.9	98.4	98.4	96.0	98.8

YAG晶体、光学玻璃和熔凝石英是最常见的非金属光学材料,它们在可见光区是透明的,但光线正入射时,每个表面仍约有4%的反射。高分子材料中有机玻璃在可见光波段与普通玻璃一样透明,在红外区也有相当的透射率,可作为各种装置的光学窗口。图5.7所示为YAG晶体光学材料,被广泛应用于激光基体材料和光学窗口。氧化镁中添加

图5.7　典型的YAG晶体光学材料

少量LiF,CaO或Ga_2O_3经真空热压或高温烧结可得到透明的陶瓷材料。氧化铝(厚0.8 mm)和氧化铍(厚0.8 mm)陶瓷也一样,它们对可见光的透射率都在85%~90%,可作为高压钠灯发光管的管壁。由于管壁与钠蒸气接触,必须严格控制SiO_2和Fe_2O_3的质量分数(低于0.05%),以防止使用后的"黑化"。耐高温的透明陶瓷在航天领域也常被作为重要的窗口。

5.3.3 光的全反射和光导纤维

从反射率曲线(图5.7)可以看出,当逐渐改变入射角时,随着入射角的增大,反射光线会越来越强,而透射(折射)光线则越来越弱。如图5.8所示,如果光是从光密介质(例如玻璃)射向光疏介质(如空气),即 $n_2 < n_1$ 时,则折射角大于入射角。因此入射角达到某一角度 θ_c 时,折射角可等于90°,此时有一条很弱的折射光线沿界面传播。如果入射角大于 θ_c ,就不再有折射光线,入射光的能量全部回到第一介质中。这种现象称为全反射,θ_c 角就称为全反射的临界角。根据折射定律可求得临界角的表达式

$$\sin\theta_c = \frac{n_2}{n_1} \tag{5.21}$$

不同介质的临界角大小不同,例如普通玻璃对空气的临界角为42°,水对空气的临界角为48.5°,而钻石因折射率很大($n = 2.417$),故临界角很小,容易发生全反射。切割钻石时,经过特殊的角度选择,可使进入的光线全反射并经色散后向其顶部射出,看起来就会显得光彩夺目,如图5.9所示。

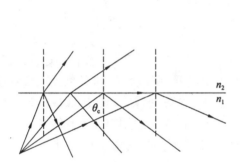

图5.8 光的全反射

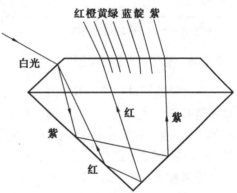

图5.9 宝石的全反射及其色散

利用光的全反射原理,可以制作一种新型光学元件——光导纤维,简称光纤。光纤是由光学玻璃、光学石英或塑料制成的直径为几 μm 至几十 μm 的细丝(称为纤芯),在纤芯外面覆盖直径为 100～150 μm 的包层,包层的折射率比纤芯略低约1%,两层之间形成良好的光学界面。当光线从一端以适当的角度射入纤维内部时,将在内外两层之间产生多次全反射而传播到另一端,如图5.10所示。实际使用中常将光纤聚集在一起构成纤维束或光缆。如果使纤维束两端每条纤维的排列次序完全相同,就可用来传输图像。每条光纤传送一个像素,整幅图像就被光缆传送到另一端。

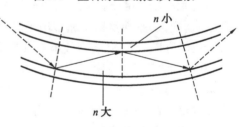

图5.10 光在光导纤维中的传播

目前常用的光纤材料有石英系玻璃、多成分玻璃和复合材料。在这些材料中吸收和散射都造成光损耗,其中吸收的主要因素是杂质离子。表5.3给出几种光导纤维的性能。光纤玻璃中的金属离子在可见光和红外光区的电子跃迁吸收是杂质吸收的主要来源。为

了使光纤在工作波长的损耗降低至 20 dB/km 以下,金属杂质含量,如 Fe、Cu、V、Cr,分别不得超过 $8/10^9$、$9/10^9$、$18/10^9$、$8/10^9$。此外,工艺过程中会有 OH 基引入,其谐波吸收损耗也是制作低损耗光纤所必须考虑的重要问题。只要光纤材料中含有百万分之一的 OH 基就会使光纤在 0.95 μm 波长处的损耗高于 1 dB/km。关于光的吸收和散射问题随后将进一步讨论。

表 5.3　几种光导纤维的性能

材料种类	成　　分	损耗*/(dB·km^{-1})	性能特征	应　用
石英系光纤	$w(SiO_2)>90\%$	2~4(较小)	低损耗,宽频带	光纤通信
硅树脂包封纤维	GeO_2,B_2O_3,P_2O_5,SiO_2 芯	5~8(较大)	化学稳定性好,软化温度>1 400 ℃,纤芯直径大,数值孔径大	光纤传感器
多成分玻璃纤维	SiO_2,Na_2O,B_2O_3,CaO,Al_2O_3 等	5~8(较大)	纤芯直径大,数值孔径大	光纤传感器
全塑料光纤	苯乙烯系、苯丙烯系等有机物	5 400~1 000(很大)	成本低,可实现大纤芯直径和大数值孔径,但损耗高	光纤传感器

* 对于 $\lambda=0.85$ μm 的红外光波。

5.3.4　棱镜、透镜和反射镜

利用材料的折射性质可以制成有用的光学元件,应用最为广泛的是棱镜和透镜,棱镜和透镜是由几个平面包围而成的透明光学材料。棱镜主要用于分光(将复色光束分解成不同的单色光束)和偏转光束的方向。透镜通常是由两个球面或曲面包围而成的透明光学材料,主要用于聚光和成像。它们在光学仪器和光谱仪器中应用很普遍。锗和硅对于红外光透明有很高的折射率。锗对波长为 10 μm 的红外光的折射率为 4.1,硅为 3.4,可作为红外透镜、棱镜和红外输出窗口。

根据光的反射定律制作的元件是反射镜。反射镜的表面可以磨成光滑的平面或球面(或其他曲面)。平面反射镜通常用于改变光的传播方向,球面和其他曲面反射镜除了可改变光束的方向之外,还会对光波有会聚或发散作用。在这方面它可以代替透镜,应用于望远镜(例如大型天文望远镜)或其他光学仪器中。为了提高反射率,可用真空镀膜方法在玻璃或石英表面蒸镀金属膜。现代光学技术发展了一种利用多光束干涉原理制成的多层介质膜反射镜,它们对特定波长的反射率接近 100%。金属膜和多层介质膜反射镜已被普遍应用于激光技术中。

5.4　介质对光的吸收和透射

5.4.1　吸收的物理机制

光的吸收是材料中的微观粒子与光相互作用的过程中表现出的能量交换过程。这一过程的进行除了服从能量守恒定律外,还应当满足必要的量子条件。众所周知,光是能量和动量量子化的粒子流,而材料的能量状态也是量子化的。因此,只有当入射光子的能量与材料的某两个能态之间的能量差值相等时,光量子才可能被吸收,与此同时,材料中的电子从较低的能态跃迁到较高的能态。由于固体材料的能量结构比较复杂,不同层次的能态跃迁可以吸收不同波长的光子,因而形成了吸收光谱的复杂结构。研究材料的吸收光谱及其微观机制,对于了解固体的能带结构和发展新的光学材料有重要意义。

1. 本征吸收区

晶体中点阵周期势场的作用导致了能带的形成。研究表明,电子从价带跃迁到导带的过程所跨越的禁带宽度 E_g,对应于一个强吸收区,称为基本吸收区,也称为本征吸收区,如图 5.11 所示。

光子被吸收和发射,都可能涉及固体材料中电子能态的转变。为讨论方便,考虑一孤立的原子其电子占据的能态。该原子吸收了光子能量之后,可能将价带能级上的电子激发到能量更高的导带空能级上,当光子能量 $h\nu > E_g$(禁带宽度)时,电子吸收光子从价带激发到导带上,即

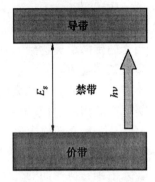

图 5.11 电子跃迁示意图

$$\frac{hc}{\lambda} > E_g \quad \text{或} \quad \lambda < \frac{hc}{E_g} \tag{5.22}$$

式中,h 为普朗克常量,λ 为入射光子的波长。此处应明确以下两种概念:第一,原子中电子能级是分立的,能级间存在特定的 E。因此,只有能量 $E > E_g$ 的光子才能被该原子通过电子能态转变而吸收。第二,受激电子不可能无限长时间地保持在激发状态,经过一个短时期后,它又会衰变回基态,同时发射出电磁波。衰变的途径不同,发射出的电磁波频率就不同。

2. 光学材料吸收系数

从微观上分析,光子与固体材料相互作用,实际上是光子与固体材料中的原子、离子、电子之间的相互作用,引起了电子极化。电磁辐射的电场分量,在可见光频率范围内,电场分量与传播过程中的每个原子都发生作用,引起电子极化,即造成电子云和原子核电荷重心发生相对位移。其结果是,当光线通过介质时,一部分能量被吸收,同时光波速度被减小。

假设强度为 I_0 的平行光束通过厚度为 l 的均匀介质,光传播一段距离 x 之后,强度减弱为 I,再通过一个极薄的薄层 dx 后,强度变成 $I+dI$。因为光强是减弱的,此处 dI 应是负值。假定光通过单位距离时能量损失的比例为 α,则

$$\frac{dI}{I} = -\alpha dx \tag{5.25}$$

式中,负号表示光强随着 x 的增加而减弱,α 为吸收系数。对一定波长的光波而言,吸收系数是和介质的性质有关的常数。对式(5.25)积分,得

$$\int_{I_0}^{I} \frac{dI}{I} = -\alpha \int_0^l dx$$

$$\ln I - \ln I_0 = -\alpha l$$

所以
$$I = I_0 e^{-\alpha l} \tag{5.26}$$

则吸收系数
$$\alpha = -\frac{1}{l}\ln\frac{I}{I_0} = -\frac{1}{l}\ln T$$

式中,T 为透射率。

式(5.26)称为朗伯(Lambert)定律。它表明,在介质中光强随传播距离呈指数式衰减。当光的传播距离达到 $1/\alpha$ 时,强度衰减到入射时的 $1/e$。它表明光强随厚度的变化符合指数衰减规律。

不同的材料的 α 有很大的差别,空气的 $\alpha \approx 10^{-5}$ cm^{-1},对于金属来说,α 值在 10^4 cm^{-1} 数量级以上。因此,对于可见光,金属是不透明的。

当光从一种介质进入另一种介质时(例如从空气进入固体中),假定介质的表面是理想的平面,则光就会有一部分透过介质,一部分被吸收,一部分在两种介质的界面上被反射。设入射到材料表面的光辐射能流率为 φ_0,透射、吸收、反射和散射的光辐射能流率分别为 φ_T、φ_A、φ_R、φ_σ,则

$$\varphi_0 = \varphi_T + \varphi_A + \varphi_R \tag{5.27}$$

光辐射能流率的单位为 W/m^2,表示单位时间内通过单位面积(与光线传播方向垂直)的能量。若用 φ_0 除式(5.27)的等式两边,则得

$$T + A + R = 1 \tag{5.28}$$

式中,A 称为吸收率;T 称为透射率;R 称为反射率。

3. 红外吸收区

当光的波长向长波侧变化时,材料进入一个弱吸收区,然后吸收系数又逐渐上升。弱吸收区往往可以扩展到整个红外和微波波段,微弱吸收是材料内载流子(自由电子和空穴)吸收光量子的结果。因此,这一谱区吸收系数与材料中载流子的浓度有关。在红外区,大约 20~50 μm 处(视材料而异),可出现吸收带。这是由于点阵振动中不同声子态间的跃迁需要吸收能量略有不同的光量子,因此声子吸收谱出现多峰结构。如图 5.12 所示的双原子振动模型。

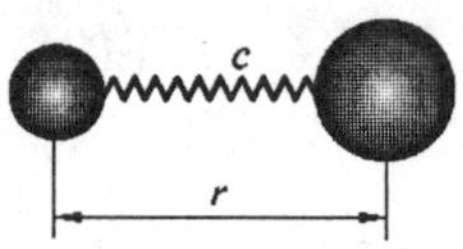

对于共振吸收带,可采用双原子振动模型来描述,质量分别为 m_1、m_2,瞬时原子间距为 r,谐振子的频率为

图 5.12 双原子振动模型

$$f = \frac{1}{2\pi}\sqrt{\frac{k(m_1+m_2)}{m_1 m_2}} = \frac{1}{2\pi}\sqrt{\frac{k}{\mu}} \tag{5.29}$$

式中,μ 为折合质量,$\mu = \dfrac{m_1 m_2}{m_1 + m_2}$;$k$ 为原子结合力弹性常数。

$$\lambda_R = 2\pi c\sqrt{\frac{\mu}{k}} \tag{5.30}$$

式中,c 为真空中的光速。

由式(5.29)可以看出,原子的结合力越大,原子质量越小,则振动频率越高,红外截止波长越小,否则截止波长就越大。因此,一般说来,材料的透波范围多数情况包含可见

光的范围(visible spectral region),如果可见光不在这个透波范围,那么材料的本征属性已经决定在可见光范围内不能透明。

4. 吸收光谱

研究物质的吸收特性发现,任何物质都只对特定的波长范围表现为透明,而对另一些波长范围则不透明。例如石英在整个可见光波段都很透明,且吸收系数几乎不变,这种现象称为"一般吸收"。但是,在 3.5~5.0 μm 的红外线区,石英表现为强烈吸收,且吸收率随波长剧烈变化,这种现象称为"选择吸收"。任何物质都有这两种形式的吸收,只是出现的波长范围不同而已。将能发射连续光谱的白光源(例如卤钨灯)所发的光经过分光仪器(如单色仪、分光光度计等)分解出单色光束,并使之相继通过待测材料,可以测量吸收系数与波长的关系,得到吸收光谱。图 5.13 为金刚石的吸收光谱。由图可见,金刚石这种电介质材料的吸收区都出现在紫外和

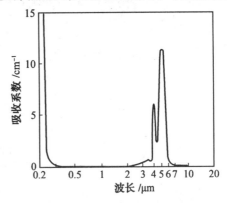

图 5.13 金刚石的吸收光谱

红外波长范围。它们在整个可见光区,甚至扩展到近红外和近紫外都是透明的,是优良的可见光区透光材料。

5.4.2 光的透射

对于材料的反射系数和影响因素,一束光从介质1(折射率为 n_1)穿过界面进入介质2(折射率为 n_2),出现一次反射,当光在介质2经过第二个界面时,仍要发生反射和折射,如图 5.14 所示。从反射定律和能量守恒定律可以推导出,当入射光垂直或接近垂直介质界面入射时,其反射系数为

$$R = \left(\frac{n_{21}-1}{n_{21}+1}\right)^2 \tag{5.31}$$

其中

$$n_{21} = \frac{n_2}{n_1}$$

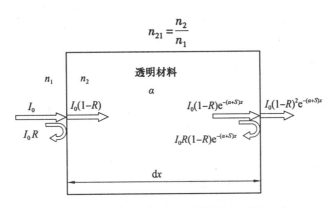

图 5.14 光线通过透明材料示意图

如果光介质1是空气,即菲涅耳关系:

$$R = \left(\frac{n-1}{n+1}\right)^2 \qquad (5.32)$$

如图5.12所示,达到透明介质右侧的光强为

$$I = I_0 (1-R)^2 e^{-(\alpha+S)x} \qquad (5.33)$$

式中,α 为介质对光的吸收系数;S 为介质对光的散射系数。则透射率

$$T = \frac{I}{I_0} = (1-R)^2 e^{-(\alpha+S)x} \qquad (5.34)$$

图5.15为蓝宝石的透射光谱图。

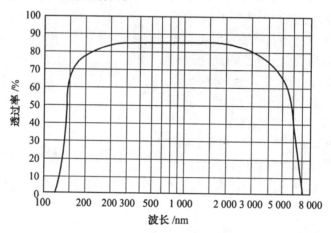

图5.15 蓝宝石透射光谱图

5.4.3 光的色散

1. 正常色散

我们已经了解光在介质中的传播速度低于真空中的光速,其关系为 $v = c/n$,据此可以解释光在通过不同介质界面时发生的折射现象。若将一束白光斜射到两种均匀介质的分界面上,就可以看到折射光束分散成按红、橙、黄、绿、青、蓝、紫的顺序排列而成的彩色光带,这是在介质中不同波长的光有不同的速度的直接结果。所以,介质中光速或折射率随波长改变的现象称为色散现象。研究色散最方便的实验可以通过棱镜来进行。测量不同波长的光线经棱镜折射的偏转角,就可以得到折射率随波长变化的曲线。图5.16给出了几种常用光学材料的色散曲线,分析这些曲线可以得出如下的规律。

①对于同一材料而言,波长越短则折射率越大;

②折射率随波长的变化率($dn/d\lambda$)称为"色散率"。波长越短色散率越大(一般不考虑负号);

③不同材料,对同一波长,折射率大者色散率 $dn/d\lambda$ 也大;

④不同材料的色散曲线间没有简单的数量关系。

由于人们早期对色散现象的研究都是在可见光波段为透明的光学材料上进行的,结果都符合上述规律,故称之为"正常色散"。这里"正常"二字是相对于后来发现的一些"反常"现象而言的。

1936年柯西(Cauchy)研究了材料的折射率,成功地将正常色散曲线表达为

$$n = A + \frac{B}{\lambda^2} + \frac{C}{\lambda^4} \tag{5.35}$$

此式称为柯西公式。式中A,B,C为表征材料特性的常数。对具体材料而言,A,B,C的数值可由三个已知波长的测量值n代入式中,解联立方程而求得。有了这三个常数,其他波长对应的折射率就只要根据式(5.35)计算即可。事实证明,用柯西公式对图5.16中的每条曲线进行计算,其结果相当准确,而且一般情况下,仅用这个公式的前两项就可以得到足够准确的结果,故公式可简单地写成

$$n = A + \frac{B}{\lambda^2} \tag{5.36}$$

将式(5.36)对波长求导,即得到材料的色散率

$$\frac{dn}{d\lambda} = -\frac{2B}{\lambda^3} \tag{5.37}$$

这表明,色散率近似与波长的立方成反比。譬如,在400 nm处的色散率大约为800 nm处的8倍。式中的负号与色散曲线中所见到的负斜率一致。表5.4列出了几种型号光学折射率和色散率。

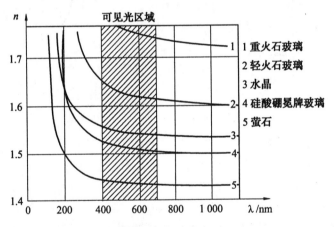

图5.16 几种常用光学材料的色散曲线

表5.4 几种普通型号光学玻璃的折射率和色散率[色散单位:(1/nm)×10⁻⁵]

λ/nm	望远镜冕牌玻璃		硅酸硼冕牌玻璃		钡火石玻璃		熔凝玻璃	
	n	$-dn/d\lambda$	n	$-dn/d\lambda$	n	$-dn/d\lambda$	n	$-dn/d\lambda$
656.3	1.524 41	0.35	1.508 83	0.31	1.588 48	0.38	1.456 40	0.27
643.9	1.524 90	0.36	1.509 17	0.32	1.588 96	0.39	1.456 74	0.28
589.0	1.527 04	0.43	1.511 24	0.41	1.591 44	0.50	1.458 45	0.35
533.8	1.529 89	0.58	1.513 86	0.55	1.596 43	0.68	1.460 67	0.45
508.6	1.531 46	0.66	1.515 34	0.63	1.596 44	0.78	1.461 91	0.52
486.1	1.533 03	0.78	1.516 90	0.72	1.598 25	0.89	1.436 18	0.60
434.0	1.537 90	1.12	1.521 36	1.00	1.603 67	1.23	1.466 90	0.84
398.8	1.542 15	1.39	1.525 46	1.26	1.608 70	1.72	1.470 30	1.12

2. 反常色散

反常色散与上述正常色散不同，如果对石英之类透明材料，把测量波长延伸到红外区域，这时所得到的色散曲线就开始明显地偏离柯西公式。进一步的研究发现，这类偏离总是出现在吸收带的附近。偏离的具体形式如图 5.17 所示。图中，色散曲线的 PQ 段可以准确地符合柯西公式，但从 R 点起折射率开始急剧下降，而不是如柯西公式所预言的，随 λ 的增加缓慢下降并趋近于极限值 A。在接近吸收带的短波侧，折射率 n 越降越快，直到进入完全不透光的吸收区。在吸收带的长波侧测得的 n 值很高，离开吸收区后，n 先是迅速下降，距离渐远再缓慢降低。在 S 点到 T 点的范围内，n 值又可以用柯西公式表示，只是常数值与前面不同，实际上是常数 A 变大了。在经过吸收带时，色散曲线发生了明显的不连续，而且，在吸收带附近长波一侧的折射率 n 比短波一侧的大。折射率曲线在吸收带附近不符合柯西公式的这种特征被称为"反常色散"。后来的大量实验表明，多种材料在遇到吸收带时，色散曲线都有这种不连续的性质。

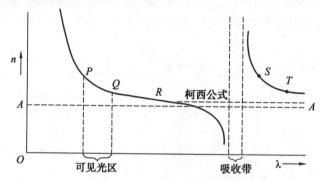

图 5.17　石英等透明材料在红外区的反常色散

通常吸收带内的折射率很难测量，要测出从吸收带一侧到另一侧的过渡曲线，必须精心设计实验方案。前面所述的正常色散区没有见到折射率突变，只因考查的波长局限在两个吸收带之间的特定波段，离吸收带较远而已。事实上，色散曲线有突变乃是许多材料的普遍性质，这种突变，也可以出现在可见光区和紫外区，只要材料在那里有吸收带；至于吸收带的位置则取决于材料的特性。所以，"正常色散"只反映一定谱区内材料的色散性质，并不带有普遍性。今天看来，"反常"一词的使用并不合适，之所以被沿用至今仅仅带有历史特征而已。

3. 介质的全部色散曲线

纵观吸收光谱的全部波长范围，任何一种实际的光学材料都存在很多不连续的吸收带。它们的全谱色散性质，通常表现为一系列的反常色散区和正常色散区交替出现的曲线。图 5.18 所示可见光透明的材料从 X 射线波段直到无线电波段的全部色散曲线的示意图。图中可以看出，在 X 射线区，吸收线都很尖锐（由原子的内层电子跃迁所引起），反常色散区也都很狭窄。从 X 射线区走向长波段，曲线比较快地下降，然后在紫外区又遇到另一个强吸收和反常色散的广阔区域 λ_1（由基本吸收引起）。对一般材料而言，这个反常色散区一直覆盖到近紫外区。在可见光区，通常表现为正常色散。吸收带离可见光区越近的材料,色散曲线也越陡(如重火石玻璃)。到达近红外区的某波段处,曲线再次较陡地下降,随即就进入另一个吸收带 λ_2(点阵吸收所致),通过这一吸收带后,当然还可能会有一个或几个吸收带,但每经过一次吸收带,折射率就要增大一次。在所有红外吸收带之外的无线电波区域,折射率都较为均匀地缓慢下降,最后在波长无限大处趋于某一极限值。因为在无线电波区域的吸收带都很微弱,没有引起折射率大的波动。

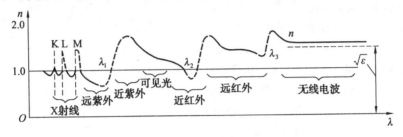

图 5.18　对可见光透明材料的全部色散曲线示意图

4. 吸收和色散关系的物理解释

关于介质的色散曲线,尤其是色散曲线在吸收带两侧发生突变的特征,经典色散理论采用了阻尼受迫振子的模型。根据这个模型,介质原子的电结构,被看做由正负电荷之间用一根无形的弹簧束缚在一起的振子。在光波电磁场的作用下,正负电荷发生相反方向的位移,并跟随光波的频率做受迫振动,受迫振动的位相既与光波电矢量振动的频率有关,又与振子的固有频率有关。

根据牛顿定律,在光电磁场 E_0 的作用下,电荷的受迫振动方程表达如下

$$m_e \ddot{x} + F\dot{x} + Gx = eE_0 \exp(i\omega t) \tag{5.38}$$

式中,m_e 为电子质量;F 为振幅衰减系数;G 为回复力常数。

通过计算得到振动方程的振幅为

$$x_0 = \frac{e}{m_e} \frac{E_0}{\omega_0^2 - \omega^2 + i\gamma\omega} \tag{5.39}$$

式中,ω_0 是受迫振动的共振频率。

光波引起介质中束缚电荷的受迫振动,这只是光与介质相互作用的一个方面;另一方面是做受迫振动的振子(束缚电荷)也可以作为电磁波的波源,向外发射"电磁次波"(或称为"散射波")。在固体材料中这种散射中心的密度很高,多个振子的互相干涉使得次波只沿原来入射光波的方向前进。按照波的叠加原理,次波和入射光波叠加的结果使合成波的位相与入射波不同。因为光速是等位相状态的传播速度,由于次波的叠加改变了波的位相也就改变了光速。而次波的位相就是振子受迫振动的位相,它既与入射光波的频率有关,又与振子的固有频率有关,因此介质中的光速与波长有关,同时也与材料的固有振动频率(在经典理论中也就是振子的吸收频率)有关。

按照上述物理模型,经典色散理论具体推导了阻尼振子在辐射场中受迫振动的运动方程,计算受迫振动偶极矩和材料在光波电磁场中的极化强度,求得材料对光的折射率 n 和吸收系数 α 的表达式为

$$n = 1 + \frac{2\pi Ne^2}{m_e} \frac{\omega_0^2 - \omega^2}{(\omega_0^2 - \omega^2)^2 + \gamma^2 \omega^2} \quad (5.40)$$

$$\alpha = \frac{2\pi Ne^2}{m_e c} \frac{\gamma \omega^2}{(\omega_0^2 - \omega^2)^2 + \gamma^2 \omega^2} \quad (5.41)$$

式中,N 为材料中的原子密度;e 为电子电荷;m_e 为电子质量;$\omega_0 = 2\pi\nu_0$,ν_0 为材料中振子的固有频率;$\omega = 2\pi\nu$,ν 为光的频率;γ 为振子的阻尼系数。当 $\omega = \omega_0$ 时,其吸收系数 α 达到峰值,折射率此时为 1。这种规律表示在图 5.19 中。它反映出在吸收带 ω_0 的两侧折射率的突变。反常色散曲线的陡峭程度与吸收谱线的宽度有关。如果材料有多个吸收带,相当于存在多种固有频率的振子,式(5.40)和式(5.41)就应改为对多个振子的求和,结果可以解释有多个吸收带时介质的色散曲线。

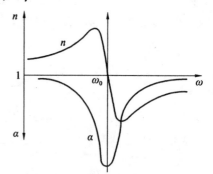

图 5.19 经典色散理论推导的折射率与吸收系数曲线

5.5 晶体光学材料的双折射和二向色性

5.5.1 双折射

在 5.3 节中已经讲过,当光束通过平整光滑的表面入射到各向同性介质中时,它将按照折射定律沿某一方向折射,这是常见的折射现象。研究发现,当光束通过各向异性介质表面时,折射光会分成两束沿着不同的方向传播,如图 5.20 所示。这种由一束入射光折射后分成两束的现象称为双折射。许多晶体具有双折射性质,但也有些晶体(例如岩盐)不发生双折射。双折射的两束光中有一束光的偏折方向符合折射定律,所以称为寻常光(或 o 光)。另一束光的折射方向不符合折射定律,被称为非常光(或 e 光)。一般地

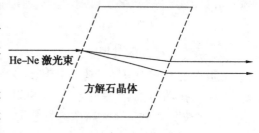

图 5.20 双折射现象

说,非常光的折射线不在入射面内,并且折射角以及入射面与折射面之间的夹角不但和原来光束的入射角有关,还和晶体的方向有关。

通过改变入射光束的方向,可以找到在晶体中存在一些特殊的方向,沿着这些方向传播的光并不发生双折射,这些特殊的方向称为晶体的光轴。应该注意,光轴所标志的是一定的方向,而不限于某一条具体的直线。有些晶体,例如方解石、石英等,只有一个光轴,称为单轴晶体;具有两个光轴的晶体称为双轴晶体,例如云母、硫黄、黄玉等晶体。方解石($CaCO_3$)晶体是各向异性较明显的单轴晶体,属于六角晶系,其光轴可以从外形认定。天

然的方解石晶体呈平行六面体形状,如图 5.21 所示。其六个表面(解理面)均为平行四边形,四边形的一对锐角为 78°,另一对钝角为 102°,在方解石的八个顶点中有两个顶点是由三个钝角所形成的。适当选择解理面,使晶体的各个边长相等,就得到一个特殊的平行六面体,它的三个面角均为钝角的两个顶点间的连线方向就是方解石晶体的光轴。将这两个顶点磨成两个光学平面,使两个光学平面都垂直于光轴,则当一束平行光垂直地入射到磨出的光学平面上并进入晶体后,光将沿着光轴方向传播,不发生双折射现象。

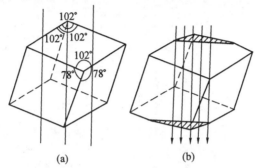

图 5.21 方解石晶体的光轴

利用检偏器观察发现寻常光和非常光都是线偏振光,不过它们的电矢量振动方向不同。寻常光的振动方向垂直于主截面(光轴和传播方向构成的平面),而非常光的振动方向平行于主截面(不一定都平行于光轴)。

5.5.2 双折射现象的解释

在介质中的光波是入射波与介质中振子(原子、分子、离子等微观粒子的抽象概念)受迫振动所发射的次波的合成波。合成波的频率与入射光波相同,但其位相却因受到振子固有振动频率的制约而滞后。因此,波合成的结果使介质中的光速比真空中慢。位相滞后的程度与振子固有频率和入射光波频率的差值有关,因此介质中的光速又与入射光的频率(或波长)有关。

晶体结构的各向异性决定了晶体中振子固有振动的各向异性,所以,一般认为晶体中的振子在三个独立的空间方向上有不同的固有振动频率 ω_1、ω_2 和 ω_3。对于单轴晶体,三个固有频率中有两个相同。因此可令平行于光轴方向的固有振动频率为 ω_1,而垂直于光轴方向的固有振动频率为 ω_2。从图 5.22 分析单轴晶体的光速和折射率,图 5.22(a) 和图 5.22(b) 分别表示从晶体中一个发光点 C 所发出的 o 光和 e 光在主截面中的传播情形。图中光轴方向以虚线表示。o 光的电矢量垂直于光轴(以黑点表示),所以无论光向什么方向传播,其位相都只受 ω_2 制约,故传播速度都一样,以 v_o 表示。因此,在主截面上从 C 点发出的 o 光,等相点的轨迹是以 C 为中心的圆。将图 5.22(a) 绕通过 C 点的光轴旋转 180° 就得到寻常光的波面,这是一个球面。在图 5.22(b) 中,从 C 点发出的 e 光,电矢量方向在主截面内,因传播方向不同而与光轴成不同的角度。例如,沿 $\overrightarrow{Ca_1}$ 传播的 e 光,电矢量垂直于光轴,传播速度受垂直于光轴的振子固有频率 ω_2 制约,故也以速度 v_o 传播。而沿 $\overrightarrow{Ca_2}$ 方向传播的 e 光,其电矢量平行于光轴,传播位相与 ω_1 有关,应以速度 v_e 传播。至于沿其他方向(如$\overrightarrow{Ca_3}$)传播的 e 光,因为电矢量与光轴成某一角度,可认为其中既有垂直于光轴的分量,又有平行于光轴的分量。所以,该方向的传播速度与 ω_1,ω_2 都有关,其数值应介于 v_o 和 v_e 之间。非常光在不同方向有不同的传播速度,故等位相点的轨迹形成一个椭圆。将图 5.22(b)绕通过 C 点的光轴旋转 180°就得到 e 光的波面,它是一个旋转的椭球。

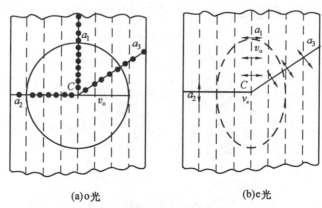

(a)o 光　　　　　　　(b)e 光

图 5.22　单轴晶体中的 o 光和 e 光的传播特性

　　由上面的讨论可知,在单轴晶体中,光的传播速度与光波电矢量方向相对于光轴方向的角度有关,因此晶体的折射率也与这个角度有关。光波电矢量与光轴垂直时,传播速度为 v_o,故寻常光的主折射率为 $n_o = c/v_o$。寻常光沿任何方向传播,晶体表现的折射率都是 n_o。非常光,当电矢量与光轴平行时,光速为 v_e,对应于非常光的主折射率 $n_e = c/v_e$。显然,非常光沿不同方向传播有不同的折射率,但如果沿光轴传播,非常光的折射率也是 n_o,所以在光轴方向观察不到双折射现象。

　　单轴晶体还可以分为两类。凡满足 $v_o > v_e$,即 $n_o < n_e$ 的晶体,称为正单轴晶体,例如石英和冰。若把寻常光和非常光的波面画在一张图上,则正单轴晶体 o 光的球形波面在 e 光的椭球形之外部,二者相切于两点,切点之间的连线就是晶体的光轴,如图 5.23(a)所示。凡满足 $v_o < v_e$,即 $n_o > n_e$ 的单轴晶体称为负单轴晶体,例如方解石、电气石等。负单轴晶体的球形波面(对 o 光)落在椭球形波面(对 e 光)的内部,也在光轴方向相切于两点,如图 5.23(b)所示。表 5.5 列出了几种单轴晶体的主折射率。不同晶体双折射的具体性质与其晶体结构的对称性有关。

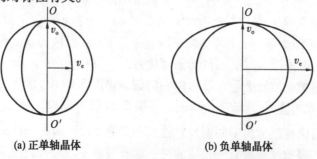

(a) 正单轴晶体　　　　　　　(b) 负单轴晶体

图 5.23　正单轴晶体和负单轴晶体中的波面

表 5.5　单轴晶体在室温下的主折射率（λ=589 nm）

晶体材料	o 光主轴折射	e 光主轴折射
冰	1.309 1	1.310 4
石英	1.544 2	1.553 4
硝酸钠	1.584 8	1.336 0
方解石	1.658 4	1.486 4
电气石	1.669	1.638
锆石	1.923	1.968
氧化锌	2.009	2.024
硫化锌	2.368	2.372

一般地说，属于四角晶系、三角晶系和六角晶系的晶体为单轴晶体，如红宝石、电气石、石英、冰等；而属于正交晶系、单斜晶系和三斜晶系的晶体为双轴晶体，如云母、蓝宝石、硫黄等。表 5.6 列出在钠黄光下几种双轴晶体的主折射率。光在双轴晶体中的传播特性比较复杂，在此不作赘述。具有立方结构的晶体无双折射性质。

表 5.6　双轴晶体的主折射率

	晶体及分子式	n_a	n_b	n_c	轴间夹角 $\alpha/(°)$
负晶体	云母 $KH_2Al_3(SO_4)_3$	1.560 1	1.593 6	1.597 7	71.0
	霞石 $CaO(CO)_2$	1.531 0	1.682 0	1.686 0	81.4
	正方铅矿 PbO	2.512 0	2.610 0	2.710 0	46.3
	辉锑矿 Sb_2S_3	3.194 0	4.046 0	4.303 0	80.7
正晶体	硬石膏 $CaSO_4$	1.569 0	1.575 0	1.613 0	22.1
	硫 S	1.950 0	2.043 0	2.240 0	37.3
	黄玉 $(AlO)FSiO_2$	1.619 0	1.620 0	1.627 0	20.8
	绿松石 $CuO_3 \cdot Al_2O_3 \cdot 2P_2O_5 \cdot 9H_2O$	1.520 0	1.523 0	1.530 0	33.3

5.5.3　折射率椭球

晶体的双折射性质，还可以用折射率椭球来描写。折射率椭球的优越性在于：它可以直接给出各向异性介质的折射率与光的传播方向以及光矢量的方向之间的关系。

折射率椭球的方程一般写成

$$\frac{x^2}{n_x^2}+\frac{y^2}{n_y^2}+\frac{z^2}{n_z^2}=1 \tag{5.42}$$

满足上式的点构成折射率椭球的球面，如图 5.24 所示。椭球的三个主值 n_x, n_y, n_z（数值上等于椭球的三个半轴的长度）分别称为在 x, y, z 三个方向的主折射率，其意义可以从下面的分析看出。设光波在图 5.24(b) 的晶体中沿某一方向 a 传播，从椭球中心 O 画出这个方向，同时通过 O 点作一个垂直于传播方向 a 的平面，这个平面与折射率椭球相割,得到一个椭圆截面。椭圆的长轴和短轴方向分别代表沿 a 方向传播的光波中两个相互垂直的偏振方向,而长短轴的两个半轴长度就是该晶体对应于这两种偏振光的折射率。显然,双轴晶体的三个主折射率各不相等。对于这样的折射率椭球,可以找到两个特殊方向。当光沿着这两个方向中任何一个方向传播时,通过 O 点并垂直于这个方向的平面与椭球相交的截面均为一个圆,这表明,沿这两个方向传播的光波不发生双折射。振动方向互相垂直的两个偏振光以同一速度传播,折射率相等。这两个特殊方向就是双轴晶体的光轴,如图中的 OA_1 和 OA_2 所示,它们与 z 轴的夹角均为 Ω。所以式(5.43)所描写的是双轴晶体的双折射性质。

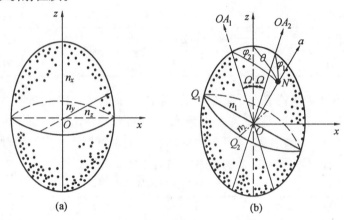

图 5.24 双轴晶体的折射率椭球面

由于单轴晶体有两个主折射率相等,令 $n_x = n_y = n_o$ 代表寻常光的主折射率,$n_z = n_e$ 代表非常光的主折射率,则折射率椭球方程转化为

$$\frac{x^2+y^2}{n_o^2}+\frac{z^2}{n_e^2}=1 \tag{5.43}$$

式(5.43)表明,单轴晶体的折射率椭球是一个旋转椭球体。椭球体的 z 轴就是单轴晶体的光轴。值得注意的是,折射率椭球只有一个球壳。这和前面提到的波面双壳层结构不同,意义也不一样。如果折射率椭球的三个主值都相等,即 $n_x = n_y = n_z$,折射率椭球就退化为一个圆球,这就对应于各向同性的材料特性。

5.5.4 偏振元件

利用晶体材料的双折射性质可以制成特殊的光学元件,在光学仪器和光学技术中有广泛应用。例如利用晶体的双折射,将自然光分解成偏振方向互相垂直的两束线偏振光的洛匈棱镜和渥拉斯顿棱镜;利用双折射和全反射原理,将光束分解成两束线偏振光后再除去其中一束,而保留另一束的起偏和检偏元件——尼科尔棱镜、格兰棱镜等;利用晶体 o 光和 e 光传播速度不同的特性,适当选择晶体的切割方向和厚度,可以制成各种晶体波片,使 o 光和 e 光之间产生预期的位相差,从而实现光束偏振状态的转换(1/4 波片,又称 $\lambda/4$ 片,可实现线偏振光和圆偏振光之间的互相转换;1/2 波片,又称 $\lambda/2$ 片,可根据需要随意改变线偏振光的偏振方向);利用双折射元件装配的偏光干涉仪,可用于测量微小的相位差；偏光显微镜可用于检测材料中的应力分布；利用不同厚度的晶体组合构成的双折射滤光器已在激光技术中获得应用，它可以用于光谱滤波，实现从连续谱光源或宽带光源中选出窄带辐射。

5.5.5 二向色性

晶体结构的各向异性不仅能产生折射率的各向异性（双折射），而且能产生吸收率的各向异性（称为"二向色性"）。电气石是在可见光区域有明显二向色性的晶体。一块厚度为 1 mm 的这种晶体，几乎可以完全吸收寻常光，而让非常光通过。它对非常光也有一些选择吸收，使得白光透射后呈黄绿色。具有明显二向色性的材料也可以用来制造偏振元件，即二向色性偏振片。

除了天然晶体之外，还可以利用特殊方法使具有明显各向异性吸收率的微晶，在透明胶片中有规律地排列，制成人造二向色性偏振片。例如，一种由有机化合物碘化硫酸奎宁凝聚成的多晶，具有显著的二向色性。如果将它们沉积在聚氯乙烯薄膜上，并采用机械方法将这种薄膜沿某一方向拉伸，则上述微晶就会沿着拉伸方向整齐地排列起来，表现出和单晶一样的二向色性（即吸收 o 光而让 e 光通过）。将这种薄膜固定在两片玻璃之间就可以作为偏振片使用。由于人造偏振片工艺简单，价格便宜，容易加工成大面积的产品，所以很有实用价值。

5.6 介质的光散射

光在通过气体、液体、固体等介质时，遇到烟尘、微粒、悬浮液滴或者结构成分不均匀的微小区域，都会有一部分能量偏离原来的传播方向而向四面八方弥散开来，这种现象称为光的散射。光的散射导致原来传播方向上光强的减弱。我们在 5.4 节中讨论光在均匀纯净介质中的吸收时，给出了朗伯定律。如果同时计及各种散射因素，光强随传播距离的减弱仍符合指数衰减规律，只是比单一吸收时衰减得更快罢了，其关系为

$$I = I_0 e^{-\alpha + Sl} \tag{5.44}$$

式中，α 和 S 分别称为吸收系数和散射系数，是衰减系数的两个组成部分。在 5.5 节说过，材料对光的散射是光与物质相互作用的基本过程之一。原则上，当光波的电磁场作用于物质中具有电结构的原子、分子等微观粒子时将激起粒子的受迫振动，这些做受迫振动的粒子就会成为发光中心，向各个方向发射球面次波。空气中的分子就可以作为次波源，把阳光散射到我们眼里，使我们看得见蔚蓝色的天空。各种烟尘、云雾微粒，无论是固态还是液态，都由许多原子或分子组成，它们在光照下都会发出次波。由于固态和液态粒子结构的致密性，微粒中每个分子发出的次波位相相关联，合作发射形成一个大次波。由于各个微粒之间空间位置排列毫无规则，这些大次波不会因位相关系而互相干涉，因此微粒散射的光波从各个方向都能看到。这是白天看得见明亮天空的又一个原因。

纯净的液体和结构均匀的固体都含有大量的微观粒子，它们在光照下无疑也会发射次波。但由于液体和固体中的分子排列很密集，彼此之间的结合力很强，各个原子、分子的受迫振动互相关联，合作形成共同的等相面，因而合成的次波主要沿着原来光波的方向

传播,其他方向非常微弱。通常把发生在光波前进方向上的散射归入透射。应当指出的是,发生在光波前进方向上的散射对介质中的光速有决定性的影响。

众所周知,惠更斯原理只是表象地解释光在光滑平整的介质界面上发生反射和折射,并没有说明作为"次波源"的实体究竟是什么。现在应把界面上的原子、分子等微观粒子视做受迫振动的发光中心,它们的整齐排列和密集分布使得次波互相叠加,形成反射波面和折射波面,沿着反射定律和折射定律所预言的方向传播。假如介质的表面并不平整,而是由许许多多取向不规则、凹凸分布的小镜面构成(如毛玻璃表面),那就要发生光的"漫反射"。这是因为每个小镜面的线度远大于光的波长,而一个镜面上的不平整度小于波长。此时每个小镜面的反射遵从反射定律,只因小镜面法线的取向漫无规律,其反射光也散布到不同的方向。

与散射现象不同,光的衍射是由个别不均匀的介质小区域(如小孔、狭缝、小障碍物等)所形成的,这些区域的尺度一般可与光的波长相比拟。由于介质分子的振动产生次波并叠加,使所形成的波面上出现不同强度分布的衍射特性。一般空气中微粒的散射是由大量排列无序的小区集合形成的,因此散射波在总体上观察不到衍射现象。

光的散射现象有多种多样的表现,然而,根据散射前后光子能量(或光波波长)变化与否可以区分为弹性散射和非弹性散射两大类。与弹性散射相比,通常非弹性散射要弱几个量级,常常被忽略,只有在一些特殊安排的实验中才能观察到。

5.7 材料的光发射

材料的光发射是材料以某种方式吸收能量之后,将其转化为光能即发射光子的过程。发光是人类研究最早也应用最广泛的物理效应之一。一般地说,物体发光可分为平衡辐射和非平衡辐射两大类。平衡辐射的性质只与辐射体的温度和发射本领有关,如白炽灯的发光就属于平衡或准平衡辐射;非平衡辐射是在外界激发下物体偏离了原来的热平衡态,继而发出的辐射。本节将只讨论固体材料的非平衡辐射。

材料光发射的性质与它们的能量结构紧密相关。我们已经知道固体的基本能量结构是能带。固体中也常常通过人为的方法掺杂一些与基质不同的成分,以改善固体的发光性能。杂质离子具有分立的能级,它们常出现在禁带中。固体发光的微观过程可以分为两个步骤:第一步,对材料进行激励,即以各种方式输入能量,将固体中的电子的能量提高到一个非平衡态,称为"激发态";第二步,处于激发态的电子自发地向低能态跃迁,同时发射光子。如果材料存在多个低能态,发光跃迁可以有多种渠道,那么材料就可能发射多种频率的光子。在很多情况下发射光子和激发光子的能量不相等,通常前者小于后者。倘若发射光子与激发光子的能量相等,发出的辐射就称为"共振荧光"。当然向下跃迁未必都发光,也可能存在把激发的能量转变为热能的无辐射跃迁过程。

5.7.1 激励方式

发光前可以有多种方式向材料注入能量。通过光的辐照将材料中的电子激发到高能态从而导致发光,称为"光致发光"。光激励可以采用光频波段,也可以采用 X 射线和 γ

射线波段。日常照明用的荧光灯就是通过紫外线激发涂布于灯管内壁的荧光粉而发光的。利用高能量的电子轰击材料,通过电子在材料内部的多次散射碰撞,使材料中多种发光中心被激发或电离而发光的过程称为"阴极射线发光"。彩色电视机的颜色就是采用电子束扫描、激发显像管内表面上不同成分的荧光粉,使它们发射红、绿、蓝三种基色光波而实现的。通过对绝缘发光体施加强电场导致发光,或者从外电路将电子(空穴)注入半导体的导带(价带),导致载流子复合而发光,称为"电致发光"。作为仪器指示灯的发光二极管就是半导体复合发光的例子。

5.7.2 材料发光的基本性质

自然界中很多物质都或多或少地可以发光。但近代显示技术所用的发光材料主要无机化合物。在固体材料中又主要采用禁带宽度比较大的绝缘体,其次是半导体,它们通常是以多晶粉末、单晶或薄膜的形式被应用。

发光材料除了要有合适的基质为主体外,还要选择掺入微量杂质作为"激活剂"。这些微量杂质一般被用来充当发光中心,有些也被用来改变发光体的导电类型。在很多情况下还加入另一种称为"助熔剂"的杂质,以促进材料的结晶或与激活剂匹配(调整点阵中的电荷量)。譬如,ZnS:(Ag,Cu)表示 ZnS 基质中掺有杂质 Ag 和 Cu。这种材料发出 525 nm 中心波长的黄绿光,可用于示波管。从应用的角度看,对材料感兴趣的光学性能通常是发光的颜色、强度和延续时间。所以,材料的发光特性主要从发射光谱、激发光谱、发光寿命和发光效率进行评价。

1. 发射光谱

发射光谱是指在一定的激发条件下发射光强按波长的分布。发射光谱的形状与材料的能量结构有关,有些材料的发射光谱呈现宽谱带,甚至由宽谱带交叠而形成连续谱带,有些材料的发射光谱则是线状结构。如图 5.25 所示的 YAG 晶体和陶瓷在激光激发下的发射光谱。

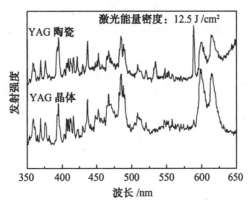

图 5.25 YAG 晶体和陶瓷在激光激发下的发射光谱

2. 激发光谱

激发光谱是指材料发射某种特定谱线(或谱带)的发光强度随激发光的波长而变化

的曲线。能够引起材料发光的激发波长也一定是材料可以吸收的波长。就这一点而言,激发光谱与吸收光谱有类似之处。但是有的材料吸收光之后不一定会发射光,就是说它可能把吸收的能量转化为热能而耗散掉,对发光没有贡献的吸收是不会在激发光谱上得到反映的。因此,激发光谱又不同于吸收光谱。通过激发光谱的分析可以找出要使材料发光采用什么波长进行光激励最为有效。激发光谱和吸收光谱都是反映材料中从基态始发的向上跃迁的通道,因此都能给出有关材料能级和能带结构的有用信息。与之形成对比的是,发射光谱则是反映从高能级始发的向下跃迁过程。图 5.26 给出了蓝宝石 $\lambda = 238$ nm 的激发光谱。

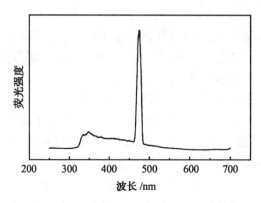

图 5.26　蓝宝石 $\lambda = 238$ nm 的激发光谱

3. 发光寿命

发光体在激发停止之后持续发光时间的长短称为发光寿命(荧光寿命或余辉时间)。最简单的情况是发光中心的电子被激发到高能态之后,各自独立地相继向基态跃迁而发光。设某时刻 t 共有 n 个电子处于某激发态,则在 t 时间内跃迁到基态的电子数 dn 应正比于 ndt,即

$$dn = -\alpha n dt \tag{5.45}$$

式中,比例系数 α 表示电子在单位时间内跃迁到基态的概率。从上式得到电子数衰减的规律为

$$n = n_0 e^{-\alpha t} \tag{5.46}$$

式中,n_0 为初始激发态的电子数。与此相应,发光强度也以同样的指数规律衰减,即

$$I = I_0 e^{-\alpha t} \tag{5.47}$$

定义光强衰减到初始值 I_0 的 $1/e$ 所经历的时间为发光寿命 τ,则

$$\tau = \frac{1}{\alpha} \tag{5.48}$$

式(5.47)和式(5.48)的指数衰减是发光过程的一个基本规律。但某些材料的发光涉及比较复杂的中间过程,其光强衰减规律呈双指数或双曲线形式,难以用一个反映衰减规律的参数来表示。在应用中往往约定,从激发停止时的发光强度 I_0 衰减到 $I_0/10$ 的时间称为余辉时间,根据余辉的长短可以把发光材料分为:超短余辉(<1 μs)、短余辉($1 \sim 10$ μs)、中短余辉($10^{-2} \sim 1$ ms)、中余辉($1 \sim 100$ ms)、长余辉($0.1 \sim 1$ s)、超长余辉

(>1 s)六个范围。不同应用目的对材料的发光寿命有不同的要求,例如短余辉材料常应用于计算机的终端显示器;长余辉和超长余辉材料常应用于夜光钟表字盘、夜间节能告示板、紧急照明等场合。表 5.7 列出了一些超短余辉荧光粉的性能;表 5.8 列出了一些长余辉阴极射线发光材料的性能。ZnS:Cu 是比较重要的长余辉材料,如果进一步掺入杂质钴,利用 Co 产生电子陷阱的作用,ZnS:(Cu,Co)的发光寿命可持续几天!

表 5.7 超短余辉荧光粉的性能

荧光体	能量效率 $\eta/\%$	余辉时间 τ/ns	余辉水平 $\delta/\%$	光谱峰值波长 λ/nm
$(Y,Ce)_3Al_5O_{12}$	4.5	70	6	550
$(Y,Ce)_2SiO_5$	6.0	30	0.1	415
$\gamma\text{-}(Y,Ce)_2SiO_7$	6.5	40	0.1	375
$(Ca,Ce)_2MgSi_2O_7$	4.0	80	3	370
$(Y,Ce)PO_4$	2.5	25	1.5	330
$(Y,Ce)OCl$	3.5	25	1.5	380,400
$LaBO_3\text{-}Ce$	0.2	25		310,355,380
$ScBO_3\text{-}Ce$	2	40		385,415
$ZnO:Zn$	2.5	~1 000		505

表 5.8 一些长余辉材料的发光性能和用途

荧光体	颜色	光谱峰值/nm	余辉/ms	主要用途
$KMgF_3:Mn$	橙	595	>250	雷达指示管
$ZnS:Ag+(Zn,Cd)S:Cu$	青白,黄绿	440,555	400	雷达指示管
$(ZnF_2 \cdot MgF_2)Mn$	橙	590	210	炮控雷达指示管
$ZnF_2:Mn$	橙	593	8 000	监视雷达管
$(Zn,Cd)S:Cu$	蓝紫,黄绿	554	700	监视雷达管
$MgF_2:Mn$	橙	587	380	监视雷达管
$ZnS:Ag+(Zn,Cd)S:Cu$	白,黄绿	440,550	550	雷达指示管
$(Ca,Mg)SiO_3:Ce+(ZnF_2,MgF_2)Mn$	紫外,橙	390,590	210	雷达指示管

4. 发光效率

发光效率通常有三种表示法,即量子效率、功率效率和流明效率。量子效率 η_q 是指发射光子数 n_{out} 与吸收光子数(或输入的电子数) n_{in} 之比,写成

$$\eta_q = \frac{n_{out}}{n_{in}}$$

功率效率 η_p 表示发光功率 P_{out} 与吸收光的功率(或输入的电功率) P_{in} 之比,写成

$$\eta_p = \frac{P_{out}}{P_{in}}$$

显然,当激发波长比发射波长短时,即使发光量子效率达到100%,体系发光的功率效率也不可能达到100%。

值得注意的是,许多发光器件(例如各种显示器)的性能要以人眼的感觉来评价,而人眼对不同波长的敏感程度不同,有些材料功率效率很高的器件所发出的光,在人眼看起来并不觉得很明亮。因此,从实用出发还引入了"光度效率"(或"流明效率")这一参数。

光度效率 η_l 定义为发射的光通量 L[以流明(lm)为单位]与输入的光功率(或电功率)P_{in}之比,写成

$$\eta_l = \frac{L}{P_{in}}$$

η_l 与 η_p 的关系为

$$\frac{\eta_l}{\eta_p} = \frac{\int_0^\infty \Phi(\lambda) I(\lambda) d\lambda}{\int_0^\infty \Phi(\lambda) d\lambda} D \tag{5.49}$$

式中,$\Phi(\lambda)$ 为人眼的视见函数;$I(\lambda)$ 为发光功率的光谱分布函数;D 为光功当量。对于波长 $\lambda = 555$ nm 的光,光功当量 D 为 680 lm·W^{-1}。

思 考 题

1. 何为光的波粒二象性?经典的电磁波理论有何局限性?

2. 一入射光以较小的入射角 θ_1 和折射角 θ_2 通过一透明玻璃板,若玻璃对光的衰减可忽略不计,试证明透过后的光强为 $(1-R)^2$,R 为反射系数。

3. 光通过一块厚度为 1 mm 的透明 Al_2O_3 板后,光强降低了 15%,试计算其吸收和散射系数的总和。

4. 有一材料的吸收系数 $\alpha = 0.32$ cm^{-1},透明光强分别为入射的 10%,20%,50% 及 80% 时,材料的厚度各为多少?

5. 一玻璃对水银灯蓝、绿谱线 $\lambda = 435.8$ nm 和 546.1 nm 的折射率分别为 1.652 5 和 1.624 5,用此数据定出柯西近似经验公式 $n = A + \frac{B}{\lambda^2}$ 的常数 A 和 B,然后计算对钠黄线 $\lambda = 589.3$ nm 的折射率 n 及色散率 $dn/d\lambda$ 值。

6. 摄影者知道用橙黄滤色镜拍摄天空时,可增加蓝天和白云的对比,若相机镜头和CCD 的灵敏度将光谱范围限制在 390.0~620.0 nm 之间,并且太阳光谱在此范围内视成常数,当色镜把波长在 550.0 nm 以后的光全部吸收时,天空的散射光波被它去掉百分之几呢?

7. 一光纤的芯子折射率 $n_1 = 1.62$,包层折射率 $n_2 = 1.52$,试计算光发生全反射的临界角 θ_c。

第6章 弹性与滞弹性

6.1 概 述

弹性体的近代研究可以追溯到17世纪所建立的胡克定律。基于这一定律的弹性理论观点,在施加给材料的应力F和所引起的应变D之间存在着线性关系

$$F = MD \tag{6.1}$$

式(6.1)中比例常数M是一个与材料性质有关的物理常数,而不随施加应力的大小而变化,称为弹性模量或简称模量。但是,弹性模量M依应力状态的形式而异:对于各向同性的材料而言,单向拉伸或压缩时用正弹性模量E(又称杨氏模量)来表征;当受到剪切形变时用剪切弹性模量G(又称切变模量)来表征;当受到各向体积压缩时用体积弹性模量K(又称流体静压模量)来表征。它们分别定义为

$$E = \frac{\sigma}{\varepsilon}, \quad G = \frac{\tau}{\gamma}, \quad K = \frac{p}{\theta} \tag{6.2}$$

式(6.2)中σ、τ和p分别为正应力、切应力和体积压缩应力;而ε,γ和θ分别为线应变、切应变和体积应变。显然,弹性模量E、G和K有着相同的物理意义。它们都代表了产生单位应变所需施加的应力,是材料弹性形变难易(刚性)的衡量,也表征着材料恢复形变前形状和尺寸的能力(回复力)。从微观上讲,弹性模量代表了材料中原子、离子或分子间的结合力。因而它与同样代表这些结合力的其他物理参数,如熔点、沸点、德拜温度和应力波传播速度等存在函数关系。

弹性材料的应用十分广泛。从火车、汽车的强力弹簧到仪器仪表的游丝、张丝,弹性合金无不起着重要的作用。工程结构设计中为了保证稳定性,在选择最佳结构形式的同时必须尽量采用弹性模量高的材料。与此相反,在另一些情况下,例如为了提高弹性形变功,人们往往采用模量较低的材料。因此在多次冲击加载的条件下,如果应力相等,形变功将与模量成反比。从这个观点出发,镁合金($E \approx 4.41 \times 10^4$ MPa)、铝合金($E \approx 7.35 \times 10^4$ MPa)和软铸铁($E \approx 9.80 \times 10^4$ MPa)与钢相比($E \approx 1.96 \times 10^5$ MPa)具有更大的优越性。此外,还可以发现,具有高弹性模量的材料加载时应当具有大的裂纹扩展速率,这当然是高模量材料的一个缺点。

应当指出的是,表现出从弹性形变向范性形变过渡的"弹性极限"和"屈服极限"就其本质而言乃是塑性性能,而不是弹性性能。因此,在一般情况下很难期望在弹性性能(E、G和K)与弹性极限或屈服极限之间有规律性的联系。而且,由于材料在形变过程中内部存在着各种微观的"非弹性"过程,即使在胡克定律适用的范围内材料的弹性也是不完全的。材料的这种特性在交变载荷的情况下表现为应变对应力的滞后,称为"滞弹性"。由于应变的滞后,材料在交变应力的作用下就会出现振动的阻尼现象。实验表明,固体的自

由振动并不是可以永远延续下去的,即使处于与外界完全隔离的真空中,其振动也会逐渐停止。这是由于振动时固体内部存在某种不可逆过程,使系统的机械能逐渐转化为热能的缘故。如果要使固体维持受迫振动状态,则必须从外界不断提供能量。这种由于固体内部的原因使机械能消耗的现象称为"内耗"。

一个世纪以前人们就已经知道,即使在小应力下金属也会显示出对完全弹性的偏离。在当今的钟表、乐器等制造业中如何获得尽可能完全的弹性,仍然是一个令人感兴趣的课题。随着近代动力机械功率的增大、速度的不断提高,有害的振动与噪声不可避免地增长。当系统进行振动并通过共振时,材料疲劳而导致零件损坏的危险性增加,机械工作的可靠性降低了。伴随着振动的噪声也在污染着环境,噪声不但会干扰仪器,还要刺激人体的中枢神经和心血管系统。声压达到 90 dB 以上,人体即难以忍受,称为声学疲劳。因此,振动与噪声或者关系到许多交通工具旅行的舒适与否,或者严重地恶化着劳动条件。和振动与噪声作斗争乃是当今机械制造、仪器制造和船舶制造等部门一个迫切而重要的现实课题。

滞弹性研究的另一个重要方面是把内耗测量作为一个信息来探知材料内部的微观结构组态。因为固体内部各种不对称的微观缺陷,受交变应力的作用将产生不可逆的运动、引起内耗,所以根据内耗的不同规律将可以判断"内耗源"的性质。这方面研究的注意力集中在产生内耗的机制上。显然,晶体中的内耗可由多种不同机制引起,而内耗测量乃是一种探测晶体缺陷极为灵敏的指示器。如同所有灵敏指示器一样,作为研究晶体缺陷的一种方法,内耗法的效果取决于无用信号的"噪声"究竟要掩盖掉多少人们所要观测的效应。为了显示所要观测的效应引起的内耗,在实验方法上必须尽力避免各种其他原因给仪器带来的背景损耗。

6.2 材料的弹性

6.2.1 广义胡克定律

如前所述,各向同性的弹性体受单向拉压、剪切或流体静压时,其应力-应变关系的性质可由式(6.2)中的弹性模量 M 表示。倘若考虑在一般应力作用下各向异性的单晶体,则表示材料弹性就需要较多的常数。假定从受力的材料中要考查的那一点附近取出一个足够小的立方单元体,则可以用每个面上的三个应力表示周围对它的作用,如图6.1所示。图中正应力 σ 的下标第一个字母表示应力所在的面,第二个字母表示应力方向。σ 的符号规定为:与立方体表面法线指向相同为正,反之为负。切应力 τ 的符号规定为:如果作用面的外法线与坐标轴正向相同,则

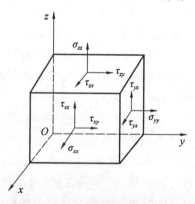

图6.1 单元体的一般应力状态

τ 与坐标轴同向为正;如果作用面外法线与坐标轴正向相反,则 τ 与坐标轴正向相反为正。据此,图中所标出的 σ 和 τ 均为正。

考虑到单元体足够小,相对两面上对应的应力可以认为相等,而且在平衡条件下 $\tau_{ij} = \tau_{ji}$,所以在最一般的情况下,描述单元体的应力状态也只需要六个独立的应力分量。在这些应力作用下单元体产生相应的应变,以 ε 表示正应变,γ 表示切应变。由于在弹性形变范围内 ε 和 γ 都很小,若假定应变为零时应力也为零(即不考虑热应力和其他预应力),则

$$\begin{bmatrix} \sigma_{xx} \\ \sigma_{yy} \\ \sigma_{zz} \\ \tau_{yz} \\ \tau_{zx} \\ \tau_{xy} \end{bmatrix} = \begin{bmatrix} c_{11} & c_{12} & \cdots & c_{16} \\ c_{21} & c_{22} & \cdots & c_{26} \\ \vdots & \vdots & & \vdots \\ c_{61} & c_{61} & \cdots & c_{66} \end{bmatrix} \begin{bmatrix} \varepsilon_x \\ \varepsilon_y \\ \varepsilon_z \\ \gamma_{yz} \\ \gamma_{zx} \\ \gamma_{xy} \end{bmatrix}$$

$$\begin{cases} \sigma_{xx} = c_{11}\varepsilon_x + c_{12}\varepsilon_y + c_{13}\varepsilon_z + c_{14}\gamma_{yz} + c_{15}\gamma_{zx} + c_{16}\gamma_{xy} \\ \sigma_{yy} = c_{21}\varepsilon_x + c_{22}\varepsilon_y + c_{23}\varepsilon_z + c_{24}\gamma_{yz} + c_{25}\gamma_{zx} + c_{26}\gamma_{xy} \\ \sigma_{zz} = c_{31}\varepsilon_x + c_{32}\varepsilon_y + c_{33}\varepsilon_z + c_{34}\gamma_{yz} + c_{35}\gamma_{zx} + c_{36}\gamma_{xy} \\ \tau_{yz} = c_{41}\varepsilon_x + c_{42}\varepsilon_y + c_{43}\varepsilon_z + c_{44}\gamma_{yz} + c_{45}\gamma_{zx} + c_{46}\gamma_{xy} \\ \tau_{zx} = c_{51}\varepsilon_x + c_{52}\varepsilon_y + c_{53}\varepsilon_z + c_{54}\gamma_{yz} + c_{55}\gamma_{zx} + c_{56}\gamma_{xy} \\ \tau_{xy} = c_{61}\varepsilon_x + c_{62}\varepsilon_y + c_{63}\varepsilon_z + c_{64}\gamma_{yz} + c_{65}\gamma_{zx} + c_{66}\gamma_{xy} \end{cases} \quad (6.3)$$

可见,式(6.3)为一般受力条件下材料在弹性范围内应力-应变的普遍关系,称为广义胡克定律。$c_{ij}(i,j=1,2,\cdots,6)$ 共 36 个,称为弹性系数。在一般情况下 c_{ij} 为 x,y,z 的函数。假如材料均质且各向同性,那么只要承受同样的应力就应该有相同的应变,反之亦然。换言之,各向同性均质材料的 c_{ij} 对于所在空间 (x,y,z) 也表现为常数。

应当看到,36 个弹性系数并非都是独立的,即使对于极端各向异性的单晶体材料也只需要 21 个独立的系数,在各向同性的情况下独立的弹性系数只有 2 个。21 个系数表示为

c_{11}	c_{12}	c_{13}	c_{14}	c_{15}	c_{16}
	c_{22}	c_{23}	c_{14}	c_{25}	c_{26}
		c_{33}	c_{34}	c_{35}	c_{36}
			c_{44}	c_{45}	c_{46}
				c_{55}	c_{56}
					c_{66}

由于不同点阵结构晶体的对称性各不相同,它们的各向异性也不一样。因此,只需比 21 个更少的弹性系数就可以表征各种单晶材料的弹性性能。同样可以证明,随着晶体点

阵对称性的提高,弹性系数的表示大大简化:有些系数相同,有些则为零,其独立的弹性系数数目将越少。表6.1列出了表示不同对称性单晶体和各向同性体所需弹性系数数目。

由于晶体材料的弹性是各向异性的,为了评价不同晶体各向异性的程度,下面将引进弹性各向异性常数作为表征。为此,先考察材料各向同性所要求的条件。

表6.1 表示不同晶系的独立弹性系数数目

晶 系	三斜	单斜	正交	四角	六角	立方	各向同性
独立的弹性系数数目	21	13	9	6	3	3	2

由单元体的分析可知,若把立方系晶体相对于力的坐标轴任意旋转一个角度,则应当得到一组新的应力-应变方程。假如这时的弹性系数和旋转前相等,则可以认为该弹性体为各向同性。可以证明,立方晶系满足这一要求的条件为

$$c_{44} = \frac{1}{2}(c_{11} - c_{12}) \tag{6.4}$$

式中,c_{44} 的物理意义为立方晶系中(100)面沿⟨010⟩方向的切变模量;c_{11} 和 c_{12} 没有确切的物理意义,但 $(c_{11}-c_{12})/2$ 则为立方系晶体中(110)面沿⟨110⟩方向的切变模量,常标为 $c' = (c_{11}-c_{12})/2$。在立方晶系中通常把弹性各向异性常数 A 定义为

$$A = \frac{2c_{44}}{c_{11} - c_{12}} \tag{6.5}$$

作为弹性各向异性的量度。

6.2.2 各向同性体的弹性系数

由于各向同性体的弹性必须满足式(6.4)的条件,那么立方系各向同性体的弹性特征用 c_{11} 和 c_{12} 两个常数就可确定。但是工程上一般不用 c_{ij},而习惯于用 E,G,K,且它们之间的关系为

$$G = \frac{E}{2(1+\mu)} \tag{6.6}$$

$$K = \frac{E}{3(1-2\mu)} \tag{6.7}$$

式中,μ 为泊松比。

显然,在 E,G,K 中用任意两个模量也就可以确定各向同性体的弹性特征。

为了更进一步理解模量和各弹性系数的意义,可以建立它们之间的定量关系。根据弹性力学的推导,各向同性体广义胡克定律可表示为

$$\begin{aligned}
\varepsilon_x &= \frac{1}{E}[\sigma_x - \mu(\sigma_y + \sigma_z)] & \gamma_{yz} &= \frac{2(1+\mu)}{E}\tau_{yz} = \tau_{yz}/G \\
\varepsilon_y &= \frac{1}{E}[\sigma_y - \mu(\sigma_x + \sigma_z)] & \gamma_{zx} &= \frac{2(1+\mu)}{E}\tau_{zx} = \tau_{zx}/G \\
\varepsilon_z &= \frac{1}{E}[\sigma_z - \mu(\sigma_y + \sigma_x)] & \gamma_{xy} &= \frac{2(1+\mu)}{E}\tau_{xy} = \tau_{xy}/G
\end{aligned} \tag{6.8}$$

以立方系晶体为例,考虑到把多晶体看成各向同性体,在等应力作用下分别代入立方

系晶体和各向同性体的广义胡克定律进行比较,便可得到弹性系数和模量之间的关系为

$$c_{11} = 2G\left(1 + \frac{\mu}{1-2\mu}\right) = 2G\left(\frac{1-\mu}{1-2\mu}\right)$$
$$c_{12} = 2G\left(\frac{\mu}{1-2\mu}\right) \quad (6.9)$$
$$c_{44} = G$$

若以大多数金属的 $\mu \approx 1/3$ 代入式(6.9),可以得到 $c_{11}:c_{12}:c_{44} = 4:2:1$。表 6.2 列出了一些立方系晶体弹性的有关常数。

表 6.2 一些立方系金属室温下的弹性数据

金 属	点阵类型	弹性系数×10⁻⁵/MPa			$c' = \dfrac{c_{11}-c_{12}}{2}$	A	μ
		c_{11}	c_{12}	c_{44}			
αFe	bcc	2.37	1.41	1.16	0.480	2.4	0.37
Na(210 K)	bcc	0.055 5	0.042 5	0.049 1	0.006 5	7.5	0.43
K	bcc	0.049 5	0.037 2	0.026 3	0.006 15	4.3	0.45
W	bcc	5.01	1.98	1.51	1.51	1.00	0.28
β黄铜	bcc	0.52	0.275	1.73	0.122 5	14.1	0.32
Al	fcc	1.08	0.622	0.284	0.229	1.24	0.36
Au	fcc	1.86	1.57	0.420	0.145	2.9	0.46
Ag	fcc	1.20	0.897	0.436	0.151	2.9	0.46
Cu	fcc	1.70	1.23	0.753	0.235	3.2	0.35
Pb	fcc	0.483	0.409	0.144	0.037	3.9	0.44
α黄铜	fcc	1.47	1.11	0.72	0.180	4.0	0.35
Cu₃Al	fcc	2.25	1.73	0.663	0.260	2.6	0.34
C	金刚石	9.2	3.9	4.3	2.6	1.6	0.30

6.2.3 弹性的物理本质

从金属电子理论已经知道,金属凝聚态之所以能够维持,是由于电子气和点阵结点上的正离子群之间存在一种特殊的结合——金属键。可以把自由电子气看成是均匀地分布在正离子中间构成某种负电性的点阵,例如在面心立方点阵中由点阵间隙组成的点阵,也具有与面心立方体相同的性质。两种点阵相结合构成具有金属键的固体,其中正负离子相互交替呈棋盘式分布。根据佛兰克(Frank)的意见,可以认为固态金属内部存在着两种互相矛盾的作用力:正离子点阵和想象中的负电性点阵间的相互吸引力;正离子与正离子间、自由电子与自由电子间的相互排斥力。固态金属就是这两种作用力的对立统一体。

为了简化起见,以下仅以佛兰克双原子模型讨论两个原子间的相互作用力和相互作用势能。原子间结合力和结合能随原子间距的变化如图6.2所示。

金属中正离子和自由电子之间是存在吸引力的,但作为两个孤立原子相距很远,则可以认为不发生力的作用。现假设 A 原子固定不动,当 B 原子向 A 原子靠近到外层电子相接触、价电子能够公有化时,就产生库仑吸引力。可以证明,库仑吸引力 $P_{引}$ 的大小和电量的乘积成正比,和它们之间距离的 m 次方成反比。令引力为负,即

$$P_{引} = -\frac{ae^2}{r^m} \quad (6.10)$$

式中,e 为一个离子的电荷;r 为原子间距;a 和 m 为常数。

同理,电子间和正离子间存在相互排斥力。当 B 原子和 A 原子相距较远时,这种库仑排斥力也是不存在的。一旦 B 原子向 A 原子靠近到使内层电子相互接触时,就产生排斥力,其大小随原子间距的缩小而迅速增加。排斥力 $P_{斥}$ 的大小也和电量的乘积成正比,和它们之间距离的 n 次方成反比。令斥力为正,即

$$P_{斥} = +\frac{be^2}{r^n} \quad (6.11)$$

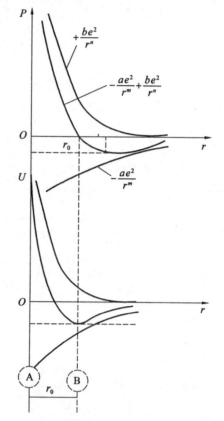

图6.2　原子间结合力和结合能随原子间距的变化

式中,b 和 n 也是常数。

由于排斥力是电子间与正离子间产生的,因此它随原子间距的变化比吸引力的变化要快得多。所以 $n>m$。

原子间的结合力 $P(r)$ 是吸引力和排斥力的总和,表示为

$$P(r) = -\frac{ae^2}{r^m} + \frac{be^2}{r^n} \quad (6.12)$$

由于结合力的存在必然存在结合能,原子间结合能也是原子间距 r 的函数,而且结合力实际上是结合能对原子间距的微分,即

$$P(r) = -\frac{dU(r)}{dr}$$

或

$$dU(r) = -P(r)dr \quad (6.13)$$

负号表示间距增大,结合力降低。将式(6.12)代入式(6.13)并进行积分,就可求得原子间结合能和原子间距的关系。

$$U(r) = -\int\left(-\frac{ae^2}{r^m} + \frac{be^2}{r^n}\right)dr = \int\frac{ae^2}{r^m}dr - \int\frac{be^2}{r^n}dr =$$

$$-\frac{ae^2}{m-1}\cdot\frac{1}{r^{m-1}} + \frac{be^2}{n-1}\cdot\frac{1}{r^{n-1}} + C \tag{6.14}$$

令 $A = \frac{ae^2}{m-1}, B = \frac{be^2}{n-1}, C =$ 常数,不影响变化趋势,可暂略去,结果得

$$U(r) = -\frac{A}{r^{m-1}} + \frac{B}{r^{n-1}} \quad (n > m) \tag{6.15}$$

比较式(6.12)和式(6.15)可知,原子间结合力和结合能随原子间距 r 变化的趋势相同,如图6.2所示。

当金属不受外力作用时,原子处于平衡位置 r_0 处,这时原子结合能最低,结合力为零,因此很容易受运动干扰而振动。通常在热平衡状态时,原子以 10^{12} 频率在平衡位置附近振动。

当 $r < r_0$ 时,$F_斥 > F_引$,$F_合(r) > 0$,总的作用力为斥力;当 $r > r_0$ 时,$F_引 > F_斥$,$F_合(r) < 0$,总的作用力为引力。

设材料受力后,原子离开平衡位置 r_0 发生一个很小的位移 $r-r_0$,将原子间相互作用势能 $U(r)$ 对平衡位置 r_0 作泰勒级数展开

$$U(r) = U(r_0) + \frac{1}{1!}\left(\frac{\partial U}{\partial r}\right)_{r_0}(r-r_0) + \frac{1}{2!}\left(\frac{\partial^2 U}{\partial r^2}\right)_{r_0}(r-r_0)^2 + \cdots +$$

$$\frac{1}{n!}\left(\frac{\partial^n U}{\partial r^n}\right)_{r_0}(r-r_0)^n \tag{6.16}$$

考虑到在 r_0 处 $\left(\frac{\partial U}{\partial r}\right)_{r_0} = 0$,取二级近似,得

$$U(r) = U(r_0) + \frac{1}{2}\left(\frac{\partial^2 U}{\partial r^2}\right)_{r_0}(r-r_0)^2 \tag{6.17}$$

由于原子间的作用力 P 应为势能对原子间距的一次微分,则由式(6.17)得

$$P = -\frac{dU}{dr} = -\frac{d\left[U(r_0) + \frac{1}{2}\left(\frac{\partial^2 U}{\partial r^2}\right)_{r_0}(r-r_0)^2\right]}{dr} = -\left(\frac{\partial^2 U}{\partial r^2}\right)_{r_0}(r-r_0)$$

并改写成

$$-\left(\frac{\partial^2 U}{\partial r^2}\right)_{r_0} = \frac{P}{r-r_0} \tag{6.18}$$

式中 $-\left(\frac{\partial^2 U}{\partial r^2}\right)_{r_0} = \left(\frac{\partial P}{\partial r}\right)_{r_0}$ 为作用力曲线在 r_0 处的斜率,对于一定的材料是个常数。它代表了对原子间弹性位移的抗力,即原子结合力。

从模量的定义 $E = \sigma/\varepsilon$ 看,在双原子模型中即相当于 $P/(r-r_0)$,所以模量 E 是反映原子间结合力大小的物理量,即

$$E = \left|\left(\frac{\partial^2 U}{\partial r^2}\right)_{r_0}\right| \tag{6.19}$$

6.3 弹性模量的影响因素

6.3.1 原子结构的影响

前面提到弹性模量是材料的一个相当稳定的力学性能,它对材料的组织不敏感是因为材料的原子结构对其弹性模量值有着决定性的影响。既然弹性模量表示了原子结合力的大小,那么它和原子结构的紧密联系也就不难理解。由于在元素周期表中,原子结构呈周期变化,我们可以看到在常温下弹性模量随着原子序数的增加也呈周期性变化,如图6.3 所示。显然,在两个短周期中(如 Na,Mg,Al,Si 等)弹性模量随原子序数一起增大,这与价电子数目的增加及原子半径的减小有关。周期表中同一族的元素(如 Be,Mg,Ca,Sr,Ba 等),随原子序数的增加和原子半径的增大弹性模量减小。过渡族金属表现出特殊的规律性,它们的弹性模量都比较大(如 Sc,Ti,V,Cr,Mn,Fe,Co,Ni 等),这可以认为是由于 d-层电子引起较大原子结合力的缘故。它们与普通金属的不同之处在于随着原子序数的增加出现一个最大值,且在同一组过渡族金属中(例如 Fe,Ru,Os 或 Co,Rb,Ir)弹性模量与原子半径一起增大。这在理论上还没有解释。

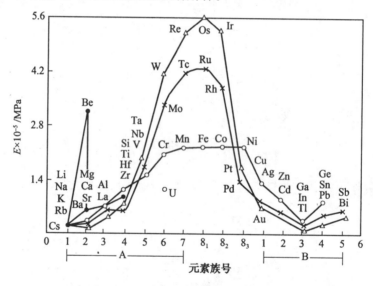

图 6.3 金属正弹性模量的周期变化

6.3.2 温度的影响

从弹性形变的微观模型出发,自然可以期待弹性模量和点阵常数之间应有的联系。根据大量的实验事实,曾经出现过一系列把弹性模量值(主要是正弹性模量 E)和晶体点阵常数 r 相联系的经验公式。例如可以把金属弹性模量随点阵常数的减小而增大近似地表示成如下方程

$$E=\frac{k}{r^m} \tag{6.20}$$

这里 k 和 m 均为与材料有关的常数。

不难理解,随着温度的升高材料发生热膨胀现象,原子间结合力减弱,因此金属与合金的弹性模量将要降低。如果把方程(6.20)对温度求微分就很容易找到这个关系

$$\frac{dE}{dT}r^m + m\frac{dr}{dT}r^{m-1}E = 0$$

将各项都除以 Er^m 得到

$$\left(\frac{1}{E}\cdot\frac{dE}{dT}\right) + \left(\frac{1}{r}\cdot\frac{dr}{dT}\right)m = 0 \tag{6.21}$$

将式(6.21)中 $\frac{1}{E}\cdot\frac{dE}{dT}=\eta$,$\eta$ 为弹性模量 E 的温度系数;$\frac{1}{r}\cdot\frac{dr}{dT}=\alpha$,$\alpha$ 为线膨胀(温度)系数。这时式(6.21)可以改写成

$$\eta + \alpha m = 0$$

或

$$\frac{\alpha}{\eta} = 常数 \tag{6.22}$$

式(6.22)的关系告诉我们,金属与合金的线膨胀系数与弹性模量温度系数之比 α/η 是一个定值,约为 4×10^{-2}。这一结论在 $-100\ ℃\sim100\ ℃$ 温度范围里已为实验资料所证实,见表6.3。

表6.3 一些材料膨胀系数 α 与模量温度系数 η

材　　料	$\alpha\cdot10^5$	$\eta\cdot10^5$	$(\alpha/\eta)\cdot10^3$
18%Cr,8%Ni 奥氏体钢	1.6	39.7	40.0
Fe+5%Ni 合金	1.05	26.0	40.4
铁	1.1	27.0	40.1
磷青铜	1.7	40.0	42.5
杜拉铝	2.3	58.3	39.4
钨	0.4	9.5	41.1
Pb+20%Cu 合金	1.16	30.0	38.7
Cu+30%Pb 合金	1.7	42	40.5

一些金属弹性模量随温度的变化示于图6.4。这里钨虽然熔点最高(~3 400 ℃),但其弹性模量比铱($T_s=2\ 454\ ℃$)要低得多。注意这些金属升温时弹性模量降低的过程可以看到,铱从室温到1 000 ℃模量降低约20%,而钨只降低约12%。弹性模量迅速下降的还有铑,而钼与钨类似却降低得比较缓慢。

值得注意的是,当加热到 600 ℃时,钯的模量值仍保持接近于初始值,铂也有类似的情况。这说明,该金属在高温下保持原子间结合力的能力较强,即模量温度系数 η 绝对值较小。

从图上可以看出,如不考虑相变的影响,对于大多数金属的模量随着温度的升高几乎都直线地下降。一般金属材料的模量温度系数 $\eta = -(300 \sim 1\,000) \times 10^{-6}/$ ℃,低熔点金属的 η 值较大,而高熔点金属与难熔化合物的 η 值较小,合金的模量随温度升高而下降的趋势与纯金属大致相同,具体数据可以从材料手册上查到。

6.3.3 相变的影响

材料内部的相变(如多晶型转变、有序化转变、铁磁性转变以及超导态转变等)都会对弹性模量产生比较明显的影响,其中有些转变的影响在比较宽的温度范围里发生,而另一些转变则在比较窄的温度范围里引起模量的突变,这是由于原子在晶体学上的重构和磁的重构所造成的。图 6.5 表示了 Fe,Co,Ni 的多晶型转变与铁磁转变对模量的影响。例如,当铁加热到 910 ℃时发生 α→γ 转变,点阵密度增大造成模量的突然增大,冷却时在 900 ℃发生 α→γ 的逆转变使模量降低。钴也有类似的情况,当温度升高到 480 ℃时从六方晶系的 α-Co 转变为立方晶系 α-Co,弹性模量增大。温度降低时同样在 400 ℃左右观察到模量的跳跃。这种逆转变的温差显然是由于过冷所致。

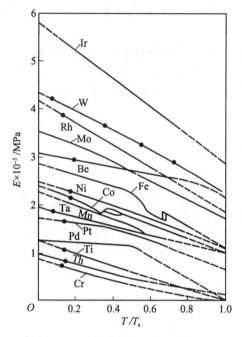

图 6.4 金属模量与温度的关系

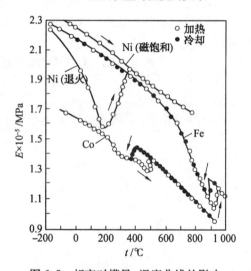

图 6.5 相变对模量-温度曲线的影响

6.3.4 合金元素的影响

在固态完全互溶的情况下,即当两种金属具有同类型空间点阵,并且其价数及原子半径也相近的情况下,二元固溶体的弹性模量作为原子浓度的函数呈直线(Cu-Ni;Cu-Pt;Cu-Au)或几乎呈直线(Ag-Au)变化,如图 6.6 所示。在固溶体中具有过渡族金属时对直线规律出现明显偏离,且曲线是对着浓度轴向上凸出,如图 6.7 所示。

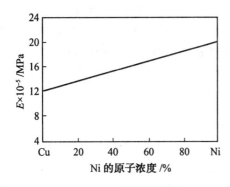 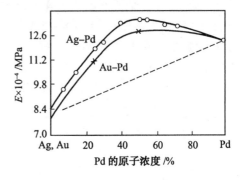

图 6.6　Cu-Ni 合金的模量　　　　图 6.7　Ag-Pd 和 Au-Pd 合金的模量

在有限互溶的情况下,根据梅龙(Melean)的观点,溶质对合金弹性模量的影响有以下三个方面:

①由于溶质原子的加入造成点阵畸变,引起合金弹性模量的降低;

②但是,溶质原子可能阻碍位错线的弯曲和运动,这又减弱了点阵畸变对弹性模量的影响;

③当溶质和溶剂原子间结合力比溶剂原子间结合力大时,会引起合金模量的增加,反之合金模量降低。

可见,溶质可以使固溶体的弹性模量增加,也可以使它降低,视上述作用的强弱而定。

对普通金属 Cu 及 Ag 为基有限固溶体的研究表明,加入在元素周期表中与其相邻的普通金属(Zn,Ga,Ge,As 加入 Cu 中,Cd,In,Sn,Sb 加入 Ag 中),弹性模量 E 将随溶质组元含量的增加呈直线减小,溶质的价数 Z 越高则减小越多,如图 6.8 所示。人们虽试图寻找弹性模量的变化率 dE/dc 与溶质的原子浓度 c、溶质组元原子价 Z(或固溶体电子浓度)以及原子半径差 ΔR 等参数之间的关系,但未能得到普遍满意结果。

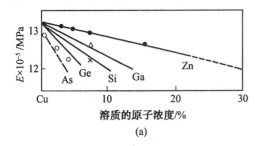 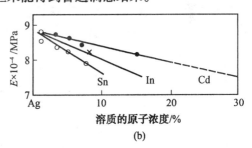

6.8　溶质组元含量对 Cu(a)及 Ag(b)基固溶体模量的影响

必须指出,形成固溶体合金的弹性模量与成分的关系并非总是符合线性规律,有时也会出现很复杂的情况。Fe-Ni 合金就是一个例子,如图 6.9 所示。图中表示 Fe-Ni 合金在不同磁场下模量随 Ni 含量的变化。

化合物及中间相的模量研究得不够。譬如,在 Cu-Al 系中化合物 $CuAl_2$ 具有比较高的模量(但比铜的小),相反地 γ 相的正弹性模量差不多比铜的模量高 1.5 倍。一般说来,中间相的熔点越高,其弹性模量也越高。

通常认为,弹性模量的组织敏感性较小,多数单相合金的晶粒大小和多相合金的弥散度对模量的影响很小,即在两相合金中,弹性模量对组成合金相的体积浓度具有近似线性关系。但是,多相合金的模量变化有时显得很复杂。第二相的性质、尺寸和分布对模量有时也表现出很明显的影响,即与热处理和冷变形关系密切,例如,Mn-Cu 合金就是如此,如图 6.10 所示。该合金在 $w(Cu)=0\sim80\%$ 范围内的退火组织为 $\alpha+\gamma$ 两相结构;a 为退火条件下的模量变化,b 为经过 90% 冷变形后的模量,c 为冷变形后经 400 ℃ 加热的模量,d 为经 96% 冷变形后经 600 ℃ 加热的模量。

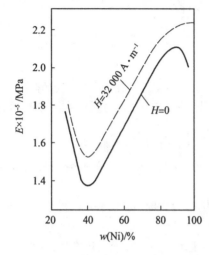

图 6.9 Ni 含量对铁镍合金的模量的影响

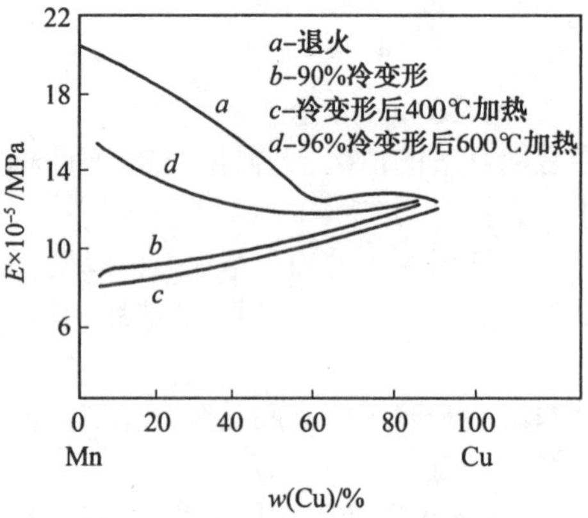

图 6.10 铜含量对锰铜合金模量的影响

综上所述可以看出,在选择了基体组元后,很难通过形成固溶体的办法进一步实现弹性模量的大幅度提高,除非更换材料。但是,如果能在合金中形成高熔点、高弹性的第二相,则有可能较大地提高合金的弹性模量。目前常用的高弹性和恒弹性合金往往通过合金化和热处理来形成诸如 $Ni_3Mo,Ni_3Nb,Ni_3(Al,Ti),(Fe,Ni)_3Ti,Fe_2Mo$ 等中间相,在实现弥散硬化的同时提高材料的弹性模量。例如,Fe-42Ni-5.2Cr-2.5Ti($w/\%$) 恒弹性合金就是通过 $Ni_3(Al,Ti)$ 相的析出来提高材料弹性模量的。图 6.11 为 $Ni_{42}CrTi$ 合金在不同温度下时效引起弹性模量的变化。

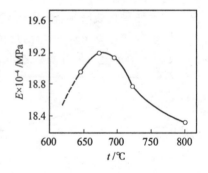

图 6.11 $Ni_{42}CrTi$ 合金模量与时效温度的关系

6.3.5 弹性模量的各向异性

和晶体的其他性能一样,弹性模量是依晶体的方向而改变的各向异性性能,但在多晶体中,由于晶粒的取向混乱所测得的弹性模量却又是各向同性的,这个数值也可以由单晶体的弹性模量取平均值计算得到。

大多数立方晶系的金属单晶体正弹性模量 E 的最大值沿 $\langle 111 \rangle$ 晶向,最小值沿 $\langle 100 \rangle$ 晶向;而切变模量 G 的最大值却沿 $\langle 100 \rangle$ 晶向,最小值沿 $\langle 111 \rangle$ 晶向,见表 6.4。但是,这

一规律对某些立方晶系有例外情况。如 Mo 单晶 E_{max} 沿 $\langle 100 \rangle$，E_{min} 沿 $\langle 111 \rangle$，而 G_{max} 沿 $\langle 111 \rangle$，G_{min} 沿 $\langle 100 \rangle$。

表6.4 金属弹性模量的各向异性

晶系	金属	E 单晶 $\langle uvw \rangle$	MPa	$\langle uvw \rangle$	MPa	E 多晶 MPa	G 单晶 $\langle uvw \rangle$	MPa	$\langle uvw \rangle$	MPa	G 多晶 MPa
立方	7Al	$\langle 111 \rangle$	75511	$\langle 100 \rangle$	62 763	70 608	$\langle 100 \rangle$	28 439	$\langle 111 \rangle$	24 517	26 478
	Au	$\langle 111 \rangle$	137 293	$\langle 100 \rangle$	41 187	7 943	$\langle 100 \rangle$	40 207	$\langle 111 \rangle$	17 652	27 459
	Cu	$\langle 111 \rangle$	190 249	$\langle 100 \rangle$	66 685	118 660	$\langle 100 \rangle$	75 511	$\langle 111 \rangle$	30 100	43 149
	Ag	$\langle 111 \rangle$	114 738	$\langle 100 \rangle$	43 149	78 453	$\langle 100 \rangle$	43 640	$\langle 111 \rangle$	19 319	26 478
	W	$\langle 111 \rangle$	392 266	$\langle 100 \rangle$	392 266	3 481 363 / 92 266	$\langle 100 \rangle$	152 003	$\langle 111 \rangle$	112 776	110 815 / 152 003
	α-Fe	$\langle 111 \rangle$	284 393	$\langle 100 \rangle$	132 390	209 862	$\langle 100 \rangle$	115 718	$\langle 111 \rangle$	59 820	82 376
	Fe-Si	$\langle 111 \rangle$	254 973 / 282 432	$\langle 100 \rangle$	117 680 / 131 409	196 133 / 205 940					
六方	Cd	90°	81 395	0°	28 243	50 014	90°	14 615	30°	18 044	21 575
	Mg	0°	50 406	53.3°	42 855	44 130	44.5°	18 044	90°	16 770	17 651
	Zn	70.2°	123 858	0°	34 912	98 067	30°	48 739	41.8°	27 262	36 285
四方	Sn	$\langle 001 \rangle$	84 729	$\langle 110 \rangle$	26 282	54 329	45.7°	17 848	$\langle 100 \rangle$	10 395	20 398

如果对弹性模量各向同性的多晶体进行很大的冷变形（冷拉、冷轧、冷扭转等），由于形成织构将导致金属与合金弹性模量的各向异性。冷变形金属在再结晶温度以上退火时也会产生再结晶织构，这时材料的模量也要出现各向异性。事实表明，在冷拉（冷拔）时只出现织构轴，即所有晶粒的某一晶体方向 $\langle uvw \rangle$ 都沿冷拉方向排列，而不形成织构面，冷轧时所有晶粒的某一晶面 (hkl) 都趋向于与轧制面平行，与此同时晶粒的某一晶向 $\langle uvw \rangle$ 则平行于轧向。表6.5列出了一些工程材料的形变织构特征。

表6.5 一些工程材料的形变织构特征

形变性质	金属	点阵类	织构性质
冷拔、冷拉、锻造	Fe,Mo,W	bcc	$\langle 110 \rangle$
	Ni,Cu,Al,Pb	fcc	$\langle 111 \rangle$ - 60%；$\langle 100 \rangle$ - 40%；$\langle 111 \rangle$ - 100%
单向压缩	Fe	bcc	$\langle 111 \rangle$ 和 $\langle 100 \rangle$——平行压缩轴向
	Ni,Cu,Al	fcc	$\langle 110 \rangle$
轧制	Fe,Fe-Si	bcc	$(100)\langle 011 \rangle$，$(112)\langle 110 \rangle$，$(111)\langle 112 \rangle$
	Ni,Cu,Al,Fe-Ni, Cu-Zn,Cu-Sn,Cu-Ni 合金	fcc	$(110)\langle 112 \rangle$，$(112)\langle 111 \rangle$
冷拉管子	10#钢	bcc	$(102)\langle 110 \rangle$，$(110)\langle 110 \rangle$，$(110)\langle 112 \rangle$，$(111)\langle 110 \rangle$
扭转	Fe	bcc	$\langle 110 \rangle$ 和 $\langle 121 \rangle$
	Ni,Cu,Al	fcc	$\langle 111 \rangle$ 和 $\langle 110 \rangle$
冷挤压			冷挤压时在零件不同部位得到织构特性不同

只有了解材料的织构类型,并根据弹性元件在使用过程中的使用特性进行选择,才能最有效地发挥具有织构的材料性能。例如,当材料受拉力或弯曲力时,建议采用冷拔使材料形成织构轴。当材料受扭力时,则建议采用轧制法。选择的目的是把材料的最大弹性模量安排在形变的轴向上。

应当指出,材料的再结晶织构和形变织构通常并不一致。图6.12用极坐标表示冷轧和再结晶对铜弹性模量各向异性的影响。曲线(1)表示冷轧方向对铜板材正弹性模量 E 的影响;曲线(2)表示再结晶铜板材弹性模量 E 与轧制方向的关系。表6.5中轧制板材的织构特性表明,织构的晶面和晶向是(110)⟨112⟩或(112)⟨111⟩。因为⟨112⟩晶向与⟨111⟩晶向夹角很小,故经冷轧后铜板材沿"轧向"和"横向"E 值最高,与轧向成45°方向的 E 值最低,这时与⟨110⟩晶向相对应。由于铜再结晶织构的特性是(100)⟨001⟩,故沿"轧向"和"横向"的弹性模量值最低。

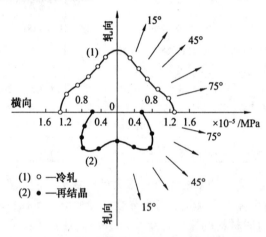

图6.12 铜板材弹性模量各向异性示意图

除了冷变形和再结晶会出现织构造成弹性的各向异性外,铸造时的定向凝固也要引起各向异性。这种有意识的通过定向凝固得到各向异性的技术,已应用于镍基高温合金的涡轮叶片。

6.3.6 铁磁状态的弹性反常

实验表明,铁磁体的应力应变对胡克定律的线性关系有明显的偏离,它们的弹性模量比正常情况下的数值要低,这是由于铁磁体中磁致伸缩的存在引起的附加应变造成的。

若以 $\Delta E = E_0 - E$ 表示模量降低的数值(其中 E_0 为正常情况下的模量),则在加热时随着温度向居里点趋近,ΔE 将逐渐消失,在这个过程中的某个温度区间模量 E 甚至可能在加热时增大。当温度高于居里点 θ_c 以后,弹性模量与温度的关系又恢复了正常。图6.13表示了不同磁场下金属镍的弹性模量与温度的关系。在磁场 $H=45\,757\ \text{A}\cdot\text{m}^{-1}$ 时,镍被磁化到饱和(曲线1),这时模量随温度的变化在居里点 θ_c 以下也恢复了正常。

就具有负磁致伸缩 λ_s 的镍而言,沿拉伸方向磁化较困难,这就是说,当试棒拉伸时磁畴的 M_s 矢量总是趋向与拉伸力相垂直,这时,由于每个磁畴沿着与 M_s 矢量相垂直方向伸长的缘故,试棒得到附加伸长,因而使模量 E 降低。同样的道理,对于正磁致伸缩 λ_s 的材料也得到相同的结果。但是,在磁饱和的情况下由于磁畴已不能转动,附加形变不再发生,因而 ΔE 不再出现,这时模量 E 与温度的关系自然也就恢复正常。这种由于力的作用引起铁磁体偏离胡克定律出现附加形变的现象称为"力致伸缩"。它和磁致伸缩有密切的联系,是材料铁磁状态的特性在不同条件下的行为。

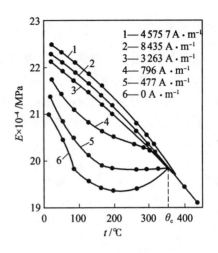

图 6.13 镍的弹性模量与温度的关系

设力致伸缩的附加应变用 $\left(\dfrac{\delta l}{l}\right)_m$ 表示,正常的弹性应变(根据胡克定律应力-应变的线性关系得到)用 $\left(\dfrac{\delta l}{l}\right)_0$ 表示,那么,无外磁场作用时铁磁材料在居里点 θ_c 以下的弹性模量可表示为

$$E = \frac{\sigma}{\left(\dfrac{\delta l}{l}\right)_0 + \left(\dfrac{\delta l}{l}\right)_m} \tag{6.23}$$

饱和磁场下的弹性模量为

$$E_0 = \frac{\sigma}{\left(\dfrac{\delta l}{l}\right)_0} \tag{6.24}$$

这时模量的降低为

$$\Delta E = E_0 - E = \frac{\sigma \left(\dfrac{\delta l}{l}\right)_m}{\left(\dfrac{\delta l}{l}\right)_0 \left[\left(\dfrac{\delta l}{l}\right)_0 + \left(\dfrac{\delta l}{l}\right)_m\right]}$$

如果以 $\Delta E/E$ 表示材料从退磁状态过渡到磁饱和状态模量的相对变化,则

$$\frac{\Delta E}{E} = \frac{\left(\dfrac{\delta l}{l}\right)_m}{\left(\dfrac{\delta l}{l}\right)_0} \tag{6.25}$$

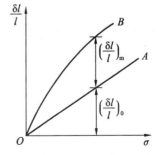

图 6.14 表示了镍在拉伸时的应力-应变曲线。其中 OA 为磁饱和条件下的拉伸曲线;OB 为退磁状态的应力-应变曲线。从两条曲线的差别可以看到,OA 为符合胡克定律的直线关系;OB 则对胡克定律产生偏离。这种偏离正是由于力致伸缩所引起的附加应变 $\left(\dfrac{\delta l}{l}\right)_m$ 所致。由于加热时铁磁材料自发磁化强度的下降,磁致伸缩现象减

图 6.14 力致伸缩时镍应力-应变曲线的影响

弱,弹性的附加应变项 $\left(\dfrac{\delta l}{l}\right)_{\mathrm{m}}$ 减小,当加热到居里点 θ_{c} 以上时, $\left(\dfrac{\delta l}{l}\right)_{\mathrm{m}}=0$,应力-应变的线性关系和模量随温度的变化规律又都恢复正常。

必须指出,在某些合金中,甚至当它们的磁化强度达到饱和时也具有低的弹性模量值和反常的温度关系。因瓦合金就属于这种情况,如图6.15所示。

从图6.15可以看出:①在居里点 θ_{c} 以下随着温度的升高 E 值增大,即弹性模量温度系数 η 为正值;②比较曲线3、2和1可见,虽然在磁化时弹性的反常现象被部分地消除,但甚至在45 757 A·m^{-1} 的饱和磁场下也发生弹性的反常现象。

怎样解释模量温度系数 η 的反常呢? 应当看到,在低于居里点的加热过程中,弹性模量的变化将由两个因素决定:由于温度升高一方面引起晶体点阵常数的增大,从而使 $\left(\dfrac{\delta l}{l}\right)_{0}$ 增大,导致 E 值下

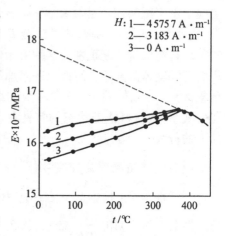

图6.15　Fe-Ni42因瓦合金弹性模量与温度的关系

降;另一方面自发磁化强度减小、磁致伸缩现象减弱,引起附加应变 $\left(\dfrac{\delta l}{l}\right)_{\mathrm{m}}$ 减小,从而导致 E 值上升。如果这两个因素所引起的 E 值变化几乎相等,则可以得到 E 值随温度变化极小,即弹性模量温度系数 η 接近于零的恒弹性合金。如果 $\left(\dfrac{\delta l}{l}\right)_{\mathrm{m}}$ 的减小部分大于 $\left(\dfrac{\delta l}{l}\right)_{0}$ 的增加部分,则 E 值将随温度而升高($\eta>0$),如图6.15所示的因瓦合金那样。

6.4　弹性模量的测定

6.4.1　概　述

从材料弹性最一般的概念出发,提出等温模量 E_{i} 和绝热模量 E_{a} 作为对材料模型及其形变过程最理想的近似是很合理的。人们一直试图确定模量特性的"等温"与"绝热"意义之间的理论关系,例如,对正弹性模量曾经提出了如下的公式

$$\dfrac{1}{E_{\mathrm{i}}}-\dfrac{1}{E_{\mathrm{a}}}=\dfrac{\alpha^{2}T}{\rho c_{p}} \tag{6.26}$$

式中,α 为线膨胀系数;T 为绝对温度;ρ 为材料密度;c_{p} 为比定压热容。

由于实际上不可能存在无限慢或无限快的加载来实现等温和绝热的应力-应变关系,而只能接近于这种状态。通常认为,缓慢的静力加载过程可以被看成近似于等温形变,而高频的机械振动过程则足够准确地接近于绝热形变,用这两种方法测量得到的模量当能分别代表等温模量和绝热模量。

众所周知,模量的测试方法归纳起来可以分为两大类:静力法和动力法。静力法在静载荷下,通过测量应力和应变建立它们之间的关系曲线(如拉伸曲线),然后根据胡克定律以弹性形变区的线性关系计算模量值。与静力法不同,动力法利用材料的弹性模量与所制成试棒的本征频率或弹性应力波在材料(介质)中传播速度之间的关系进行测定和计算。

根据式(6.26),对金属材料而言,E_i 和 E_a 之间的差异不超过 0.5%,故静力法和动力法所得到的模量结果通常应当认为是等效的。此外,用这两种方法测量等温和绝热模量并进行比较,实际上也难以进行。首先,由于用静力法确定弹性模量的准确度很低,在最好的情况下测量误差也在 10% 左右,换句话说,静力法的误差比等温和绝热模量之间的差异还大;其次,静力法必须测量各种应力下(包括颇大应力下)的应变,这将在材料中引起不可逆过程。例如,在加热条件下,即使是短时间内的静力作用也可能引起可觉察的蠕变,因而得到的模量值偏低。由此可见,实验测量等温与绝热模量之间差异的问题带有很大的难度,故 E_i 和 E_a 的概念也就没有超出纯理论的范畴。

在探讨弹性模量时我们还将引入另外两个名词,即弛豫模量 M_R 和未弛豫模量 M_u。弛豫的本意是指系统恢复到平衡状态的过程。如果用图 6.16 的应力-应变曲线来表示热弛豫现象,则未弛豫模量 M_u 系试样瞬时拉伸时 OA 的斜率 $\tan\beta$,由于瞬时拉伸引起材料的温度突然降低,热传导来不及进行,只发生瞬时应变 ε_0,随着时间的充分停留,试样温度升高到与周围环境平衡,将由于热膨胀而出现附加应变,最终的平衡应变为 ε_∞,这时 OB 线的斜率 $\tan\xi$ 即为弛豫模量 M_R。如果从状态 B 瞬时卸载,只能先沿着 BC 线瞬时恢复,然后随着时间的延长才完全恢复到原始的无应变状态 O。显然,通过动力法所得到的动力模量应当介于 M_u 与 M_R 之间,由于动力法测量时所承受的交变应力很小,因而应变也很小($10^{-5} \sim 10^{-8}$),这就使得静力法中存在的缺点可以得到克服,也可以测量脆性材料(如陶瓷、玻璃等)的弹性模量。这些脆性材料的形变量测量在静力法中遇到了很大的困难。

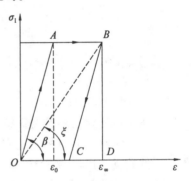

图 6.16　热弛豫过程示意图

必须指出,没有任何一种实验方法直接以实验结果给出弹性性能值,总是测量各种其他量,而弹性性能乃是按照某种关系对所测得的量进行计算综合的结果。

6.4.2　动态法测弹性模量

测试的基本原理可归结为测定试样(棒材、板材)的固有振动频率或声波(弹性波)在试样中的传播速度。由振动方程可推证,弹性模量与试样的固有振动频率平方成正比,即

$$E = K_1 f_L^2, \quad G = K_2 f_T^2 \tag{6.27}$$

式中,f_L 为纵向振动固有振动频率;f_T 为扭转振动固有振动频率;K_1、K_2 为与试样的尺寸、密度等有关的常数。

为测试 E, G, 所采用的激发试样振动的形式也不同,如图 6.17 所示。图 6.17(a)表

示激发器激发试样做纵向振动(拉-压交变应力);同样,6.17(b)为试样的弯曲振动(也称横向振动);6.17(c)为试样做扭转振动(切向交变应力)。

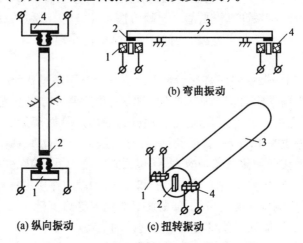

图 6.17 电磁式传感器激发和接收示意图
1—激发器;2—铁磁片;3—试棒;4—接收器

激发(或接收)换能器的种类比较多,常见的有电磁式、静电式、磁致伸缩式、压电晶体(石英、钛酸钡等)式。

(1)纵向振动共振法

用此法可以测定材料的杨氏模量 E。设有截面均匀的棒状试样3,其中间被固定,两端自由(图6.17(a))。试样一端安放激发器1,用于激发振动,另一端安放接收器4用于接收试样的振动。以电磁式激发器为例,当磁化线圈通上声频交流电,则铁芯磁化,并以声频频率吸引和放松试样(如试样是非铁磁性的,需在试样两端面粘贴一小块铁磁性金属薄片2),此时试样内产生声频交变应力,试样发生振动,即一个纵向弹性波沿试样轴向传播,最后由接收换能器接收。

当棒状试样处于如图6.17(a)所示状态,其纵向振动方程可写成 $\frac{\partial^2 u}{\partial t^2}=\frac{E}{\rho}\frac{\partial^2 u}{\partial x^2}$,其中 $u(x,t)$ 是纵向位移函数。解该振动方程(具体解法略),并取基波解,经整理可得

$$E=4\rho L^2 f_L^2 \tag{6.28}$$

式中,L 为试样长度;ρ 是密度;f_L 为纵向振动的共振频率。

由式(6.28)可以看出,为了求出 E,必须测出 f_L。利用不同频率的声频电流,通过电磁铁激发试样做纵向振动,当 $f \neq f_L$ 时,接收端接收的试样振动振幅很小,只有 $f=f_L$ 时在接收端可以观察到最大振幅,此时试样处于共振状态。

(2)弯曲振动共振法

如图6.17(b)所示,一个截面均匀的棒状试样,水平方向用二支点支起。在试样一端下方安放激发器,使试样产生弯曲振动,另一端下方放置接收器,以便接收试样的弯曲振动。两端自由的均匀棒的振动方程为 $\frac{\rho S}{EI}\frac{\partial^2 u}{\partial t^2}=-\frac{\partial^4 u}{\partial x^4}$,是一个四阶偏微分方程,其中 I 为转动惯量,S 为试样截面积。最后得到满足于基波的圆棒(直径为 d)的弹性模量计算式为

$$E = 1.262\rho \frac{L^4 f_b^2}{d^2} \qquad (6.29)$$

同样需测出试样弯曲振动共振频率 f_b。之后,代入上式计算 E。

(3)扭转振动共振法

此法用于测量材料的切变模量 G(见图 6.17(c))。一个截面均匀的棒状试样,中间固定,在棒的一端利用换能器产生扭转力矩,试样的另一端装有接收器(结构与激发器相同),用以接收试样的扭转振动。同样可以写出扭转振动方程并求解,最后仍归结为测定试样的扭转振动固有频率 f_t,G 的计算式为

$$G = 4\rho L^2 f_t^2 \qquad (6.30)$$

在高温测试弹性模量时,考虑到试样的热膨胀效应,其高温弹性模量计算式为

纵向振动

$$E = 4\rho L^2 f_L^2 (1+\alpha T)^{-1} \qquad (6.31)$$

扭转振动

$$G = 4\rho L^2 f_t^2 (1+\alpha T)^{-1} \qquad (6.32)$$

弯曲振动

$$E = 1.262\rho L^4 f_b^2 d^{-2} (1+\alpha T)^{-1} \qquad (6.33)$$

式中,α 为试样的热膨胀系数;T 为加热温度。

6.4.3 表面压痕仪测弹性模量

表面压痕仪是近年来发展的一种表面力学性能测量系统,它能对几乎所有的固体材料弹性模量进行测量,特别是能对薄膜材料进行测量。其工作原理如图 6.18 所示。三棱锥体的金刚石压头(也叫 Berkovich 压头)是表面力学性能的探针,施加到压头上的载荷是通过平行板电容器控制的,平行板电容器还能探测出压头在材料中的位移。仪器能自动记录下载荷、时间及位移的数据,并计算出弹性模量和硬度等多种物理量。

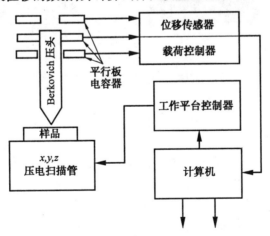

图 6.18 表面压痕测试仪的工作原理示意图

如图 6.19(a)所示,在载荷作用下,从初始表面接触,当达到最大载荷时,压头压入最

大位移为 h_{max}，当卸载时，材料表面保留深度为 hf 的压痕。

它的主要工作原理是：用压头压入材料表面，通过传感器记录下加载和卸载过程中载荷与压入深度的对应关系，经过计算就能得到材料表层的弹性模量性能。图 6.19(b) 就是典型的载荷(F)与压入深度(h)的关系曲线。可以看到曲线分上下两条，上面一条是加载线，下面一条是卸载线。根据培奇(Page)等人的计算结果，卸载曲线开始部分的斜率与有效弹性模量(E^*)有如下关系：

$$\frac{dF}{dh} = \frac{2E^* \sqrt{A_{h_c}}}{\sqrt{\pi}} \quad (6.34)$$

式中，A_{h_c} 是对应压入深度为 h_c 时压痕的投影面积，h_c 的大小近似等于卸载曲线开始部分的斜率延长线与 h 轴相交的数值；E^* 可以从压痕仪中自动给出，被测材料的弹性模量(E_S)可由下式得到

$$\frac{1}{E^*} = \frac{(1-\mu_S^2)}{E_S} + \frac{(1-\mu_I^2)}{E_I} \quad (6.35)$$

式中，E_I 是压头(金刚石)的弹性模量；μ_S、μ_I 分别是压头和被测材料的泊松比。从式(6.35)中看到，如果要得到准确的 E_S，必须知道被测材料的泊松比 μ_S，但对于未知材料来说，一般不知道准确的数值。好在材料的泊松比相差都不是很大，对未知材料通常可用 1/3 或 1/4 来代替，得到的结果误差不是很大。

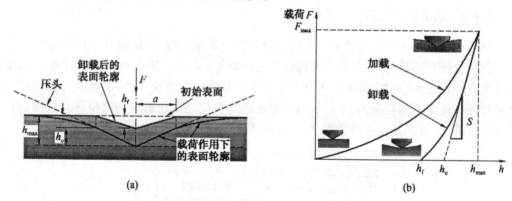

图 6.19　典型的压头下压载荷与压入位移的关系曲线

6.5　内耗分析

早在 1784 年，C. A. De 库仑利用圆盘扭摆定量地研究金属丝的弹性，首次发现了滞弹性的现象，但从原子的角度来研究内耗的机制始于 20 世纪 40 年代，1948 年 C. 曾讷的专著《金属的弹性与滞弹性》的发表标志着内耗研究进入固体物理的领域。

一个物体在真空中振动，这种振动即使是完全属于弹性范围之内，振幅也会逐渐衰减，使振动趋于停止。也就是说，振动的能量逐渐被消耗掉了。这种物体内在能量的消耗称之为内耗。内耗的产生是由于物体的振动引起了内部的变化，而这种变化导致将振动能转换为热能。

内耗的研究概括起来分为两个方面：一是利用内耗值作为一种物理性质评价材料的阻尼本领，以满足工程结构的要求。如机床和涡轮叶片要求材料的减振性能好，也就是内耗要大。二是研究内耗和材料内部结构及原子运动的关系，也就是本章中要介绍的内容。

6.5.1 内耗与非弹性变形关系

完全弹性体每一瞬间的应力对应于单一的确定的应变，即应力和应变间存在单值函数关系。这样的固体振动时应力应变间始终同位相，因此不会产生内耗。只有当振动时应力和应变不是单值函数关系（非弹性行为）时才能发生内耗（见图6.20）。

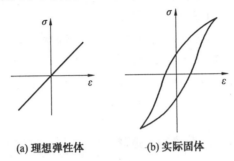

(a) 理想弹性体　　(b) 实际固体

图6.20　理想弹性体和实际固体在交变应力循环中的应力-应变曲线

如果施加应力与时间的变化遵守下面关系

$$\sigma = \sigma_0 \sin \omega t \tag{6.36}$$

式中，ω 为循环加载应力的角频率。

实际固体的应变落后于应力，并具有位相差 φ。此时应变为

$$\varepsilon = \varepsilon_0 \sin(\omega t - \varphi) \tag{6.37}$$

固体振动一周的能量损耗，也就是滞后回线的面积

$$\Delta W = \oint \sigma \mathrm{d}\varepsilon = \int_0^{2\pi} \sigma_0 \varepsilon_0 \sin \omega t \, \mathrm{d}[\sin(\omega t - \varphi)] = \pi \sigma_0 \varepsilon_0 \sin \varphi \tag{6.38}$$

设 W 为振动一周总的能量，则有

$$W = \frac{1}{2} \sigma_0 \varepsilon_0 \tag{6.39}$$

内耗的量度，一般用 Q^{-1} 表示，Q 是振动系统的品质因数。根据电磁谐振回路中品质因数的定义及式(6.38)、式(6.39)，可得到

$$Q^{-1} = \frac{1}{2\pi} \frac{\Delta W}{W} = \sin \varphi \approx \tan \varphi \approx \varphi \quad （因 \varphi 角很小） \tag{6.40}$$

为了得到内耗随频率或振幅的具体依赖关系，必须进一步给出描述非弹性行为的表达式。不同类型的内耗具有不同形式的应力-应变方程。以下分别讨论内耗的几种基本类型。

6.5.2 弛豫型（滞弹性）内耗

滞弹性的特征是在加载或去载时，应变不是瞬时达到其平衡值，而是通过一种弛豫过

程来完成其变化。如图6.21(a)所示,突然加上恒应力σ_0时,应变有一个瞬时增值ε_0,而后随时间慢慢增加,最后趋于平衡值$\varepsilon(\infty)$,这现象称为应变弛豫。应力去掉后,有一部分应变(ε_0)发生瞬时回复,剩余一部分则缓慢回复到零,这现象为弹性后效。又如图6.21(b)所示,要保持应变(ε_0)不变,应力就要逐渐松弛达到一平衡值$\sigma(\infty)$,称为应力弛豫现象。由于应变落后于应力,在适当频率的振动应力作用下就会出现内耗。

具有上述滞弹性行为的固体可以用一种称为标准线性固体的应力-应变方程来描述

$$\sigma+\tau_\varepsilon\dot\sigma=MR(\varepsilon+\tau_\sigma\dot\varepsilon) \tag{6.41}$$

式中,τ_ε为恒应变下的应力弛豫时间;τ_σ为恒应力下的应变弛豫时间;$\dot\sigma$、$\dot\varepsilon$分别为应力、应变对时间的变化率;M_R是弛豫弹性模量。

下面以图6.22恒应力下的应力-应变关系为例,进行一些深入讨论。在σ_0恒应力作用下,OM_u直线的正切夹角给出了还未来得及充分变形的试样弹性模量。由于加载速度快,应变的弛豫过程来不及进行,故称该模量为未弛豫弹性模量

$$M_u=\frac{\sigma_0}{\varepsilon_0} \tag{6.42}$$

OM_R直线正切夹角表示试样充分进行了弛豫过程的模量,故称弛豫模量,用M_R表示

$$M_R=\frac{\sigma_0}{\varepsilon(\infty)} \tag{6.43}$$

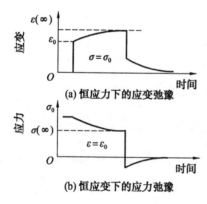

图6.21 恒应力下的应变弛豫及恒应变下的应力弛豫

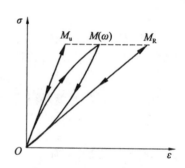

图6.22 恒应力下的应变-应力关系

设在很短的时间增量Δt中,应力有一个增量$\Delta\sigma$,将式(6.41)两边在此时间中积分,有

$$\int_0^{\Delta t}\sigma dt+\int_0^{\Delta\sigma}\tau_\varepsilon d\sigma=\int_0^{\Delta t}M_R\varepsilon dt+\int_0^{\Delta\varepsilon}M_R\tau_\sigma d\varepsilon$$

令$\Delta t\to 0$,则得$\tau_\varepsilon\Delta\sigma=M_R\tau_\sigma\Delta\varepsilon$,$\Delta\varepsilon$是在$\Delta t$时间内的应变增量,因时间很短可以认为无弛豫发生,则$\frac{\Delta\sigma}{\Delta\varepsilon}$等于未弛豫模量$M_u$,因此有

$$\frac{M_u}{M_R}=\frac{\tau_\sigma}{\tau_\varepsilon} \tag{6.44}$$

因为$M_R<M_u$,它们之间的差$\Delta M=M_u-M_R$称之为模量亏损。

当材料承受周期变化的振动应力时,由于应变弛豫的出现,必使应变落后于应力,因而要产生内耗(见图6.23)。将 $\sigma=\sigma_0\exp(\mathrm{i}\omega t)$, $\varepsilon=\varepsilon_0\exp[\mathrm{i}(\omega t-\varphi)]$ 代入式(6.41)中,得

$$(1+\mathrm{i}\omega\tau_s)\sigma=M_\mathrm{R}(1+\mathrm{i}\omega\tau_\sigma)\varepsilon$$

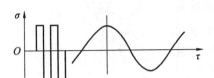

(a) 应力-时间关系曲线

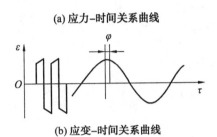

(b) 应变-时间关系曲线

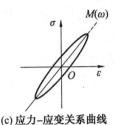

(c) 应力-应变关系曲线

图6.23

由此,复弹性模量为

$$\widetilde{M}=\frac{\sigma}{\varepsilon}=M_\mathrm{R}\frac{1+\mathrm{i}\omega\tau_\sigma}{1+\mathrm{i}\omega\tau_s}=\frac{M_\mathrm{R}}{1+\omega^2\tau_s^2}(1+\omega^2\tau_s\tau_\sigma)\left[1+\mathrm{i}\frac{\omega\tau_\sigma-\omega\tau_s}{1+\omega^2\tau_s\tau_\sigma}\right] \quad (6.45)$$

由式(6.45)实数部分得到

$$M(\omega)=\frac{M_\mathrm{R}}{1+\omega^2\tau_s^2}(1+\omega^2\tau_s\tau_\sigma) \quad (6.46)$$

对于金属 $\tau_\sigma\approx\tau_s$,所以

$$\tau=\sqrt{\tau_\sigma\tau_s}, \quad M(\omega)=\sqrt{M_\mathrm{R}M_\mathrm{u}}$$

式中,$M(\omega)$ 称为动力模量(动态模量),也就是仪器实际测得的模量。

由式(6.45)虚数部分经整理得

$$Q^{-1}=\tan\varphi=\frac{\omega(\tau_\sigma-\tau_s)}{1+\omega^2\tau_s\tau_\sigma} \quad (6.47)$$

由式(6.47)可以看出,弛豫型内耗与应变振幅无关,这是式(6.41)线性的结果。把内耗、动力模量对 $\omega\tau$ 作图,可得出图6.24的结果,在 $\omega\tau=1$ 处内耗有极大值。$M(\omega)$ 和 Q^{-1} 是 $\omega\tau$ 乘积的对称函数。现分析以下几种情况。

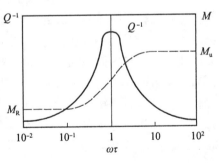

图6.24 内耗、动力模量同 $\omega\tau$ 关系

① 当 $\omega\to\infty$ ($\omega\tau\ll 1$, $\frac{1}{\omega}\gg\tau$),振动周期远远小于弛豫时间,因而实际上在振动一周内不发生弛豫,物体行为接近完全弹性体,则 $Q^{-1}\to 0$,$M(\omega)\to M_\mathrm{u}$。

② 当 $\omega\to 0$ ($\omega\tau\gg 1$, $\frac{1}{\omega}\ll\tau$),振动周期远远大于弛豫时间,故在每一瞬时应变都接近

平衡值,应变为应力的单值函数,则$Q^{-1} \to 0, M(\omega) \to M_R$。

③当$\omega\tau$为中间值,应变弛豫跟不上应力变化,此时应力-应变曲线为一椭圆,椭圆的面积正比于内耗。当$\omega\tau = 1$时,内耗达到极大值,即称内耗峰。

在应力作用下,金属与合金中的弛豫过程是由不同原因引起的。这些过程的弛豫时间是材料的常数,并决定了这些弛豫过程的特点。每一过程有它自己所特有的弛豫时间,所以改变加载的频率ω,则将在$Q^{-1}-\omega$曲线上得到一系列内耗峰(见图6.25),这些内耗峰的总体叫做弛豫谱。

若弛豫过程是通过原子扩散来进行的,则弛豫时间τ应与温度T有关,其关系遵循公式

$$\tau = \tau_0 \exp\left(\frac{H}{RT}\right) \quad (6.48)$$

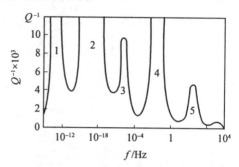

图6.25 金属的弛豫谱(20 ℃)
1—置换固溶体中不同半径原子对引起的内耗;
2—晶界内耗;3—孪晶界内耗;4—间隙原子扩散引起内耗;5—横向热流内耗

式中,τ_0为与物质有关的常数;H为扩散激活能,此关系的存在对内耗的实验研究非常有利,因为改变频率测量内耗在技术上是困难的。利用关系式(6.48),则用改变温度,也可得到改变ω的同样效果。因为Q^{-1}依从$\omega\tau$乘积,所以测出$Q^{-1}-T$曲线将同图6.24的$Q^{-1}-\omega\tau$曲线特征相一致。对于两个不同频率(ω_1和ω_2)的曲线,峰巅温度不同,设为T_1和T_2,且因峰巅处有$\omega_1\tau_1 = \omega_2\tau_2 = 1$,从关系式(6.48)可得

$$\ln \frac{\omega_2}{\omega_1} = \frac{H}{R}\left(\frac{1}{T_1} - \frac{1}{T_2}\right) \quad (6.49)$$

由此式可以很方便地求得扩散激活能。

6.5.3 静滞后型内耗

滞弹性材料中滞后回线的出现是实验的动态性质的结果,如果实验中应力的增加及去除都很慢,则不会出现内耗。因此这种滞后称为动态滞后。静态滞后的产生是由于应力和应变间存在多值函数关系,即在加载时,同一载荷下具有不同的应变值,完全去掉载荷后有永久形变产生。仅当反向加载时才能回复到零应变,如图6.20(b)所示。因应力变化时,应变总是瞬时调整到相应的值,因此这种滞后回线的面积是恒定值,与振动频率无关。故称为静态滞后,以区别于滞弹性的动态滞后。由于引起静滞后的各种机制没有相似的应力应变方程,所以数学处理没有弛豫型内耗那样明确。要针对具体机制进行计算,求出回线面积ΔW,再由公式$Q^{-1} = \frac{\Delta W}{2\pi W}$算出内耗值。

一般说来,静态滞后回线不是线性关系,因而内耗与振幅有关,与频率无关是静滞后型内耗的特性。这种内耗同高阻尼合金的阻尼机制有密切关系,在本章后面将作介绍。

除上面两种类型内耗外,还有一种叫阻尼共振型内耗。这种内耗主要同晶体中位错线段的振动以及和位错线有关,其内耗的特征和弛豫型内耗相似,但共振型内耗中的固有

频率一般对温度不敏感。

6.5.4 内耗的表征

内耗常因测量方法或振动形式不同而有不同的量度方法,但它们之间存在着互相转换关系。

1. 计算振幅对数减缩量

人们常用振幅对数减缩量(对数衰减率)δ来量度内耗大小,δ表示相继两次振动振幅比的自然对数,即

$$\delta = \ln \frac{A_n}{A_{n+1}} \tag{6.50}$$

式中,A_n表示第n次振幅;A_{n+1}表示第$n+1$次振动振幅。

如果内耗与振幅无关,则振幅的对数与振动次数的关系图为一直线,其斜率即为δ值;如内耗与振幅有关,则得到一曲线,各点的斜率即代表该振幅下的δ值。

当δ很小时,它亦近似地等于振幅分数的减小,即

$$\delta = \ln A_n - \ln A_{n+1} \approx \frac{A_n^2 - A_{n+1}^2}{A_n^2} \approx \frac{1}{2} \cdot \frac{\Delta W}{W}$$

后一等式来自振动能量正比于振幅的平方。再根据Q^{-1}值的定义,得到

$$Q^{-1} = \frac{1}{2\pi} \cdot \frac{\Delta W}{W} = \frac{\delta}{\pi} = \frac{1}{\pi} \ln \frac{A_n}{A_{n+1}} \tag{6.51}$$

2. 建立共振曲线求内耗值

根据电工学谐振回路共振峰计算公式求Q^{-1}

$$Q^{-1} = \frac{\Delta f_{0.5}}{\sqrt{3} f_0} = \frac{\Delta f_{0.7}}{f_0} \tag{6.52}$$

式中,$\Delta f_{0.5}$和$\Delta f_{0.7}$分别为振幅下降至最大值的$1/2$倍和$1/\sqrt{2}$所对应共振峰宽,如图6.26所示。

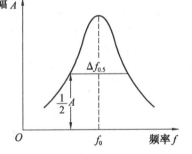

图6.26 共振峰曲线示意图

3. 超声波在固体中的衰减系数

超声波在固体中传播时由于能量的衰减,超声波振幅按下列公式衰减

$$A(x) = A_0 \exp(-\alpha x) \tag{6.53}$$

因此,超声波衰减系数

$$\alpha = \frac{\ln\left(\frac{A_1}{A_2}\right)}{x_2 - x_1} \tag{6.54}$$

式中,A_1和A_2分别表示在x_1和x_2处的振幅。

4. 计算阻尼系数或阻尼比

对于高阻尼合金常用阻尼系数Φ或阻尼比$S.D.C$(Specific Damping Capacity)表示内耗

$$\Phi\% = S.D.C\% = \frac{\Delta W}{W} \tag{6.55}$$

前面介绍的内耗量度之间可相互转换

$$\Phi = 2\delta = 2\pi Q^{-1} = 2\pi\tan\varphi = \frac{2d}{\lambda} \tag{6.56}$$

式中,λ 为超声波波长。

对高阻尼合金(φ>40%),式(6.56)加以修正写成

$$\Phi = S.D.C = 1-\exp(-2\delta) \tag{6.57}$$

6.6 内耗产生的机制

6.6.1 点阵中原子有序排列引起内耗

点阵中原子排列主要是溶解在固溶体中孤立的间隙原子、替代原子。这些原子在固溶体中的无规律分布称为无序状态。如果外加应力时,这些原子所处位置的能量即出现差异,因而原子要发生重新分布,即产生有序排列;这种由于应力引起的原子偏离无规则状态分布称为应力感生有序。

下面以 δ-Fe 为例,说明一下体心立方结构中间隙原子,由于应力感生有序所引起的内耗。这里的间隙原子指的是碳原子处于铁原子之间,如图 6.27 所示。碳原子通常处在晶胞的棱边上或面心处,即(1/2,0,0),(0,1/2,0)或(0,0,1/2)和(1/2,1/2,0)位置。如果沿 Z 方向加一拉伸应力 σ_z,则弹性应变将引起晶胞的畸变,这时晶胞不再是理想立方体,沿 Z 方向原子间距拉长,而沿 X、Y 方向原子间距缩小。间隙原子将由(1/2,0,0)位置跳跃到(0,0,1/2)位置上,因为间隙原子跳到这一位置将降低晶体的弹性变形能。跳动的结果破坏了原子的无序分布状态,而变为沿受拉力方向分布,这种现象称应力

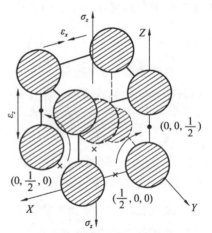

图 6.27 体心立方间隙原子位置
○—铁原子;×—施加拉应力前的碳原子;
●—施加拉应力后碳原子位置

感生有序。由于间隙原子在受外力作用时存在着应力感生有序的倾向,对应于应力产生的应变就有弛豫现象。当晶体在这个方向上受交变应力作用时,间隙原子就在这些位置上来回地跳动,且应变落后于应力,导致能量损耗。在交变应力频率很高时,间隙原子来不及跳跃,即不能产生弛豫现象,故不能引起内耗。另一种情况是,当交变应力频率很小时,这是一种接近静态完全弛豫过程,应力和应变滞后回线面积为零,也不会产生内耗。

含有少量碳或氮的 α-Fe 固溶体,用 1 Hz 的频率测量其内耗,在室温(20~40 ℃)附

近,得到的弛豫型内耗峰,就是斯诺克(Snoek)峰。此峰同碳、氮间隙原子有关。

6.6.2 与位错有关的内耗

金属中一种普遍而重要的内耗源是位错。位错内耗的特征是它强烈地依赖于冷加工程度,因而可和其他内耗源相区分。退火的纯金属,即使轻微的变形也可使其内耗增加数倍。相反,退火可使金属内耗显著下降。另外,中子辐照所产生的点缺陷扩散到位错线附近,将阻碍位错运动,也可显著减少内耗。位错运动有不同形式,因而产生内耗的机制也有多种。某些金属单晶体的内耗-应变振幅曲线如图 6.28 和图 6.29 所示。其内耗可以分为两部分,即低振幅下与振幅无关的内耗 δ_I(也称背景内耗)以及高振幅下与振幅有关的内耗,总内耗

$$\delta = \delta_I + \delta_H \tag{6.58}$$

由于内耗对冷加工敏感,可以肯定这种内耗与位错有关。δ_H 部分与振幅有关而与频率无关,可以认为是静滞后型内耗。δ_I 与振幅无关而与频率有关,但温度影响不如弛豫型内耗那样敏感,寇勒(Koehler)首先提出钉扎位错弦的阻尼共振模型,并认为 δ_H 是位错脱钉过程所引起的。后来格拉那陀(Granato)和吕克(Lücke)更加完善了这一模型,并称之为 K-G-L 理论。

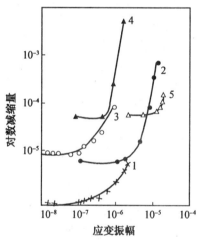

图 6.28 单晶体 Sn(5)和 Cu(1—4)的内耗同应变振幅关系曲线
1—40 kHz,$T=4.5$ K;2—1 450 Hz,27 ℃;3—40 kHz,$T=21$ ℃;4—1 450 Hz,$T=380$ ℃;5—40 kHz,$T=20$ ℃

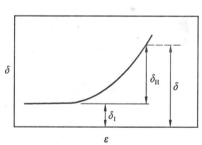

图 6.29 应变振幅-内耗曲线示意图

根据这一理论,晶体中位错除了被一些不可动的点缺陷(一般位错网节点或沉淀粒子)钉扎外,还被一些可以脱开的点缺陷(如杂质原子、空位等)钉扎着(见图 6.30)。前者称强钉;后者称弱钉。L_N 表示强钉间距,L_C 表示弱钉间距。在外加交变应力不太大时,位错段 L_C 像弦一样做"弓出"的往复运动(见图 6.30(a)、(b)、(c)),在运动过程中要克

· 203 ·

服阻尼力,因而引起内耗。当外加应力增加到脱钉应力时,弱钉可被位错抛脱,即发生雪崩式的脱钉过程(见图6.30(d)),继续增加应力,位错段L_N继续弓出(见图6.30(e)),应力去除时位错段L_N做弹性收缩(见图6.30(f)、(g)),最后重新被钉扎。在脱钉与缩回的过程中,位错的运动情况不同,对应的应力-应变曲线(见图6.31)应当包含一个滞后回线,因而产生内耗。显然前一种由于位错段L_C做强迫阻尼振动所引起的内耗应当是阻尼共振型的,内耗与振幅无关,但与频率有关。

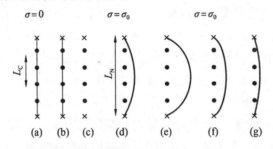

图6.30 在加载与去载过程中位错的"弓出"、脱钉、缩回及再钉扎过程示意图
●—杂质钉;×—网络钉

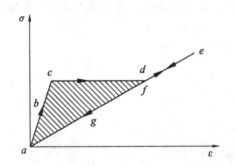

图6.31 位错脱钉与再钉扎过程的应力-应变曲线

6.6.3 与晶界有关的内耗

多晶体晶界的原子排列是相邻两个晶粒结晶位相的中间状态。它是一个有一定厚度的原子无规则排列的过渡带,一般晶界的厚度在几个到几百个原子间距范围内变化。由于晶界结构的特点,使之表现出非晶体材料的一些性质。

由于内耗的测量,为研究晶界力学行为提供了重要依据。甄纳(Zener)指出,晶界具有黏滞行为,并且在切应力的作用下产生弛豫现象。葛庭燧曾对晶界内耗进行了详细研究,他用1 Hz的频率测量了退火纯铝多晶内耗,发现在280 ℃附近出现一个很高的内耗峰,用单晶作测量则无此峰(见图6.32)。由此肯定该峰是晶粒间界面引起的,它说明了晶界黏滞性流动引起的能量损耗。

在测量内耗的同时测定切变模量(见图6.33),其切变模量随温度变化曲线表明,多晶试样铝的切变模量,在高于某一温度时,便明显降低,这种降低同晶界的黏滞性有关。

由于温度升高,晶界的可动性增大,达到某一温度后,在交变应力作用下便产生明显的晶界滑动,导致动态切变模量显著下降。

上面所述的多晶体晶界引起内耗属于非共格晶界内耗,还有一种共格界面内耗,它主要同热弹马氏体的相变及孪晶结构有关。如含 88% Mn 的 Mn-Cu 合金及 Cu-Zn-Si 合金,在降温进行的正马氏体相变和升温进行的反马氏体相变的温度范围内都出现一个内耗峰。研究表明,该内耗峰同马氏体面心四方的孪晶结构有关,即内耗峰由孪晶界面的应力感生运动引起。非共格晶界内耗对研制高阻尼合金有重要意义。

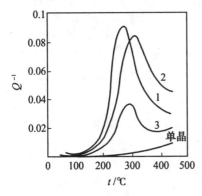
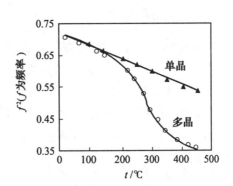

图 6.32　铝单晶和多晶内耗随温度变化
1—450 ℃ 退火 2 h,晶粒直径为 200 μm;
2—550 ℃ 退火 2.5 h,晶粒直径为 70 μm;
3—600 ℃ 退火 12 h,晶粒直径大于 84 μm

图 6.33　铝单晶和多晶的动态切变模量随温度的变化

6.6.4　磁弹性内耗

磁弹性内耗是铁磁材料中磁性与力学性质的耦合所引起的。磁致伸缩现象提供了磁性与力学性质的耦合。其倒易关系是,施加应力可产生磁化状态的改变,因此除弹性应变外,还有由于磁化状态而导致的非弹性应变和模量亏损效应。

磁弹性内耗一般分三类:宏观涡流、微观涡流与静态滞后。下面分别简要介绍。

1. 宏观涡流

在部分磁化试样上,突然加一应力,除弹性应变外还要产生磁性的变化,这种变化会感生出表面涡流,而涡流又产生一个附加的磁场使试样内部总磁通量瞬时保持不变,表面涡流逐渐向内扩散,使内部磁场强度逐渐变到给定应力下的平衡磁化状态。这种趋向于平衡态的磁场变化,因磁致伸缩效应又产生附加的应变。因涡流(或磁通量)的扩散是弛豫过程,故可产生弛豫型内耗。

2. 微观涡流

对于退磁样品,应力虽不能产生大块的磁化,但由于磁畴结构,应力可在磁畴中产生磁性的局部变化,由此而产生的微观涡流也要引起内耗。

3. 静态滞后

当振动频率很低时,磁性变化是如此之慢,以致感生的涡流甚小,此时静态滞后的损耗成为主要的内耗。这是因为应力使畴壁发生了不可逆的位移,使应力-应变图上出现了滞后回线,如图6.34所示。

以上各种磁弹性内耗在饱和磁化的试样中不再出现,因此时应力已不能感生磁畴的转动或磁壁的移动。

6.6.5 热弹性内耗

固体受热要膨胀,而热力学上的倒易关系是绝热膨胀时变冷。如加一弯曲应力在簧片状试样上,则凸出部分发生伸长而变冷。凹进部分因受压而

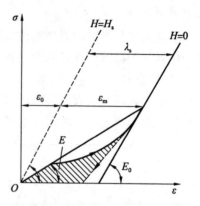

图6.34 铁磁体的应力-应变曲线

变热。因此,热流便从热的部分向冷的部分扩散,使冷的部分温度升高而产生膨胀,即引起附加的伸长应变。由于热扩散是一弛豫过程,附加的非弹性应变必落后于应力,由此可产生弛豫型内耗。

6.7 弹性合金和高阻尼合金

6.7.1 弹性合金

弹性合金可分为高弹性合金和恒弹性合金。

1. 高弹性合金

高弹性合金广泛用于航空、无线电、机械制造,尤其是仪表制造工业中。使用方式有的用簧片形式直接作为仪器主体,有的用做导电接触材料。例如,航空仪表和热工仪表中的波纹模盒、波纹管,加速度表的弹簧片和张力线,继电装置中的接点弹簧片,还有钟表和仪表中的发条,螺旋弹簧等都用这类合金制成。

由于使用条件的需要,对高弹性合金有下列要求:首先要求具有高的弹性极限σ_e,使σ_e/E的比值要高,因为σ_e/E值高,元件弹性变化小,则工作稳定。其次考虑到元件往往承受往复交变应力,故要求其疲劳强度高。另外,由于元件采用冷加工方法制备,故要求其工艺性能好。当在腐蚀条件下工作时,则要求有良好的抗腐蚀性能。

按成分可把高弹性合金分为三类,现分述如下。

(1) 钢

一般情况下铁基不锈钢(3Cr13、4Cr13、1Cr18Ni9Ti等)可在腐蚀介质中使用。时效强化的奥氏体钢(3J1、3J2、3J3等)具有较高的弹性性能,良好的抗蚀和耐热性,是一种弱铁磁性的优良弹性材料,该合金中含有较多的Ni、Cr($w(Ni) = 36\%$, $w(Cr) = 12\%$),加入一定量的Al(1%)和Ti(3%),形成强化相Ni_3Ti或$Ni_3(Al, Ti)$。这类时效强化合金,如3J1,其$E = 1.66 \times 10^5 \sim 2.058 \times 10^5$ MPa,$\sigma_b = 1\ 470 \sim 1\ 670$ MPa,工作温度可达250 ℃。

(2) 铜合金

铜合金是最早且广泛用于仪表制造的弹性合金,除了具有优良的弹性、工艺性外,还兼有良好的导电性、导热性、非铁磁性。在要求不太高的情况下使用黄铜(H62、H68)、磷青铜(QSn 6.5-0.4、QSn 7-0.2、QSn 6.5-1.5)等。在要求较高时,采用铍青铜(QBe2、QBe1.9、QBe1.7),铍青铜是铜合金中性能最好的弹性材料。经过适当的热处理(淬火时效)后,其典型性能为 $E \leqslant 1.37 \times 10^5$ MPa, $G \leqslant 4.9 \times 10^4$ MPa, $\sigma_e \leqslant 980$ MPa。目前所采用的形变热处理工艺可使铍青铜获得更高的弹性性能。铜合金的缺点是工作温度不高于 200 ℃,在某些介质中抗蚀性不好。

(3) 镍基和钴基合金

镍基合金属于弥散强化合金,能耐高温,具有良好的抗蚀性和氧化性。这类合金有 3J31、3J32。3J31 是 Ni-Be 二元合金,含有 2% ~ 2.5% Be。合金淬火后可以得到过饱和固溶体 γ 相,再经过时效,从 γ 相中析出细小弥散的 β 第二相,因而强化了合金。合金的工艺性和焊接性能良好。国外常用的镍基高弹性合金有 Monel、Inconel、Nimonic 等。

钴基高弹性合金有 3J21、3J22 等,前者作为高弹性材料使用,后者则多用于制造仪表中轴尖等。它们都具有较高的强度和疲劳性能,高的抗蚀性和无磁性。这类合金中有较多的合金元素(40% Co、15% Ni、20% Cr 以及少量的 Mo、W、Mn 等)。退火态合金组织为 γ 固溶体及 $(Cr、Fe、Mo、W)_{23}C_6$ 碳化物。合金大多数是通过形变热处理强化,冷拉丝时形成<111>织构,从而提高了合金的弹性和强度,可承受较大的扭矩。在轧制时易形成(110)[111]织构,因而在轧制方向上有较高的弹性和强度。

2. 恒弹性合金

恒弹性合金要求在一定温度范围内弹性模量恒定或变化很小,即弹性温度系数很小,并希望有小的内耗值。特殊使用时,例如制造游丝,则要求它们是非铁磁性的。

如果因温度的升高,弹性模量降低的数量与因磁致伸缩引起弹性模量的改变相配合,就可以得到恒弹性材料。这类合金主要是 Fe-Ni 和 Fe-Ni-Cr 合金。属于这类合金的有 3J53、3J58(42% Ni,5.5% Cr,2.5% Ti,0.6% Al 等)。其中 3J53 合金的弹性模量 $E=1.66~1.86 \times 10^5$ MPa,弹性温度系数 $\beta \leqslant 20 \times 10^{-6}$(-60~100 ℃)。

近年来对反铁磁性和顺磁性恒弹性合金进行大量的研究工作。例如 Fe-Mn、Cr-Cu、Mo-Ni、Fe-Cr 等系列合金的 E、β 不受外磁场的影响,所以引起了广泛的重视。

在顺磁性恒弹性合金中,以 Nb-Zr、Nb-Ti、Nb-Hf 等合金为最有名,其中 Nb-40Ti-5.5Al合金的恒弹性温度范围最宽(700 ℃ 以下 $\beta = 1 \times 10^{-6} ~ 2 \times 10^{-6}$),有良好的抗蚀性和高的抗弛豫能力,是有发展前途的合金。

6.7.2 高阻尼合金

高阻尼合金在现代工程技术上有重要意义,特别是在航空、造船、机械和仪表仪器工业方面。例如飞机发动机叶片、舰船的螺旋桨以及其他高速运转机械部件,乃至大的桥梁用的金属材料都要求具有高阻尼本领的材料。这是因为随着机器部件运转速度加快,不可避免地给整机系统带来有害的振动和噪声。由于整机系统的共振,降低了机器零件、部件使用寿命,甚至导致部件损坏和断裂,造成严重事故。因此当今已把同有害振动和噪声斗争提到重要日程上。除采用合理的机械系统的设计方案外,选用具有高阻尼性能的高阻尼合金是减少和消除噪声的最有效的途径。

按产生高阻尼(内耗)的机制,高阻尼合金可分为三类,下面分别予以介绍。

首先是与弹性孪晶结构有关(包括热弹性马氏体结构)的内耗。弹性孪晶是指在应力作用下产生并长大的孪晶。应力去掉之后,弹性孪晶可以部分或全部消失。研究表明这是一种与共格界面有关的内耗。属于这类机制的合金有 Mn-Cu、Ni-Ti、Mg-Zr 等。

其次是与明显不均匀(复合体)组织结构有关的内耗,在周期应力作用下复合体中强度较高的基体组织发生弹性变形,而片状较软的金相组织则产生塑性变形,从而使合金的能量逸散大大提高。例如片状石墨铸铁、铝黄铜、Al-Zn 等合金均属于此列。

第三是与铁磁性合金磁机械滞后效应有关的内耗(见 6.5 节磁弹性内耗)。这类合金有 1Cr13、2Cr13 以及近年来发展的 Fe-Cr-Al、Fe-Co、Fe-Mo 等系列合金。

6.8 内耗测量方法及其应用

6.8.1 内耗测量方法

测量内耗的方法有很多种,概括起来可分为三种:扭摆法(低频),共振棒法(中频)和超声脉冲法(高频)。前两种方法应用较广,本节作一般介绍,超声脉冲法由于运用不够广泛,这里不介绍。

1. 低频扭摆法

低频扭摆法是我国物理学家葛庭燧在 20 世纪 40 年代首次建立的,用这种方法成功地研究了一系列金属与合金的内耗现象。国际通常把这种方法命名为葛氏扭摆法。扭摆法测内耗的装置原理图如图 6.35 所示。所用试样一般为丝材($\phi 0.5 \sim 1.0$ mm,$l = 100 \sim 300$ mm)或片材,扭摆摆动频率为 $0.5 \sim 15$ Hz。试样的上端被上夹头夹紧固牢,试样下端也被固定在与转动惯性元件为一体的下夹头上,可用电磁激发方法使试样连同转动惯性系统形成扭转力矩,从而引起摆动。当摆自由摆动时,其振幅衰减过程可借助于小镜子反射光点记录,用公式(6.50)计算内耗。如果 $\dfrac{\ln(A/A_n)}{n}$ 为预先指定值,则 $Q^{-1} = \dfrac{\ln(A/A_n)}{\pi n}$,可见只要记录振幅由 A 衰减到 A_n 试样摆动的次数 n,便很容易得到 Q^{-1}。

为了减少轴向拉力(高温测试时丝材试样易产生蠕变现象)的影响,后来设计了一种倒摆(倒置扭摆仪),如图 6.36 所示。由于平衡砝码(平衡锤)的作用,可以减小轴向拉力,并达到更好的平衡摆动。

已知切变模量 G 同扭摆振动频率 f^2 成正比,故在测内耗的同时可测量试样的切变模量。

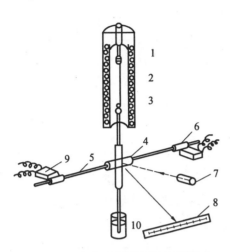
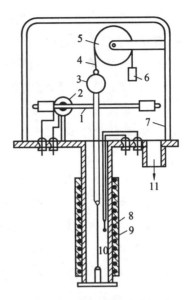

图 6.35 扭摆法测内耗装置示意图
1—夹头；2—丝状试样；3—加热炉；4—反射镜；5—转动惯性系统；6—砝码；7—光源；8—标尺；9—电磁激发；10—阻尼油

图 6.36 倒置扭摆仪示意图
1—转动惯性系统；2—电磁激发；3—反射镜；4—滑轮丝；5—滑轮；6—平衡砝码；7—真空罩；8—热电偶；9—加热炉；10—试样；11—抽真空

2. 共振棒法

试样为圆棒状，不附加惯性系统，而是在其振动的节点位置用刀口或螺丝夹持着，使其激发至共振状态，共振频率决定于试样材料和几何尺寸，一般使用频率范围为 $10^2 \sim 10^5$ Hz。根据所用换能器的不同又可分为：电磁法、静电法、涡流法和压电法等。目前共振棒法测内耗多用建立共振峰曲线（如图 6.26）或记录振幅衰减曲线（图 6.37）来计算内耗。对于内耗值小的试样，用共振曲线法不易测准

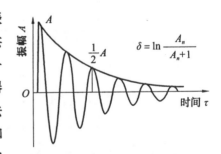

图 6.37 振幅衰减曲线示意图

（峰宽窄），而用记录振幅衰减曲线计算内耗，准确且速度快。

后一种方法是将处于共振状态的棒状试样在瞬间切除振源，试样的振幅将自由衰减至最低值，根据衰减曲线，用公式(6.51)计算。

6.8.2 内耗法在金属研究中的应用

1. 内耗法确定固溶体的浓度

斯诺克指出，碳、氮原子在 α-Fe 固溶体中所引起的弛豫内耗峰高度同这些元素在

α-Fe 固溶体中的浓度有关。这一规律对准确地测定固溶体的溶解度和研究固溶体的脱溶、沉淀很有帮助。因为碳、氮原子在 α-Fe 固溶体中的内耗峰高度用 1 Hz 内耗摆还是容易测出的(对碳,峰温 40 ℃;对氮,峰温 24 ℃)。

曾给出碳、氮原子在 α-Fe 固溶体中的浓度同内耗峰高度的定量关系

$$w(\mathrm{C}) = KQ_{40\ ℃}^{-1} \tag{6.59}$$

式中,K 为常数,数值上等于 1.33。

$$w(\mathrm{N}) = K_1 Q_{24\ ℃}^{-1} \tag{6.60}$$

式中,$K_1 = 1.28 \pm 0.04$。

在进行定量分析时,要注意晶粒边界对间隙原子有吸附作用,晶界能牵制一定数量的间隙原子,故晶粒大小对固溶体中间隙原子浓度有一定影响。图 6.38 表示用几种不同物理方法确定 C、N、在 α-Fe 固溶体中的浓度实例。从图中比较明显地看出,内耗法测定固溶体的溶解度(尤其对低浓度固溶体)精确度较高。

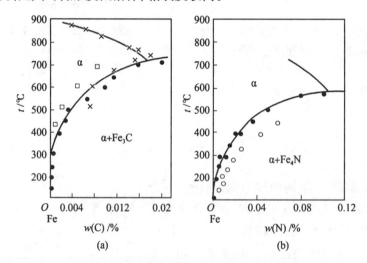

图 6.38 几种物理方法测定 C、N 在 α+Fe 中固溶极限
□—微量热计法;●—内耗法;○—电阻法;×—扩散法

2. 研究钢的多次变形热处理循环

在图 6.39 中简略地表示出 30 钢的四次变形热处理循环过程。用内耗法研究钢的多次变形热处理的结果示于图 6.40,图中的第一个内耗峰(120 ℃ 附近)与 C、N 原子在固溶体中弛豫过程有关,称斯诺克峰;第二峰在 330 ℃ 左右,此峰随变形热处理循环次数增加,峰高度也增加,此峰同碳原子在应力作用下迁移到位错应力场附近有关,并称为寇斯特峰;由于迁移到位错应力场附近的碳原子增加和位错密度增加,寇斯特峰值增高。

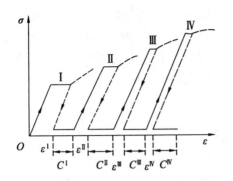
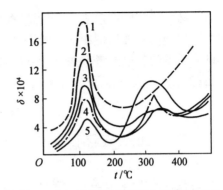

图 6.39 30 钢变形热处理循环工艺图
ε^{I}、ε^{II}、ε^{III}、ε^{IV}—对应 I、II、III、IV 次变形热处理循环后的塑性变形;C^{I}、C^{II}、C^{III}、C^{IV}—表示相对的时效热处理

图 6.40 30 钢经不同变形热处理循环内耗-温度曲线(频率为 2 000 Hz)
1—退火;2、3、4、5—I、II、III、IV 次变形热处理循环

3. 内耗法测量扩散系数和激活能

若弛豫过程是通过原子扩散进行的,则弛豫时间与温度有关,$\tau = \tau_0 \exp(H/RT)$。如果 H 和 ω 已给定,并且在内耗-温度曲线上满足条件 $\omega\tau = 1$,即 $\omega\tau_0 \exp(H/RT) = 1$,这时将出现内耗峰,由此

$$T = \frac{H}{R\ln(1/\omega\tau_0)}$$

如试验中用两种频率 ω_1 和 ω_2,由式(6.49)可算出内耗峰将分别出现在 T_1 和 T_2 温度处,如图 6.41 所示。经整理,激活能的计算公式为

$$H = \frac{RT_1 T_2}{T_2 - T_1} \ln \frac{\omega_2}{\omega_1} \qquad (6.61)$$

扩散系数 D 可以通过碳原子由某位置跳跃到另一位置的平均时间 $\bar{\tau}$ 表示

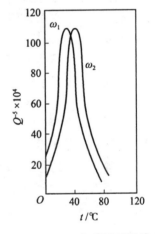

图 6.41 α-Fe 中碳原子弛豫内耗峰同频率关系

$$D = \frac{Ka^2}{\bar{\tau}} \qquad (6.62)$$

式中,a 为晶格常数;$\bar{\tau}$ 为原子跳动频率的倒数;比例常数 K 与晶格类型有关,对于体心立方,$K = 1/24$,面心立方,$K = 1/12$。体心立方晶体的间隙原子 $\bar{\tau} = \frac{3}{2}\tau$,此处 τ 是间隙原子弛豫时间。由此可求出固溶体中间隙原子的扩散系数

$$D = \frac{a^2}{36\tau} \qquad (6.63)$$

当满足 $\omega\tau = 1$,在 $T = T_{峰}$ 温度出现弛豫内耗峰,式(6.63)可写成

$$D = \frac{a^2 \omega}{36} \qquad (6.64)$$

在扩散系数和激活能确定之后,可以根据公式 $D=D_0\exp(-H/RT)$ 用作图法求出 D_0。改变测量频率可使内耗峰出现在不同的温度,因而可求得一定温度范围的 D 值,特别是低温范围的。通常的扩散测量方法只能测量高温范围的 D 值,两种方法结合起来,可以测定较广范围内的 D 值,从而可以更精确地求出 D_0 和激活能 H 值。

思 考 题

1. 用双原子模型解释金属弹性的物理本质。
2. 表征金属原子间结合力强弱的常用物理参数有哪些?并说明这些参数间的关系。
3. 动态悬挂法(悬丝共振)测弹性模量 E、G 的原理是什么?并叙述动态法测 E、G 的优点。
4. 简要说明产生弹性的铁磁反常现象(ΔE 效应)的物理本质及其应用。
5. 什么是内耗?弛豫型内耗的特征是什么?它同静态滞后内耗有何差异?
6. 说明体心立方 α-Fe 中间隙原子碳、氮在应力感生下产生的内耗机制,并解释冷加工变形对 α-Fe 内耗-温度曲线的影响。
7. 共格晶面(热弹性马氏体、孪晶)和磁机械滞后效应引起内耗的机理是什么?举例说明与上述机理有关的高阻尼合金。
8. 内耗法测定 α-Fe 中碳的扩散(迁移)激活能 H 的方法和原理。
9. 计算 2Cr13 不锈钢在 100 ℃ 时的纵向弹性波 C_l(m/s)和横向弹性波 C_τ(m/s)传播速度。已知 2Cr13 不锈钢在室温 20 ℃ 的弹性模量 $E=2.24\times10^{11}$ Pa,泊松系数 $\mu=0.28$,热膨胀系数 $\alpha_{20\sim100\,℃}=10.5\times10^{-6}/℃$,$\rho_{100\,℃}=7.75$ g/cm³(密度)。
10. 表征金属材料内耗(阻尼)有哪些物理量?它们之间的关系如何。
11. 已知某三元状态图的一角(图 6.42),需要测定固溶体的溶解度曲线。
  (1) 可用哪几种物性测试方法进行测绘?
  (2) 它们共同的原理是什么?
  (3) 以一个具体性能指标为例说明其测量方法(简要说明并绘图)。

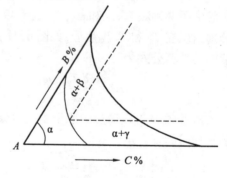

图 6.42 三元状态图一角

参考文献

[1] 方俊鑫,陆栋. 固体物理学[M]. 上海:上海科学技术出版社,1980.
[2] 倪光炯,李洪芳. 近代物理[M]. 上海:上海科学技术出版社,1979.
[3] C 基特尔. 固体物理导论[M]. 北京:科学出版社,1979.
[4] 苟清泉. 固体物理学简明教程[M]. 北京:人民教育出版社,1979.
[5] 周世勋. 量子力学教程[M]. 北京:人民教育出版社,1979.
[6] E H 普特来. 霍尔效应及其有关现象[M]. 上海:上海科学技术出版社,1964.
[7] P G 德让纳. 金属与合金的超导电性[M]. 北京:科学出版社,1980.
[8] 邵式平. 热释电效应及其应用[M]. 北京:兵器工业出版社,1994.
[9] 唐统一,赵伟. 电磁测量[M]. 北京:清华大学出版社,1997.
[10] 北京大学物理系. 铁磁学[M]. 北京:科学出版社,1976.
[11] 内山晋,等. 应用磁学[M]. 天津:天津科学技术出版社,1983.
[12] J 施密特. 材料的磁性[M]. 北京:科学出版社,1978.
[13] K 斯图阿. 铁磁畴[M]. 北京:科学出版社,1960.
[14] 梅文余. 动态磁性测量[M]. 北京:机械工业出版社,1985.
[15] 袁禄明. 电磁测量[M]. 北京:机械工业出版社,1980.
[16] 母国光,战元令. 光学[M]. 北京:人民教育出版社,1979.
[17] 王国文,王兰萍,许祖华. 激光与光电子技术[M]. 上海:上海科学技术出版社,1994.
[18] 江东亮,闻建勋,陈国民,等. 新材料[M]. 上海:上海科学技术出版社,1994.
[19] 干福熹,邓佩珍. 激光材料[M]. 北京:科学出版社,1995.
[20] 上海市红外物理与技术译丛编辑组. 红外光学材料[M]. 上海:上海科学技术情报研究所,1974.
[21] 黄泽铣. 功能材料及其应用手册[M]. 北京:机械工业出版社,1991.
[22] 中国金属学会,中国有色金属学会. 金属物理性能及测试方法[M]. 北京:冶金工业出版社,1987.
[23] C 甄纳. 金属的弹性与滞弹性[M]. 北京:科学出版社,1965.
[24] H 考尔斯基. 固体中的应力波[M]. 北京:科学出版社,1966.
[25] 王从曾. 材料性能学[M]. 北京:北京工业大学出版社,2001.
[26] 马向东. 几种无机非金属材料纳米力学性能的研究[J]. 机械工程材料,1999,23(6):20-22.
[27] 马向东. 氧化硼的纳米磨损特性研究[J]. 摩擦学学报,1999,19(2):97-101.
[28] 冯端,王业宁,丘第荣. 金属物理(下册)[M]. 北京:科学出版社,1975.
[29] 陈树川,陈凌冰. 材料物理性能[M]. 上海:上海交通大学出版社,1999.

[30] 曹茂盛,等.纳米材料导论[M].哈尔滨:哈尔滨工业大学出版社,2001.
[31] 徐祖耀,李朋兴.材料科学导论[M].上海:上海科学技术出版社,1986.
[32] 温树林.现代功能材料导论[M].北京:科学出版社,1983.
[33] 田莳,李秀臣,刘正堂.金属物理性能[M].北京:航空工业出版社,1994.
[34] 王润.金属材料物理性能[M].北京:冶金工业出版社,1993.
[35] 徐京娟,邓志煜,张同俊.金属物理性能分析[M].上海:上海科学技术出版社,1987.
[36] 宋学孟.金属物理性能分析[M].北京:机械工业出版社,1981.
[37] 关振铎,张中太,焦金生.无机材料物理性能[M].北京:清华大学出版社,1998.
[38] 贡长生,张克立.新型功能材料[M].北京:化学工业出版社,2001.
[39] 张立德,牟季美.纳米材料和纳米结构[M].北京:科学出版社,2001.
[40] 《功能材料及其应用手册》编写组.功能材料及其应用手册[M].北京:机械工业出版社,1993.

"十二五"国家重点图书出版规划项目
材料科学研究与工程技术系列

图书书目

材料基础实验教程	徐家文
热处理设备	王淑花
材料表面工程技术	王振廷
材料物理性能	王振廷
摩擦磨损与耐磨材料	王振廷
焊接工程实践	郑光海
金属材料工程实践教程	李学伟
铸造工程实践教程	毛新宇
焊接检验	鲍爱莲
金相分析	陈洪玉
材料科学与工程导论	刘爱莲
材料成型CAD设计基础	刘万辉
复合材料	刘万辉
压力焊方法与设备	王永东
铸造合金及其熔炼	王振玲
材料工程测量及控制基础	徐家文
钎焊	朱艳
材料化学	赵志凤等